# FANUC数控系统用户宏程序与编程技巧

FANUC CNC Custom Macros：Programming Resources for FANUC Custom Macro B Users

[美] 彼得·斯密德（Peter Smid）著

罗学科 赵玉侠 刘瑛 等译

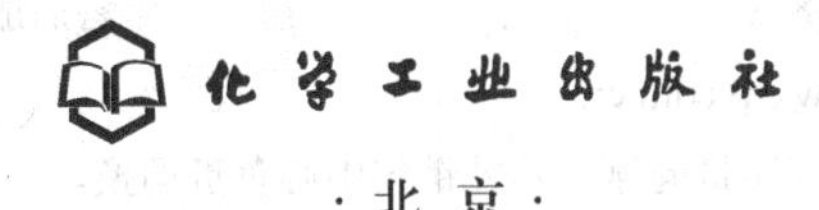

化学工业出版社

·北京·

图书在版编目(CIP)数据

FANUC 数控系统用户宏程序与编程技巧 / [美] 斯密德（Smid，P.）著；罗学科等译. —北京：化学工业出版社，2007.8（2023. 4 重印）

书名原文：FANUC CNC Custom Macros: Programming Resources for FANUC Custom Macro B Users

ISBN 978-7-122-00479-6

Ⅰ. F…　Ⅱ. ①斯…②罗…　Ⅲ. 数控机床-程序设计　Ⅳ. TG659

中国版本图书馆 CIP 数据核字（2007）第 079524 号

FANUC CNC Custom Macros: Programming Resources for FANUC Custom Macro B Users, by Peter Smid
ISBN 0-8311-3157-8

北京市版权局著作权合同登记号：01-2006-3960

责任编辑：张兴辉　　文字编辑：朱　磊
责任校对：凌亚男　　装帧设计：史利平

出版发行：化学工业出版社（北京市东城区青年湖南街 13 号　邮政编码 100011）
印　　装：北京科印技术咨询服务有限公司数码印刷分部
720mm×1000mm　1/16　印张 17¼　字数 357 千字　　2023 年 4 月北京第 1 版第 17 次印刷

购书咨询：010-64518888　　售后服务：010-64518899
网　　址：http:// www.cip.com.cn
凡购买本书，如有缺损质量问题，本社销售中心负责调换。

定　　价：58.00 元

# 译者序

数控技术是制造业实现自动化、柔性化、集成化生产的基础；数控技术的应用是提高制造业产品质量和劳动生产率必不可少的重要手段；数控机床是工业现代化的重要战略装备，是体现国家综合国力水平的重要标志。专家们预言：21 世纪机械制造业的竞争，其实质是数控技术的竞争。加入世贸组织后，中国正在逐步变成“世界制造中心”。为了增强竞争能力，中国制造业开始广泛使用先进的数控技术。同时，劳动力市场出现数控技术应用型人才的严重短缺，媒体不断呼吁“高薪难聘高素质的数控技工”。数控人才的严重短缺成为全社会普遍关注的热点问题，这已引起中央领导同志的关注，教育部、劳动与社会保障部等政府部门正在积极采取措施，加强数控技术应用型人才的培养。

虽然目前国内图书市场数控技术和数控编程方面的书籍已经不少，但内容都比较简单，特别是对于专业的数控编程人员和学习数控技术的学生，在数控编程方面没有系统全面的知识介绍。化学工业出版社在引进国外先进教材和先进科技书籍方面下了不少工夫，他们及时将此类图书引进到国内，2005 年出版的 Peter Smid 先生的《数控编程手册》在国内引起了很大的反响，本书作为它的姊妹篇，在内容上不但与《数控编程手册》互相补充，而且在编程技巧上是一个提高，相信它的出版会对我国的数控教育向深层次发展有很大的帮助。

本书作者 Peter Smid 在工业和教学领域中具有多年实际经验。在工作中，他搜集了 CNC 和 CAD/CAM 在各个层面上应用的大量经验并向制造业及教学机构提供计算机数控技术、编程、CAD/CAM、先进制造、加工、安装以及许多其他相关领域的实际应用方面的咨询。他在 CNC 编程、加工以及企业员工培训方面有着广阔的工业背景，他长年与先进制造公司及 CNC 机械销售人员打交道，并且致力于大量技术院校和机构的工业技术规划以及机械加工厂的技术培训，这更扩展了他在 CNC 和 CAD/CAM 培训、计算机应用和需求分析、软件评估、系统配置、编程、硬件选择、用户化软件以及操作管理领域的专业和咨询技能。多年以来，Smid 先生在美国、加拿大和欧洲的大中专院校给成千上万的老师和学生讲授过数百个用户化程序，同时也给大量制造公司、个体机构和个人授过课。因此他编写的这本书不论在内容上还是组织体系上都非常有特色。最令译者感动的是他非常注意读者的心理和接受能力，适合于读者自学。他也非常注意手册的特点，对这本书而言，读者从任何地方切入都看得明白。本书另一个特点就是实例非常多、非常细，对读者实际编程有很大的帮助。

本书不但是作者工程实际经验的总结，也是作者从事该专业哲学思想研究的反映。作者踏踏实实解决实际工程问题的作风和学风，非常值得我们学习，这也是译者引进本书的目的之一。

本书由北方工业大学罗学科组织翻译，参加翻译的有北方工业大学的赵玉侠、刘瑛、张小平、曹明振、田丽、梁朋朋、吴世旭、张宏伟、李娟、杨永雷、袁海强等。在此，译者对给予本书出版提供帮助的各位老师和朋友表示衷心的感谢。

由于本书涉及的内容比较新，译者在宏程序编程方面知识积累有限，实践经验不足，加之翻译水平有限，在翻译过程中难免产生一些不妥之处，译者热忱欢迎广大读者朋友和同行批评指正。

译　者

# 致 谢

值此《FANUC 数控系统用户宏程序与编程技巧》出版之际，作者衷心感谢 Peter Eigler 给予作者无私的帮助和他面对挑战勇往直前的工作精神。作者也非常感谢 Eugene Chishow 为本书提供了大量自己积累的宏程序。

特别向我的家人给予我的全力支持表示感谢！

在本书中我也参考了多家制造商和软件开发商的资料，在此我要列出他们的名字以示感谢。

- ❑ FANUC and CUSTOM MACRO or USER MACRO or MACRO B are registered trademarks of Fujitsu-Fanuc, Japan

- ❑ GE FANUC is a registered trademark of GE Fanuc Automation, Inc., Charlottesville, VA, USA

- ❑ MASTERCAM is the registered trademark of CNC Software Inc., Tolland, CT, USA

- ❑ WINDOWS is a registered trademarks of Microsoft, Inc., Redmond, WA, USA

- ❑ FADAL, OKUMA, MAKINO, YASNAC, MITSUBISHI, MELDAS, MAZAK, MAZATROL are also trade names that appear in the handbook

# 作者简介

Peter Smid 是数控技术领域畅销书《数控编程手册》的作者，他是一位专业顾问、教育家和演讲家，在工业和教学领域中具有多年实际经验。在工作中，他搜集了 CNC 和 CAD/CAM 在各个层面上应用的大量经验并向制造业及教学机构提供计算机数控技术、编程、CAD/CAM、先进制造、加工、安装以及许多其他相关领域的实际应用方面的咨询。他在 CNC 编程、加工以及企业员工培训方面有着广阔的工业背景，数百家公司从他渊博的知识中获益。

Smid 先生长年与先进制造公司及 CNC 机械销售人员打交道，并且致力于大量技术院校和机构的工业技术规划以及机械加工厂的技术培训，这更扩展了他在 CNC 和 CAD/CAM 培训、计算机应用和需求分析、软件评估、系统配置、编程、硬件选择、用户化软件以及操作管理领域的专业和咨询技能。

多年以来，Smid 先生在美国、加拿大和欧洲的大中专院校给成千上万的老师和学生传授过数百个用户化程序，同时也给大量制造公司、个体机构和个人授过课。

他活跃于各种工业贸易展、学术会议、机械加工厂以及各种研讨会，包括提交论文、会议报告以及为许多专业机构做演讲。他还发表了大量 CNC 和 CAD/CAM 方面的文章和内部参考资料。作为 CNC 行业和教学领域的专家，他撰写了数万页高质量的培训材料。

# 前　言

20 多年来，CNC 机床的控制系统已经拥有了远远超出处理手工编写的零件程序所必需的许多功能。多年来，传统的编程方式已经被少数几家数控系统制造商所控制。从起初的 FANUC FAPT 系统到目前的联机编程系统如 MAZAK 公司的 MAZATROL 系统，这种方式已经很成功地用在 CNC 车床甚至 CNC 铣床上。

然而，大多数传统的编程系统提供了大量有利于各种零件编程的方法，但它不提供最具有柔性的 CAD/CAM 系统，也就是人们常说的 CAM 编程。大多数 CAM 系统提供脱机 CNC 编程，它们一般采用图形交互式刀具轨迹生成及其他功能的组合产生高质量的数控程序。基于此，CAM 系统已经成为目前最流行的编程方式。

基于各自的优点和不可避免的缺点，传统上 CNC 用户选择下列三种编程方式之一进行零件程序的开发：手工编程、联机传统类型的编程、CAM 软件编程，使用宏程序编程为程序开发提供了一种新的方式，并可以作为其他编程方式的补充。

本手册的目的并非对各种编程方式进行比较，而是提醒人们注意已被经常使用的零件程序的另一种开发方式——宏程序。

在 CNC 编程中使用宏程序方式并不能代替其他的编程方式，实际上它属于手工编程的范畴，作为手工编程的扩充，提供更为高级的编程方式，本手册主要讲述有关数控宏程序的内容。其目的是帮助作者使用宏程序开发数控程序，并了解什么是宏程序、如何开发宏程序、如何有效地使用宏程序等。本手册提供了几乎涵盖所有通用 FANUC 控制系统的宏程序实例。所有不同的控制器所使用的宏程序在编程方法上是一致的，只是在使用的语法上有差异。学习 FANUC 宏程序对读者学习其他控制器的宏程序有很大的帮助。

数控编程人员和服务工程师会发现本手册是在生产环境下使用的很好的培训教材和参考工具书。同时也为帮助作者进一步探究宏程序在数控编程中的深入、广泛使用提供了工具式的帮助。

彼得·斯密德（Peter Smid）

# 目 录

# 第1章 FANUC宏程序

本书采用FANUC及兼容的计算机数字控制系统（CNC系统），已成为高级CNC编程的参考资料。本书描述的技巧仍是手工编程过程的一部分，从这个意义上讲不要求额外的CAD/CAM软件或硬件。尽管本书的主要章节是FANUC用户宏程序在CNC编程中的应用（作为FANUC用户宏程序B），另外也增加了几个相关章节，主要是为了一致性和对照性，但更主要是为某些具备基本CNC编程技巧的人复习进修时提供参考。

该主题内容涉及几个主要章节，本书也按照建议的学习顺序来组织。有经验的读者可从本书中任何一部分开始学习。

- 概述；
- G代码和M代码的回顾；
- 子程序回顾；
- 系统参数；
- 数据设置；
- 用户宏程序；
- 检测应用。

全书使用了众多的实例程序。其目的不仅是提供实用技巧，而且其中许多实例也是准备运行宏程序的基础。

尽管本书阐述的所有章节都是至关重要的，但在这里讨论只为了一个目的，就是学会一个主题，该主题常称为客户宏程序、用户宏程序、FANUC宏程序、宏程序B或只是宏程序。几种非FANUC控制器也提供了相应的宏程序版本，例如Fadal和Okuma，但本书仅阐述FANUC宏程序。

## 1.1 概述

下面是宏程序主题的概述部分。其目的是使用户了解什么是宏程序，哪些相关的主题是重要的，并确定几个帮助性的条目使用户在CNC编程领域起步，该领域是重要的、易退出的、并经常被低估的领域。

宏程序知识正变得越来越重要，因为大小公司都朝着更高效的CNC程序开发方面发展，尤其针对某种类型零件而言。尽管CAD/CAM编程系统已经很普遍并呈增长态势，但由于各种原因，它们没有也不能代替宏编程。宏程序对专门的需求常有专门的解决办法。

本书阐述的一些较重要主题的概念简要描述如下。

（1）G 代码、M 代码和子程序的回顾　似乎有关准备功能（G 代码）、辅助功能（M 代码）以及子程序的任何讨论都太基本了，并不应包含在关于用户宏编程的手册中。在对宏程序感兴趣或实际使用宏程序之前，都要有某些预备知识和经验。CNC 程序结构由许多特征组成，例如位置数据（机床轴）、切削数据（转速和进给速度）、偏置、注释、循环等。开发 CNC 程序需要相关知识和编程训练。在介入宏编程领域之前，应具备使用准备功能——G 代码和辅助功能——M 代码的丰富经验。也应了解子程序的结构和开发，包括多级嵌套的应用。这些章节构成宏程序开发的基石。本书中严格地说只是对相关内容进行了回顾，作为复习材料或仅作为参考，其形式是比较精简的。

（2）系统参数　简言之，可说成是参数控制控制器。这意味着参数是控制系统的一部分，并使之与机床稳定工作。了解少数参数对普通的 CNC 用户来讲是必要的，并不是所有的控制系统参数对宏程序开发都有必要。但是，参数确实组成了宏程序开发和运行的环境。全书经常使用参数和系统参数这样的术语，参数化编程的术语也常使用。尽管本书中对这两种术语都有阐述，它们在语言方面也有所关联，但在 CNC 编程中并不具有相同的涵义。

参数或系统参数是控制系统的设置，可看成是存储机床和程序数据的各种寄存器。另外，参数化编程是一种编程方法，常称为相似部分的类编程。

（3）数据设置　为使 CNC 机床正确运行程序，不仅要求只是把零件安装在机床上。我们在讨论数字控制技术，因此要解释数字，我们需要许多数字形式的数据设置。整个机床安装所要求的三个偏置组是本主题最大的部分。它们是：

- □ 和工件位置相关的偏置——工件偏置（G54,G55,G56,G57,G58,G59）；
- □ 和刀具长度相关的偏置——刀具长度偏置（G43,G44,G49）；
- □ 和刀具半径相关的偏置——刀具半径偏置（G40,G41,G42）。

各种偏置数据可用准备命令 G10 通过程序来设定，而根本不必用宏指令。偏置数据也可通过宏程序来修改以具备更多的灵活性，在这种情况下，系统参数和数据设置技巧是首要必备的前提。要牢记即使在最终结果相同的情况下，FANUC 系列的各种控制系统要求的编程格式也有些差异。因而了解车间中的每种控制器以及采用这种控制器的机床都是重要的。不要想当然认为针对一种控制器开发的宏程序也适用于另一种控制器。

> 全书中有一些提示，对控制系统所做的任何修改将影响其操作。尤其重要的是，针对参数或任何存储数据做的所有修改均要由胜任的权威专家来完成。

（4）用户宏程序　客户宏程序或用户宏程序方面的主题也是本书的主题。按建议的学习顺序，用户将会学到许多有价值的编程方法和技巧、编程步骤、编程提示以及如何从手写勾画中开发宏程序方面的建议。本书中的许多实例可帮你起步，或在以后用作参考。

随着工作经验的增长，用户将会使宏程序运行更快，功能更强大和更高效。用户将能开发宏程序并用在以前从未想到过的各种机床活动中去。宏程序可能需要花费一些时间来开发，但这是非常值得投入的。

（5）检测应用　宏程序是任何自动机械在 CNC 机床（和许多其他自动化程序）上检测和测量的骨架。尽管某些用户可能想区分这两个术语，但我们在这里只是为了同一目的交换使用。检测允许在加工过程中检查零件，包括偏置量纠正和许多其他的调整。检测并没有真正等同于标准化编程。

宏编程的检测设备不仅要求只是在控制系统的宏程序选项中获得命令，还要求在机床上安装额外的硬件，再附加必要的软件界面。许多检测设备的制造者可能提供它们自己的通用宏程序，但用户仍需开发定制和自己工作相关的检测宏程序用于特定目的。

（6）全书预览　除了简短的知识回顾外，上述几个主题对初学者而言可能不是最容易学会的，但所有主题在本质方面是很合乎逻辑的。在这里它们是按照应学会的顺序引出的。用户需要具备的良好背景是 CNC 编程的基础知识，字地址格式的语法知识，程序结构的理解（流程）以及至少掌握生产级别的 CNC 机床的基本操作。G 代码和 M 代码的详细知识是必要的，而且对宏程序开发而言，子程序和子程序结构，包括嵌套方面的知识，同样是必要的。

为高效学习高级编程方法，用户几乎必须接触安装有必需的宏选项的 CNC 控制器。学会开发宏程序就像学会游泳一样，很多图书描述了游泳的很多技巧，但只有在水中学时才能学到最多。成功没有捷径，用户必须明白在做什么，然后要去尝试，而且可能还要花费一段时间。

## 1.2 宏编程

在本书中，将使用简短术语“宏程序”来代替称为“定制宏程序”或“用户宏程序”的 FANUC 控制系统的可选特征。典型的是把字母 B 加入到描述中，如定制宏程序 B 或用户宏程序 B，那表明是比第一版更高的版本。实际上现在所有的 FANUC 控制器都提供可选的宏程序 B 版本，即使不直接在控制器目录中进行详细说明。其他的控制系统也提供类似的灵活编程方法，而且你在 FANUC 控制器学到的逻辑和通用步骤可适用于 FANUC 之外的控制系统（Fadal，Okuma 等）。顾名思义，用户宏程序可供 CNC 用户使用，为了机床的独特和专门用途而被用作辅助工具。

要牢记宏程序是控制系统的可选特征，如果你们公司不购买这个选项，那么你们就得不到这项功能。但是，这项功能很容易由胜任的 FANUC 技术人员激活，当然是应用户要求并在付费的基础上。

（1）宏程序选项检查　我们安装宏程序选项了吗？这是 CNC 设备的很多用户的常见问题。即便这时你对宏程序完全没有疑问，那么在编写宏程序之前知道所用的控制系统是否安装有宏程序选项还是非常重要的。这可用很简单的方法来查明，而且不需要专门的程序。

设定控制器为MDI模式（手动数据输入）并敲入下列命令：

#101=1

当按下“循环启动”按钮时，会有两种可能性。如果控制系统接受命令而不发出报警或错误条件，就意味着安装有宏程序选项。另外，如果控制系统返回报警（错误）信息（通常指出有语法错误或地址没找到），就意味着控制器没安装宏程序选项。一定要确保输入例子中给出的数据，包括“#”号，来表明为其后的变量数101赋以指定的值1。也可输入其他的命令，但上面给出的命令是一种有效进行宏程序检验的无害的方式。

（2）什么是宏编程　简言之，宏编程是一种零件编程方法。该方法是在标准CNC编程方式的基础上附加控制特征，以使功能更强大、更具灵活性。针对所有CNC系统的宏程序是最接近于真实编程语言的一种编程方法，它直接使用CNC系统。通常可使用的有高级语言，如C++™或Visual Basic™，以及高级语言的很多形式和派生形式，这些语言是计算机软件开发人士用来开发各种复杂的应用程序的。按严格定义来讲，FANUC宏程序本身不是一种语言，而是一种只适用于CNC机床的特殊用途的软件。但是，CNC宏程序使用了可在计算机高级语言中发现的许多特征。

（3）典型特征　FANUC宏程序的典型特征如下：

- □ 算术和代数计算；
- □ 三角法计算；
- □ 变量数据存储；
- □ 逻辑运算；
- □ 分支；
- □ 回路；
- □ 错误检查；
- □ 报警产生；
- □ 输入和输出；
- □ 许多其他特征。

宏程序和标准的CNC程序在某种程度上相似，但其包含的许多特征在常规编程中并没有出现。一般来讲，宏程序是结构化的常规子程序，存储在自身的程序号下面（O-），而且由主程序或其他的宏程序使用G代码（典型的是G65）调用。但是，如果没有宏程序调用命令，宏特征也可简单地用在程序中。

（4）具备宏程序特征的主程序　下面是一个铣削四个槽（只进行粗加工）的简单的标准零件程序实例（见图1.1）。

```
N1 G21
N2 G17 G40 G80
```

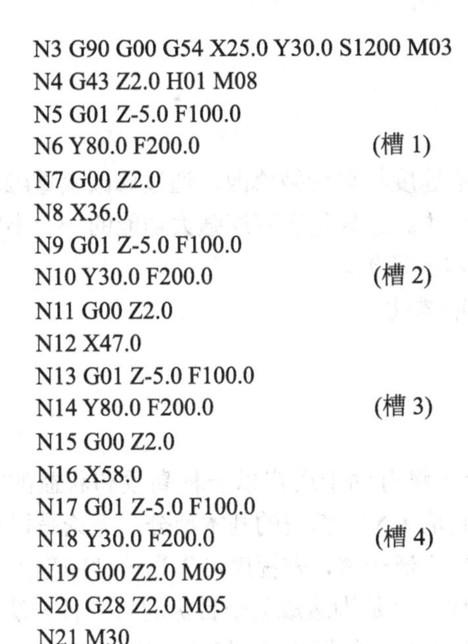

```
N3 G90 G00 G54 X25.0 Y30.0 S1200 M03
N4 G43 Z2.0 H01 M08
N5 G01 Z-5.0 F100.0
N6 Y80.0 F200.0                (槽 1)
N7 G00 Z2.0
N8 X36.0
N9 G01 Z-5.0 F100.0
N10 Y30.0 F200.0               (槽 2)
N11 G00 Z2.0
N12 X47.0
N13 G01 Z-5.0 F100.0
N14 Y80.0 F200.0               (槽 3)
N15 G00 Z2.0
N16 X58.0
N17 G01 Z-5.0 F100.0
N18 Y30.0 F200.0               (槽 4)
N19 G00 Z2.0 M09
N20 G28 Z2.0 M05
N21 M30
%
```

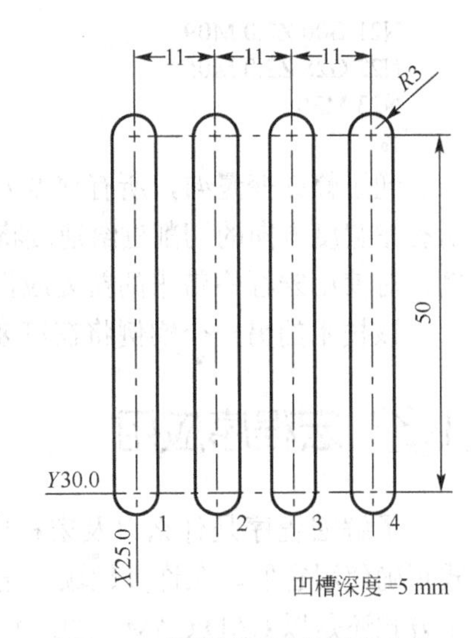


图 1.1　举例说明进给速度作为宏功能的简单作业

注意这里重复使用了两种进给速度：F100.0 用于铣削深度，F200.0 用于铣削槽宽度。

在程序中，每个槽对应一种进给速度。更多的槽就要更多的进给速度。如果需要改变程序中的一个或两个进给速度，那么就要单独修改某个槽。要是有多个槽的话，这将是很耗时的工作。在程序中使用宏特征会大大简化这项工作。解决关键是在程序开头把两种进给速度定义成变量。变量定义是在前面加“#”号，来代替真值。

```
N1 G21
N2 G17 G40 G80
N3 #1=100.0                    (深度方向进给速度)
N4 #2=200.0                    (槽宽度方向进给速度)
N5 G90 G00 G54 X25.0 Y30.0 S1200 M03
N6 G43 Z2.0 H01 M08
N7 G01 Z-5.0 F#1
N8 Y80.0 F#2                   (槽 1)
N9 G00 Z2.0
N10 X36.0
N11 G01 Z-5.0 F#1
N12 Y30.0 F#2                  (槽 2)
N13 G00 Z2.0
N14 X47.0
N15 G01 Z-5.0 F#1
N16 Y80.0 F#2                  (槽 3)
N17 G00 Z2.0
N18 X58.0
N19 G01 Z-5.0 F#1
N20 Y30.0 F#2                  (槽 4)
```

```
N21 G00 Z2.0 M09
N22 G28 Z2.0 M05
N23 M30
%
```

通过修改变量#1，所有深度方向的进给速度将自动被修改，通过修改变量#2，所有槽宽度方向的切削进给速度将自动被修改。这只是宏程序强大功能的一个小实例，对使用宏程序带来的益处应提供最基本的评价。

该技术的另一个实例将在第 8 章中详细描述。

## 1.3 宏程序应用

了解宏程序是什么以及宏程序能做什么将有助于用户以一种高效和获益的方式正确使用它们。在许多领域，宏程序可能是 CNC 编程的基本部分，无论是以手工方式还是以 CAD/CAM 方式。如果用得更广泛一些，宏程序可作为一种编程工具和任何 CAD/CAM 系统共存，但并不是取代，只是为达成某个目标的另一种方法。宏程序还可用作通常的 CNC 加工，而且越来越多的用来控制现代制造设备和许多自动化仪器特征，例如材料处理、刀具损坏检测和特殊循环等。

通常由熟练的 CNC 操作员来获取某种控制特征，典型特征是在作业准备阶段完成的。这类特征是常见的偏置（对工件位置、刀具长度和半径）。CNC 操作员要进行适当的测量，并把偏置值输入到控制系统。宏程序允许编程员进行自动测量和输入偏置数据，这类活动需要专门的测量设备（也称为检测或测量设备），但许多其他活动不需要有额外的设备。

宏程序的另一个常见应用是一组在某些方面相似的零件，例如，基本形状相似。这组的所有零件都可使用简单的主程序（以宏程序的形式），并对每个组成员用不同的数据输入值进行调用。

下面着重列出宏程序的一些最常见的应用。

- 相似零件组；
- 偏置控制；
- 定制固定循环；
- 非标准刀具运动；
- 专用 G 代码和 M 代码；
- 报警和信息生成；
- 替代控制器选项；
- 隐藏和保护宏程序；
- 检测和测量；
- 各种捷径和应用。

（1）相似零件组　在脱机语言编程（使用编程语言如 Compact II™、Split™、APT™、ADAPT™ 以及其他语言）的早些年代（20 世纪 70 年代），为形状相似（意味着类似，而不是完全相同）的零件编程是很常见的，而且通常的加工过程也相似。例如，在圆周上均布有螺栓孔对很多机床车间都是常见的加工操作，而且在不使用宏程序的情况下，对每个螺栓孔都必须分别计算XY坐标和相应的切削数据。然而，同样的公式要反复使用，这样对每个新的螺栓孔也要进行相应计算。一旦有合适的螺栓孔计算宏程序，就可只通过提供改变的数据进行反复调用。螺栓孔位置的计算和适当的加工将由这组数据来确定。其他的孔型，如圆弧、行、栅格和框架型式也可较好地使用宏程序（参照本书的参数化编程部分）。开发宏程序通常要比开发单个零件程序花费更多的时间，但这个时间是非常值得投入的。一旦宏程序存在并投入使用，就可不考虑任何其他编程，所有需要做的就是参数修改（如转速、进给速度、尺寸、深度等）。

许多其他的重复性加工任务和相似刀具路径也可获益于宏程序的适当应用。相似零件组经常被称作相似零件族，或统称为参数化编程，要求用户提供参数（可变值）给已知的宏程序。但是，真正的参数化编程不仅仅局限在相似零件上。许多加工操作，如加工凹槽，是很常见的。直口和锥口的矩形槽和环形槽也获益于宏程序的应用。不要把参数化编程同系统参数相混淆，本书已进行了相应的描述。

（2）偏置控制　CNC加工时采用的可编程偏置有三种类型：

□ 工件偏置——G54-G59命令（标准）+ G54.1 P1- G54.1 P48命令（可选）；

□ 刀具长度偏置——用G43或G44命令，通常用H地址；

□ 刀具半径偏置——用G41或G42命令，通常用D地址。

另外，目前偏置有几个不同的版本，例如几何尺寸和磨损量，外部或常见偏置，以及三种不同类型的控制器内存。使用宏程序，偏置量可通过程序输入、清除、检查、调整和操作，而不用妨碍CNC机床操作员的工作。某些偏置量的修改要求有测量设备，其他的可根据工作状况任意修改。偏置方面的知识和它们与CNC程序相互作用的方式对大多数宏程序应用来讲都是绝对必要的。

（3）定制固定循环　固定循环长期以来一直是编程的一部分。固定循环每天都在使用而且起着很大作用。偶尔，可能需要有一个特殊的循环，该循环要做一些不寻常的，不常见的，然而对某种应用来讲是很重要的工作。例如，有切进和切出孔的固定循环，进给速度在两个方向上总是相同的。用户可能需要开发新的循环，该循环中切削进给速度只在一个方向上发生变化。另一个实例是深孔啄钻的循环，深孔啄钻指每次后面的切削都下降一个啄钻深度。G83和G73循环不能完成这项任务。还可开发很多特殊循环，并不只是加工孔。

（4）非标准刀具运动　三种常见的刀具运动，快速运动，直线运动和圆弧运动，适合于多数CNC加工作业。加工中也常需要其他的运动型式，然而没有专门的控制软件是不可能达到的。这包括基于数学公式的曲线，例如线性螺旋，锥形螺旋，抛物线，双曲线，正弦曲线等。可开发用户宏程序来精确模拟这样的路径，使用数学公式并进行很复杂的刀具运动计算。

（5）专用G代码和M代码　专用设备的生产商可能打算由G代码或M代码

控制某种操作。这些属于非标准功能，可由宏程序来开发。本书后面，有通过G13调用的环形槽循环宏程序，G13为一个可用于日常编程的新的FANUC G代码（在某些非FANUC控制器中也可得到）。

（6）报警和信息生成　宏程序也可用来检查很多错误条件（错误），以报警或出错条件的形式给出，并允许零件编程员和CNC操作员就错误进行交流。报警（错误）可有自己的序号以及简短的原因描述。除了报警表明可能的错误原因外，还可生成对机床操作员的指导性信息，来描述正在发生的或需要做的活动。

（7）替代控制器选项　FANUC控制器提供了许多专用特征，这些特征只作为选项来获得。典型的可选特征是比例缩放功能、坐标系旋转、极坐标、附加偏置等。使用宏程序，用户可开发准确执行这些选项赋予的相同功能的程序，这样就不需要花费相当高的额外开销。

（8）隐藏和保护宏程序　与反复使用它们相比，用户创建的将是宏程序。毕竟，这是开发宏程序的首要原因。如果控制系统中的宏程序出了问题，如意外删除，这将会给制造过程带来重大问题。宏程序可由控制软件进行保护，因此不可能被意外删除或在没有强加步骤的情况下修改。含有敏感内容的宏程序也可从显示目录中隐藏。

（9）检测和测量　检测和测量是使用用户宏程序的很重要的领域。检测部分实例，也是本书的一个很重要章节。使用检测器和类似设备，用户宏程序可被用作在“机床上检测部位”，这种方法常称为“在线测量”。测量值（实际值）可和理想值（图纸值）进行比较，而且各种偏置值可自动调整。

检测中使用的用户宏程序可应用于不同类型的图纸规格说明，例如拐角位置、中心位置、角度、直径、深度、宽度、自动对中、镗孔测量以及其他方面。

（10）各种捷径和应用　许多小的应用程序也可写成宏程序的格式，这使编程作业（和操作员的工作）更容易、更安全。应用程序通常是小程序，并不实际加工零件，但可用于某种常见的操作。典型的应用可能包括安全刀具调用，工作台或托盘分度，无人操作中的刀具寿命管理，磨损或折断刀具的检测，对不平铸件程序零点（原点）的重定义，车床上的钻孔夹钳，已加工的零件计数，自动从CNC车床上分离工件的操作，自动换刀，以及许多其他可能情况。所有这些程序都有一个共同特征——它们是对CNC编程中出现的重复性活动的较高效捷径。

宏程序应用领域很广泛。除了已描述的许多可能情况外，宏程序也可用来检查主轴转速，进给速度以及刀具号，还可控制I/O（输入和输出）数据，检查和登记激活特定组的G代码命令，解除进给保持特征，主轴和进给速度倍率以及单段操作。宏程序应用实际上是无止境的，这不仅取决于用户的独特需要也取决于掌握的技巧。

## 1.4 技巧要求

和人类努力一样，不仅是在机床车间工作领域和相关技术领域，成功的用户宏编程都需要某种技巧。当宏编程和传统CNC编程做比较时，宏编程需要有所有标准 CNC 编程要求的技巧外，还要加上许多其他的技巧。

对标准 CNC 编程而言，在典型机床车间环境下工作的编程员必须理解已提到的所有条目，以及许多新的条目。工作经验毫无疑问是有用的，和技巧相关的所有条目可总结如下：

- CNC 机床和控制——操作和编程；
- 加工技巧——如何加工零件；
- 基本的数学技巧——计算，公式；
- 程序结构开发技巧——方便性和一致性；
- 偏置和补偿应用技巧——各种调整；
- 深度方面的固定循环——在细节方面如何工作；
- 深度方面的子程序，包括多重嵌套的应用；
- 系统参数、目的和功用。

为了成为一个成功的 CNC 用户宏编程员，掌握好高级语言的工作知识不是必需的，但却是主要优势。早期提到的语言，例如各种形式的 Visual Basic™，C++™，老版本的 Pascal™，Delphi™，Lisp™，包括来自 AutoCAD（针对个人计算机的最流行的 CAD 软件）制造商的 AutoLISP™，以及许多其他形式，都提供了良好的学习平台。

对理解宏程序很重要的一个技巧是理解零件程序中准备功能（G 代码）和辅助功能（M 代码）的深奥知识（两者在本书中都进行了回顾）。要牢记在不同的 FANUC 控制模式（及兼容控制器）之间 G 代码是合理的、一致的，尽管其中许多 G 代码是专用选项。M 代码在不同的 FANUC 控制机床之间有很大变动，这取决于机床的制造者。阐述这一主题的章节所列的 M 代码仅供参考，关于特定 CNC 机床的所有 M 代码（和 G 代码）的知识是绝对必要的。另一个很重要的背景技巧也在这里进行了回顾，是深度方面的子程序知识。子程序是进入宏程序开发的首要的逻辑步骤。

最后，所列出的技巧并不只是专门限定在 CNC 编程领域，在其他方面也是很有用的，例如：

- 解决问题的技巧；
- 分析问题的技巧；
- 逻辑思维；
- 组织技巧；
- 耐心（需要许多）。

没有简单的解决办法，除了一条有用的忠告，即总是要朝着特定的目标努力工作。建立一个专门的实践方案，并进行评价，然后朝着 100%完成的方向工作。检验，再次检验，然后再一次检验。永远不要放弃！

# 第2章 基本程序代码

在 CNC 零件编程中，所有的地址代码（程序中的字母）是同等重要的，都不应低估，但有两个地址代码对宏编程而言尤其重要。G 代码和 M 代码是每个 CNC 程序的主要特征，是成功开发宏程序的关键因素。在宏程序中，它们的用法和在标准程序中一样，但也具有额外的特征。了解这些代码对每台装有宏程序的 CNC 机床和控制系统而言是重要的。本章对 CNC 程序中的所有这些重要代码都进行了回顾，也给出了两种基本类型的 G 代码和 M 代码的典型参考表格。

## 2.1 准备命令

CNC 程序中的 G 代码称为准备命令。准备命令的含义是把控制系统准备（或预置）成某种操作模式。例如，CNC 程序可采用英制或公制测量单位。控制系统在任何尺寸值出现在程序中之前必须预置成相应模式。通常，采用 G20 命令选择英制单位（英寸），采用 G21 命令选择公制单位（毫米）。其他准备命令的常见实例包括刀具运动类型（G00，G01，G02，G03），绝对和增量模式（G90，G91），以及许多其他模式。对任何 G 代码编程的关键是在使用前必须选择想要的模式。如果用户在程序中不选择相应的模式，那么控制系统就会有许多缺省设置。

（1）缺省设置　当控制系统电源打开时，任何程序都不能影响控制系统的内部设置。也意味着内部设置、缺省设置生效。尽管多数控制器有同样的缺省值，但单独了解每种控制器是重要的，这是因为它们可由卖主和用户永久改变。在参考表中典型的缺省设置用◆（钻石）符号识别。有些 G 代码缺省值可由卖主或用户设置，而且可和典型列表不同。它们是 G00/G01，G17/G18/G19，G90/G91，以及其他相关缺省值。为设定不同的缺省值，用户必须使用系统参数，系统参数在独立章节中已进行了描述。

*对控制系统设置做永久修改时一定要非常谨慎！*

| 不正确的参数设置可永久损坏控制系统和机床！ |
|---|

（2）模态值　准备命令可以是模态或非模态的。模态命令仅需编程一次，然后保持所选模式直到用另一个命令改变或取消。大多数（但不是所有的）G 代码都是模态代码。典型的非模态命令是 G04，G09 和返回机床零点命令 G27-G30，这些常称为“单触发”命令。某些准备命令即使控制器电源已关闭仍保持有效。最典型的

就是选择单位模式的G20或G21命令。

（3）编程格式　任何来自不同组（参见表格）的G代码如果不互相冲突的话，可编程到一个独立的程序段中。如果互相冲突的G代码出现在同一个程序段中，那么后指定的G代码将有效——FANUC系统将不会产生错误条件。

## 2.2 辅助功能

CNC程序中的M代码称为辅助功能。大多数M代码控制机床的硬件功能，例如M08打开冷却液电机，M09关闭冷却液电机。M代码也控制程序流，如M01是可选的程序停止，M30是程序结束等。许多M代码可由机床的制造者设计，并且仅对那台机床专用——它们是非标准的，可在机床手册中找到。

（1）编程格式　通常，在任何程序段中仅可使用一个M代码。假如不互相冲突的话，某些最新的控制器（FANUC 16/18/21）现在允许在一个程序段中至多有三个M代码。如果冲突的M代码出现在同一程序段中或太多的M代码在一个程序段中，系统将返回一个错误条件。

（2）联合运动的M代码　如果M代码和轴运动一起编程，那么了解M代码何时生效是很重要的。如M03将和运动同时启动，但M05将在运动完毕后生效。每个机床手册应包括联合运动编程时M代码如何起作用的信息。

（3）定制M代码　M代码是两台机床或控制器之间标准最少的，即使来自同一个制造者。仅仅一小部分M代码可认为是标准的。机床制造者把M代码分配成机床可能有的专用选项。某些制造者还可能分配成百个独特的M代码给特定的复杂机床。总是要了解所工作的每台机床的专用M代码。

（4）参考表格　以下表格列出了典型的准备命令（G代码）和辅助功能（M代码）。铣削应用和车削应用都包含在内，而且典型的缺省准备命令用◆（钻石）符号标出（可由卖主或用户修改）。

> 尽管给出的表格和CNC机床手册之间存在差异，但总是要使用机床制造者列出的代码。

## 2.3 铣削G代码

表2.1是标准的也是最常见的所有G代码（准备命令）的参考表格，为CNC铣削程序（CNC铣床和加工中心）使用。所有的内部关联的G代码属于同一个组号而且是模态代码，除此之外就属于00组，用来表示非模态命令。

> 模态组中的G代码可被同组中的另一个G代码所代替

**表2.1 标准的和常见的G代码**

| G代码 | 组 号 | 说 明 | |
|---|---|---|---|
| G00 | 01 | 快速定位模式 | |
| G01 | 01 | 直线插补模式 | ◆ |
| G02 | 01 | 圆弧插补模式——顺时针方向 | |
| G03 | 01 | 圆弧插补模式——逆时针方向 | |
| G04 | 00 | 停止功能（编程时作为独立的程序段） | |
| G07 | 00 | 假定轴插补 | |
| G09 | 00 | 准确停止检查某个程序段 | |
| G10 | 00 | 数据设定模式（可编程数据输入） | |
| G11 | 00 | 数据设定模式取消 | |
| G15 | 17 | 极坐标模式取消 | ◆ |
| G16 | 17 | 极坐标模式 | |
| G17 | 02 | 选择*XY*平面 | ◆ |
| G18 | 02 | 选择*ZX*平面 | |
| G19 | 02 | 选择*YZ*平面 | |
| G20 | 06 | 英制单位输入 | |
| G21 | 06 | 公制单位输入 | |
| G22 | 04 | 存储行程检测功能*开* | ◆ |
| G23 | 04 | 存储行程检测功能关 | |
| G25 | 25 | 主轴转速波动检测功能*开* | |
| G26 | 25 | 主轴转速波动检测功能关 | ◆ |
| G27 | 00 | 返回机床零点位置检测 | |
| G28 | 00 | 返回机床零点——第一参考点 | |
| G29 | 00 | 从机床零点返回 | |
| G30 | 00 | 返回机床零点——第二参考点 | |
| G31 | 00 | 跳转功能 | |
| G33 | 01 | 螺纹切削功能 | |
| G37 | 00 | 刀具长度自动测量 | |
| G40 | 07 | 刀具半径补偿模式取消 | ◆ |
| G41 | 07 | 刀具半径左补偿模式 | |
| G42 | 07 | 刀具半径右补偿模式 | |
| G43 | 08 | 刀具长度偏置——正向 | |
| G44 | 08 | 刀具长度偏置——反向 | |
| G45 | 00 | 位置补偿——单倍增加 | |
| G46 | 00 | 位置补偿——单倍减小 | |
| G47 | 00 | 位置补偿——双倍增加 | |
| G48 | 00 | 位置补偿——双倍减小 | |
| G49 | 08 | 刀具长度偏置取消 | ◆ |
| G50 | 11 | 比例缩放功能取消 | ◆ |
| G51 | 11 | 比例缩放功能 | |

续表

| G代码 | 组 号 | 说 明 | |
|---|---|---|---|
| G52 | 00 | 局部坐标系设定 | |
| G53 | 00 | 机床坐标系设定 | |
| G54 | 14 | 工件坐标系偏置 *1* | ◆ |
| G54.1 | 14 | 附加工件坐标系偏置 | |
| G55 | 14 | 工件坐标系偏置 *2* | |
| G56 | 14 | 工件坐标系偏置 *3* | |
| G57 | 14 | 工件坐标系偏置 *4* | |
| G58 | 14 | 工件坐标系偏置 *5* | |
| G59 | 14 | 工件坐标系偏置 *6* | |
| G60 | 00 | 单向定位 | |
| G61 | 15 | 准确停止模式 | |
| G62 | 15 | 自动拐角倍率模式 | |
| G63 | 15 | 攻丝模式 | |
| G64 | 15 | 切削模式 | ◆ |
| G65 | 00 | 用户宏程序调用 | |
| G66 | 12 | 用户宏程序模态调用 | |
| G67 | 12 | 用户宏程序模态调用取消 | ◆ |
| G68 | 16 | 坐标系旋转模式 | |
| G69 | 16 | 坐标系旋转模式取消 | ◆ |
| G73 | 09 | 高速深孔钻循环（啄钻） | |
| G74 | 09 | 左旋攻丝循环 | |
| G76 | 09 | 精镗循环 | |
| G80 | 09 | 固定循环取消 | ◆ |
| G81 | 09 | 钻孔循环 | |
| G82 | 09 | 点钻循环 | |
| G83 | 09 | 深孔钻循环（啄钻） | |
| G84 | 09 | 右旋攻丝循环 | |
| G85 | 09 | 镗孔循环 | |
| G86 | 09 | 镗孔循环 | |
| G87 | 09 | 背镗循环 | |
| G88 | 09 | 镗孔循环 | |
| G89 | 09 | 镗孔循环 | |
| G90 | 03 | 绝对值输入 | |
| G91 | 03 | 增量值输入 | ◆ |
| G92 | 00 | 坐标系设定（刀具位置寄存） | |
| G94 | 05 | 每分钟进给速度——in/min 或 mm/min | |
| G95 | 05 | 每转进给速度——in/r 或 mm/r | |
| G98 | 10 | 固定循环中返回到起始高度 | ◆ |
| G99 | 10 | 固定循环中返回到 *R* 高度 | |

三位数字 G 代码。某些机床和控制系统也提供了三位数字 G 代码来代替标准的两位数字 G 代码，如 G102。这较好地表明机床制造者已包括了一些特殊的省时循环（内部宏程序）。这些不是标准代码，通常在各个机床之间有所变动。与在后面章节中将学到的一样，宏程序也可由一个 G 代码调用而不是由标准的 G65 命令调用。

## 2.4 铣削 M 代码

表 2.2 是最典型也是最常见的、相当全面的 M 代码（辅助功能）的参考表格，被 CNC 铣削程序（CNC 铣床和加工中心）使用。只有很少的 M 代码在工业上符合标准，因此要查看机床手册以获得细节和用法。

**表 2.2 最典型的和全面的 M 代码**

| M 代码 | 描　述 |
|---|---|
| M00 | 强制程序停止 |
| M01 | 可选程序停止 |
| M02 | 程序结束（通常不进行复位和返回） |
| M03 | 主轴正转——顺时针 |
| M04 | 主轴反转——逆时针 |
| M05 | 主轴停止转动 |
| M06 | 自动换刀（ATC） |
| M07 | 冷却液管道*开* （*机床选项*） |
| M08 | 冷却液电机*开* |
| M09 | 冷却液电机*关* |
| M19 | 可编程主轴定位 |
| M30 | 带复位和返回的程序结束 |
| M48 | 进给速度倍率取消*关*—— 进给速度倍率开关有效 |
| M49 | 进给速度倍率取消*开*—— 进给速度倍率开关无效 |
| M60 | 自动托盘交换（APC） |
| M78 | B 轴夹紧 （*非标准*） |
| M79 | B 轴松开 （*非标准*） |
| M98 | 子程序调用 |
| M99 | 子程序结束或宏程序结束 |

## 2.5 车削 G 代码

表 2.3 是标准的也是最常见的、相当全面的所有 G 代码（准备命令）的参考表格，被 CNC 车削（CNC 车床）中使用。所有的内部关联的 G 代码属于同一个组号而且是模态代码，除此之外就属于 00 组，用来表示非模态命令。

**注意**：FANUC 提供了三种 G 代码类型选项（称为 A，B，C）。北美最常见的是A类。G代码类型可由系统参数来选择。应允许控制单元之间存在少许差异，要针对应用查看FANUC参考手册。

G代码类型不能被混淆！

**表2.3　标准的和全面的所有G代码**

| G代码类型 | | | 组 | 描　述 | |
|---|---|---|---|---|---|
| A类 | B类 | C类 | | | |
| G00 | G00 | G00 | 01 | 快速定位模式 | |
| G01 | G01 | G01 | 01 | 直线插补模式 | ◆ |
| G02 | G02 | G02 | 01 | 圆弧插补模式——顺时针方向 | |
| G03 | G02 | G03 | 01 | 圆弧插补模式——逆时针方向 | |
| G04 | G04 | G04 | 00 | 停止功能（编程时作为独立的程序段） | |
| G09 | G09 | G09 | 00 | 准确停止检查某个程序段 | |
| G10 | G10 | G10 | 00 | 数据设定模式（可编程数据输入） | |
| G11 | G11 | G11 | 00 | 数据设定模式取消 | |
| G18 | G18 | G18 | 16 | 选择*ZX*平面 | ◆ |
| G20 | G20 | G70 | 06 | 英制单位输入 | |
| G21 | G21 | G71 | 06 | 公制单位输入 | |
| G22 | G22 | G22 | 09 | 存储行程检测功能*开* | ◆ |
| G23 | G23 | G23 | 09 | 存储行程检测功能*关* | |
| G25 | G25 | G25 | 08 | 主轴转速波动检测功能*开* | |
| G26 | G26 | G26 | 08 | 主轴转速波动检测功能*关* | ◆ |
| G27 | G27 | G27 | 00 | 返回机床零点位置检测 | |
| G28 | G28 | G28 | 00 | 返回机床零点——第一参考点 | |
| G29 | G29 | G29 | 00 | 从机床零点返回 | |
| G30 | G30 | G30 | 00 | 返回机床零点——第二参考点 | |
| G31 | G31 | G31 | 00 | 跳转功能 | |
| G32 | G33 | G33 | 01 | 螺纹切削功能——固定螺距螺纹 | |
| G34 | G34 | G34 | 01 | 螺纹切削功能——可变螺距螺纹 | |
| G35 | G35 | G35 | 01 | 螺纹切削CW | |
| G36 | G36 | G36 | 01 | 螺纹切削CCW | |
| G36 | G36 | G36 | 00 | *X*轴的自动刀具补偿 | |
| G37 | G37 | G37 | 00 | *Z*轴的自动刀具补偿 | |
| G40 | G40 | G40 | 07 | 刀尖半径补偿模式取消 | ◆ |
| G41 | G41 | G41 | 07 | 刀尖半径左补偿模式 | |
| G42 | G42 | G42 | 07 | 刀尖半径右补偿模式 | |
| G50 | G92 | G92 | 00 | 坐标系设定（刀具位置寄存） | |
| G50 | G92 | G92 | 00 | G96模式的最大主轴转速设定 | |
| G52 | G52 | G52 | 00 | 局部坐标系设定 | |
| G53 | G53 | G53 | 00 | 机床坐标系设定 | |

续表

| G代码类型 | | | 组 | 描　述 | |
|---|---|---|---|---|---|
| A类 | B类 | C类 | | | |
| G54 | G54 | G54 | 14 | 工件坐标系偏置 1 | |
| G55 | G55 | G55 | 14 | 工件坐标系偏置 2 | |
| G56 | G56 | G56 | 14 | 工件坐标系偏置 3 | |
| G57 | G57 | G57 | 14 | 工件坐标系偏置 4 | |
| G58 | G58 | G58 | 14 | 工件坐标系偏置 5 | |
| G59 | G59 | G59 | 14 | 工件坐标系偏置 6 | |
| G61 | G61 | G61 | 15 | 准确停止模式 | |
| G62 | G62 | G62 | 15 | 自动拐角倍率模式 | |
| G64 | G64 | G64 | 15 | 切削模式 | ◆ |
| G65 | G65 | G65 | 00 | 用户宏程序调用 | |
| G66 | G66 | G66 | 12 | 用户宏程序模态调用 | |
| G67 | G67 | G67 | 12 | 用户宏程序模态调用取消 | ◆ |
| G68 | G68 | G68 | 04 | 双刀架的镜像功能开 | |
| G69 | G69 | G69 | 04 | 双刀架的镜像功能关 | ◆ |
| G70 | G70 | G72 | 00 | 轮廓精加工循环 | |
| G71 | G71 | G73 | 00 | 轮廓粗加工循环——车削和镗削 | |
| G72 | G72 | G74 | 00 | 轮廓粗加工循环——端面加工 | |
| G73 | G73 | G75 | 00 | 复式循环 | |
| G74 | G74 | G76 | 00 | 沿 Z 轴的深孔钻循环 | |
| G75 | G75 | G77 | 00 | 沿 X 轴的挖槽/钻孔循环 | |
| G76 | G76 | G78 | 00 | 多头螺纹切削循环 | |
| G80 | G80 | G80 | 10 | 固定钻循环取消 | ◆ |
| G83 | G83 | G83 | 10 | 正面钻孔循环 | |
| G84 | G84 | G84 | 10 | 正面攻丝循环 | |
| G86 | G86 | G86 | 10 | 正面镗循环 | |
| G87 | G87 | G87 | 10 | 侧钻循环 | |
| G88 | G88 | G88 | 10 | 侧攻丝循环 | |
| G89 | G89 | G89 | 10 | 侧镗循环 | |
| G90 | G77 | G20 | 01 | 简单的直径切削循环 | |
| G92 | G78 | G21 | 01 | 简单的螺纹切削循环 | |
| G94 | G79 | G24 | 01 | 简单的端面切削循环 | |
| G96 | G96 | G96 | 02 | 恒表面切削速度控制——CSS 模式 | |
| G97 | G97 | G97 | 02 | 恒表面切削速度控制取消——rpm 模式 | ◆ |
| G98 | G94 | G94 | 05 | 每分钟进给速度——IPM 或 mm/min | |
| G99 | G95 | G95 | 05 | 每转进给速度——ipr 或 mm/r | ◆ |
| — | G90 | G90 | 03 | 绝对值输入 | |
| — | G91 | G91 | 03 | 增量值输入 | ◆ |

注：某些 G 代码如 G36 或 G50 可能具有不同的涵义。本参考表格中如果出现不相符之处，可查看机床手册。

## 2.6 车削 M 代码

表 2.4 是最典型也是最常见的、相当全面的 M 代码（辅助功能）的参考表格，被 CNC 车削（CNC 车床）中使用。只有很少的 M 代码在工业上符合标准，而且对所有的控制器都很常见。

**表 2.4　典型的和全面的 M 代码**

| M 代码 | 描　述 |
|---|---|
| M00 | 强制程序停止 |
| M01 | 可选程序停止 |
| M02 | 程序结束（通常不进行复位和返回） |
| M03 | 主轴正转——顺时针 |
| M04 | 主轴反转——逆时针 |
| M05 | 主轴停止转动 |
| M07 | 冷却液管道打开　（机床选项） |
| M08 | 冷却液电机*开* |
| M09 | 冷却液电机*关* |
| M10 | 卡盘或夹头打开 |
| M11 | 卡盘或夹头关闭 |
| M12 | 尾架顶尖套筒滑进　（非标准） |
| M13 | 尾架顶尖套筒滑出　（非标准） |
| M17 | 正向转塔分度　（非标准） |
| M18 | 反向转塔分度　（非标准） |
| M19 | 可编程主轴定位　（机床选项） |
| M21 | 尾架体向前运动　（非标准） |
| M22 | 尾架体向后运动　（非标准） |
| M23 | 从螺纹渐进退出*开* |
| M24 | 从螺纹渐进退出*关* |
| M30 | 带复位和返回的程序结束 |
| M41 | 齿轮范围选择——低档齿轮　（如果可获得的话） |
| M42 | 齿轮范围选择——中档齿轮 1　（如果可获得的话） |
| M43 | 齿轮范围选择——中档齿轮 2　（如果可获得的话） |
| M44 | 齿轮范围选择——高档齿轮　（如果可获得的话） |
| M48 | 进给速度倍率取消*关*—— 进给速度倍率开关有效 |
| M49 | 进给速度倍率取消*开*—— 进给速度倍率开关无效 |
| M98 | 子程序调用 |
| M99 | 子程序结束或宏程序结束 |

## 2.7 标准程序代码

宏程序中使用的多数 G 代码和 M 代码都是标准代码。这些代码每位用户都可得到，而且当用在宏程序中时，代码在不同控制器之间通常是变化的。遗憾的是，哪些G代码是标准的，以及某些代码在不同的机床的同一控制器中可能有什么变化，还没有相应的惯例。这里有如下忠告。

| 总是要结合每台控制器或机床来查看 G 代码和 M 代码 |
|---|

## 2.8 可选程序代码

表格中包含几个非标准 M 代码的主要原因是它们应作为可用的 M 代码实例。充满希望的是，它们将有助于用户对同一活动在 CNC 机床加工时找到实际的功能代码。标准的程序代码是相当常见地交叉用于不同的 FANUC 模型，但是要较好地了解新旧控制器版本间的差异。

本书的重点主要是高级 FANUC 控制器，这也是最可能使用用户宏特征的。带有宏特征的低级控制器（如 FANUC 0），具有有限的特征，包括 G 代码和 M 代码。

# 第3章 子程序回顾

为回顾子程序，用户必须首先理解子程序是什么，能用于哪些方面，以及它的优势有哪些。综合全面的子程序知识对宏程序开发是相当必要的。

在 CNC 编程中，子程序和传统程序在结构上是很相似的，所不同的是子程序的内容。子程序是仅包含专门的重复性作业的独立程序，如常见的轮廓加工刀具路径，钻孔类型或相似的加工操作。例如，加工作业是编程某种类型的孔，孔必须经点钻加工，钻削后，还要攻螺纹。在标准零件编程中，采用适当的固定循环，将计算每个孔的 *XY* 点坐标并重复用于每把刀具。在子程序中，孔位置可仅计算一次，然后存储在独立的程序（子程序）中，当需要用时，可采用不同的固定循环针对不同的操作反复调用多次。

子程序总是由另一个程序（主程序或另一个子程序）所调用。

| 子程序必须仅包含针对所有零件或操作的公共数据 |
|---|

## 3.1 子程序实例——铣削加工

为采用实例来解释说明子程序的概念，图 3.1 给出了一个简单的五孔型式的加工实例。

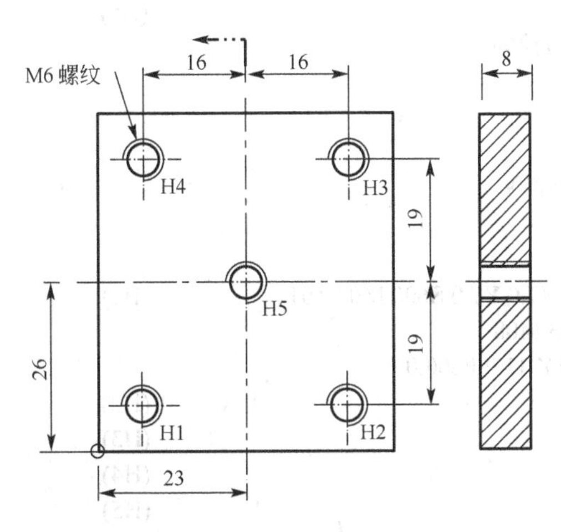


图 3.1　子程序实例图——铣削应用

图 3.1 中五个孔必须用三把刀来加工。如果不用子程序，源程序会相当长，而且所有孔的位置对每把刀具都要重复计算。所有三个实例将以相同的顺序加工孔，而且假定第一把刀已安装在主轴上。例 1 的程序给出了没有用子程序编程的源程序情况——这是最长的版本。

```
O0001
（三个实例中的例 1——仅有主程序——PETER SMID）
（程序零点在零件左下角和顶部）
（T01——90°点钻）
N1 G21
N2 G17 G40 G80
N3 G90 G54 G00 X7.0 Y7.0 S1200 M03 T02          (H1)
N4 G43 Z25.0 H01 M08
N5 G99 G82 R2.5 Z-3.4 P200 F200.0
N6 X39.0                                         (H2)
N7 Y45.0                                         (H3)
N8 X7.0                                          (H4)
N9 X23.0 Y26.0                                   (H5)
N10 G80 G00 Z25.0 M09
N11 G28 Z25.0 M05
N12 M01

（T02——5mm 螺纹钻）
N13 T02
N14 M06
N15 G90 G54 G00 X7.0 Y7.0 S950 M03 T03           (H1)
N16 G43 Z25.0 H02 M08
N17 G99 G81 R2.5 Z-10.5 F300.0
N18 X39.0                                        (H2)
N19 Y45.0                                        (H3)
N20 X7.0                                         (H4)
N21 X23.0 Y26.0                                  (H5)
N22 G80 G00 Z25.0 M09
N23 G28 Z25.0 M05
N24 M01

（T03——M6×1 丝锥）
N25 T03
N26 M06
N27 G90 G54 G00 X7.0 Y7.0 S600 M03 T01           (H1)
N28 G43 Z25.0 H03 M08
N29 G99 G84 R5.0 Z-11.0 F600.0
N30 X39.0                                        (H2)
N31 Y45.0                                        (H3)
N32 X7.0                                         (H4)
N33 X23.0 Y26.0                                  (H5)
N34 G80 G00 Z25.0 M09
N35 G28 Z25.0 M05
```

```
N36 G28 X23.0 Y26.0
N37 M30
%
```

即使程序长度无关紧要，那么重复使用公共数据也是较差的编程实践。主要原因是有可能对图纸进行修改。例如，如果在图纸上改为仅分布有一个孔，那么在零件程序中至少必须做三次修改。使用子程序不仅将缩短程序长度，而且也可使其编辑更高效。例 2 的程序给出了使用子程序调用的相同的加工过程。

```
O0002
（三个实例中的例 2——具有一个子程序的主程序——PETER SMID）
（程序零点在零件左下角和顶部）
（T01——90°点钻）
N1 G21
N2 G17 G40 G80
N3 G90 G54 G00 X7.0 Y7.0 S1200 M03 T02
N4 G43 Z25.0 H01 M08
N5 G99 G82 R2.5 Z-3.4 P200 F200.0 L0（在某些控制器或是 K0）
N6 M98 P1001
N7 G80 G00 Z25.0 M09
N8 G28 Z25.0 M05
N9 M01

（T02——5mm 螺纹钻）
N10 T02
N11 M06
N12 G90 G54 G00 X7.0 Y7.0 S950 M03 T03
N13 G43 Z25.0 H02 M08
N14 G99 G81 R2.5 Z-10.5 F300.0 L0（在某些控制器或是 K0）
N15 M98 P1001
N16 G80 G00 Z25.0 M09
N17 G28 Z25.0 M05
N18 M01

（T03——M6×1  丝锥）
N19 T03
N20 M06
N21 G90 G54 G00 X7.0 Y7.0 S600 M03 T01
N22 G43 Z25.0 H03 M08
N23 G99 G84 R5.0 Z-11.0 F600.0 L0（在某些控制器或是 K0）
N24 M98 P1001
N25 G80 G00 Z25.0 M09
N26 G28 Z25.0 M05
N27 G28 X23.0 Y26.0
N28 M30
%

O1001  (5 孔位置子程序——版本 1)
N101 X7.0 Y7.0                                (H1)
```

```
N102 X39.0                                   (H2)
N103 Y45.0                                   (H3)
N104 X7.0                                    (H4)
N105 X23.0 Y26.0                             (H5)
N106 M99                                     (子程序结束)
%
```

注意：子程序中仅包含了孔位置（*XY* 坐标），而没有其他因素。也要注意对所有刀具将 L0 或 K0 增加到固定循环程序段中。L0 或 K0 是固定循环参数，意味着循环不在当前程序段中执行。在当前程序段中编程的数据存储在内存中，并在子程序处理时使用。子程序中的孔位置将可使用激活的任何固定循环数据（从主程序传递，包括参数）。循环重复地址 L 用在 FANUC 模式 10/11/12/15 中，地址 K 用在 FANUC 模式 0/16/18/21 中。

还可能有其他的方式结构化主程序和子程序。通常可在主程序中找到线索。无论何时，在子程序调用前后，如果发现有几个连续的、同样的程序段时，都可以考虑包含在子程序内。在例 2 中可看到，每次编程（对三把刀）到 M98 P1001 时，总是后跟两个同样的程序段：

```
G80 G00 Z25.0 M09
G28 Z25.0 M05
```

这些程序段可以增加到子程序中吗？回答是肯定的。例 3 的全部源程序将比以前的版本还要短一些（参见下面的程序）。

```
O0003
（三个实例中的例 3——具有一个子程序的主程序——PETER SMID）
（程序零点在零件左下角和顶部）
（T01——90°点钻）
N1 G21
N2 G17 G40 G80
N3 G90 G54 G00 X7.0 Y7.0 S1200 M03 T02          (H1)
N4 G43 Z25.0 H01 M08
N5 G99 G82 R2.5 Z-3.4 P200 F200.0 L0 （在某些控制器或是 K0）
N6 M98 P1002
N7 M01

（T02——5mm 螺纹钻）
N8 T02
N9 M06
N10 G90 G54 G00 X7.0 Y7.0 S950 M03 T03     (H1)
N11 G43 Z25.0 H02 M08
N12 G99 G81 R2.5 Z-10.5 F300.0 L0 （在某些控制器或是 K0）
N13 M98 P1002
N14 M01
```

```
(T03——M6×1 丝锥)
N15 T03
N16 M06
N17 G90 G54 G00 X7.0 Y7.0 S600 M03 T01          (H1)
N18 G43 Z25.0 H03 M08
N19 G99 G84 R5.0 Z-11.0 F600.0 L0 (在某些控制器或是 K0)
N20 M98 P1002
N21 G28 X23.0 Y26.0
N22 M30
%

O1002 (5 孔位置子程序——版本 2)
N101 X7.0 Y7.0                                  (H1)
N102 X39.0                                      (H2)
N103 Y45.0                                      (H3)
N104 X7.0                                       (H4)
N105 X23.0 Y26.0                                (H5)
N106 G80 G00 Z25.0 M09                          (取消循环并清除)
N107 G28 Z25.0 M05                              (Z 轴原点返回)
N108 M99                                        (子程序结束)
%
```

你希望程序比以前的版本更好吗？按严格的技术定义，在程序方面没有什么问题——也能很好运行。然而，却存在种类不同的问题——程序采用的结构是许多经验丰富的编程员尽量要避免的。尽管程序本身更短一些，但解释起来也更困难。究其原因，当子程序结束时，处理将返回到主程序。研究主程序你就会发现，要知道固定循环是否已取消是不可能的。发现哪些数据可能已经从子程序传递到主程序也是很困难的。用户必须深入到子程序中来查明这些重要的细节，这可能距离打印的主程序有很多页。结论是，尽管例 3 的程序是正确的，但由于它的结构较差，也肯定不建议使用。

## 3.2 子程序规则

从五孔加工的前两个实例中，用户可以发现子程序如何定义，如何结束以及如何被另一个程序所调用。简言之，有两个辅助功能是和子程序相关的：

| | |
|---|---|
| M98 | 子程序调用（后跟子程序号） |
| M99 | 子程序结束 |

M98 功能必须总是后跟子程序号，例如：

M98 P1001

子程序必须存储在所分配号码下的控制系统中，如 O1001。辅助功能 M99 通常作为一个独立的程序段来编程，也作为子程序的末尾程序段。这个功能将使处理从子程序转移到源程序。源程序可能是主程序或另一个子程序。

M99 功能后面是记录结束符（%号），同样在主程序中是跟在 M30 功能后面。%号是表示程序停止转移的标志，较典型是在 DNC 模式下。当处理返回到源程序，将总是接着执行程序调用后面的程序段。例如，可参见前面的例 2。

```
N6 M98 P1001
N7 G80 G00 Z25.0 M09
```

当子程序 O1001 结束，程序处理返回到主程序的 N7 程序段（这是实例中的源程序）。

有时程序处理必须返回到这样的程序段，该程序段并不是直接跟在子程序调用后面。这种情况不常见，仅用于特殊用途。在这种情况下，M99 将有一个 P 地址，表明要返回到源程序中的这个程序段号。注意：这种情况下的 P 地址跟 M98 功能中的 P 地址相比有完全不同的含义。例如，子程序 O1003 有如下的末尾程序段：

```
N108 …
N109 M99 P47
%
```

在主程序中，子程序调用可能看起来像这种情况：

```
N43 …
N44 M98 P1003
N45 …
N46 …
N47 …          (从子程序返回的程序段)
…
```

正常返回的程序段将是 N45。但由于 M99 功能包含有 P 地址，处理将跳过两个程序段，返回到 N47 程序段。在 CNC 车床中对棒料加工进给编程时，该技术有较好应用。

图 3.2 表明了典型的子程序应用（以结构化形式），处理将返回到调用程序的下一程序段。

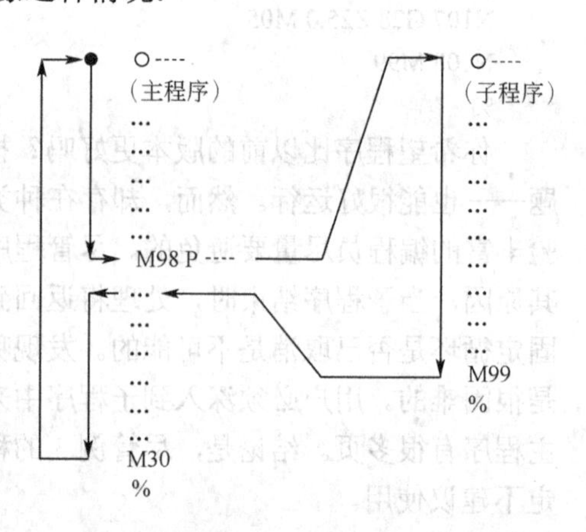


图 3.2 典型程序流程——主程序调用

## 3.3 子程序重复

从同一个源程序调用特定的子程序多次，这种情况是相当常见的。通常调用子程序时，仅自动处理（执行）一次。当没有其他指令输入时，这是最常见的缺省条件。如果子程序必须要重复使用多次，就必须加入特殊的地址 L 或 K，或在子程序调用中必须包括重复次数。该选择取决于所用的控制系统。参看下面这个实例，以 O4321 存储的子程序必须重复使用三次：

方式 1　M98 P4321 L3　…使用地址 L——对 6/10/11/12/15 控制器常见；
方式 2　M98 P4321 K3　…使用地址 K——对 0/16/18/21 控制器常见；
方式 3　M98 P0034321　…在同一程序段中使用组合结构。

这三种方式有同样的结果——子程序 O4321 将重复使用三次。差别是什么呢？答案很简单——使用的控制系统不同。地址 L 或 K 直接指定了重复次数，并和调用的子程序号码分开——那是前两个实例。第三个实例采用组合结构——前三位数字指定子程序重复次数（003），后四位数字指定调用的子程序号（4321）。一定要查看控制系统用户手册来找到控制单元所支持的方式。如果不指定重复次数，系统将仅调用子程序一次。

## 3.4 子程序嵌套

子程序最常见的应用是仅调用一次，仅处理一次。随后，源程序（通常是主程序）继续运行。尽管可由主程序调用几个子程序，但子程序一旦结束，处理将继续执行主程序。这种过程称为单级嵌套，也是最常见的子程序应用。

FANUC 控制器允许至多四级子程序嵌套（也称为四级重叠）。嵌套意味着一个子程序可调用另一个子程序，该子程序再调用另外的子程序，直到四级深度。随着调用级数的增加，编程也变得更复杂，并且可能更难开发。对超过两级深度的嵌套编程很不常见。在所有情况下，编程时都应遵守一个很重要原则：

| 在嵌套程序环境中，子程序将总是返回到源程序 |
|---|

源程序可能是主程序或另一个子程序。下面的 4 个图表给出了四级嵌套子程序的程序流程图。

图 3.3 中给出了前面实例的通用图表——单级嵌套子程序。这是子程序最常见的应用。

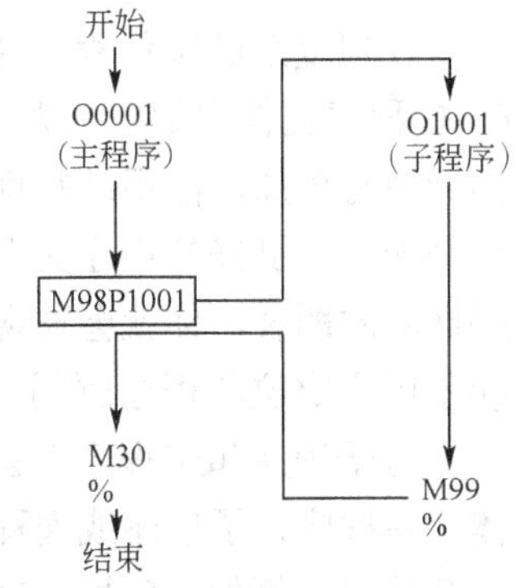


图 3.3　单级嵌套子程序

更复杂（多级）的子程序嵌套为 CNC 编程过程带来了额外的能力，但以要求更多的开发时间、程序清晰度和便于移植程序为代价。那并不是说多级嵌套子程序应该不鼓励使用或甚至应完全避免。这只是意味着尽管你可以开发很复杂的程序流程，但你也可能是理解该程序的唯一一个人。

在实践中使用三级或四级嵌套子程序是很少见的。通过仔细编制加工计划，控制系统的设计必须总是要超前机床的设计一步。例如，每分钟 250 000 转的主轴转速目前在机床上是不可能达到的，但控制系统仍能支持，尽管特殊的制造者会自告奋勇表示会准确使用哪种主轴。四级嵌套子程序为同样的原因而设计。这三个级别的子程序嵌套被解释成图表形式（见图 3.4～图 3.6）：

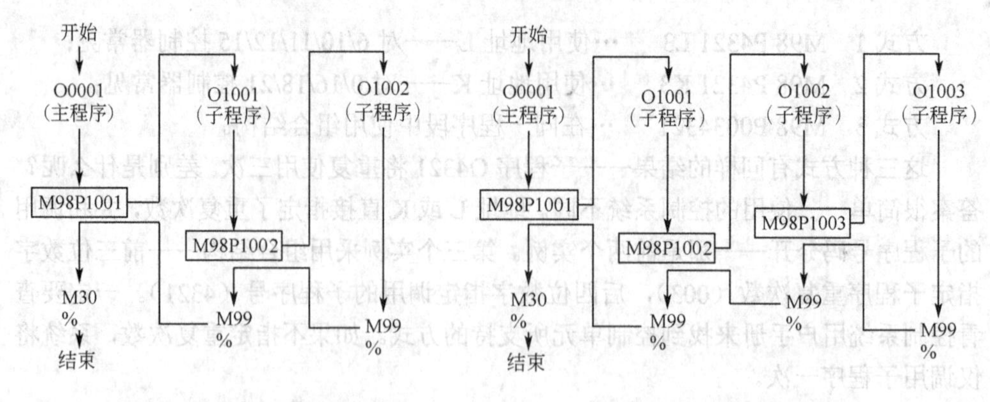


图 3.4　两级子程序嵌套　　　　图 3.5　三级子程序嵌套

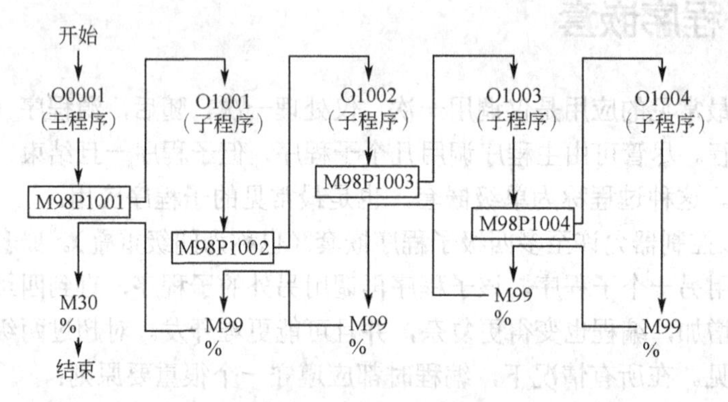


图 3.6　四级子程序嵌套

## 3.5 子程序文件

任何复杂的零件程序（包括子程序和宏程序）应该总是能很好地进行文件化。CNC 程序文件编制在很大程度上一直为许多用户所忽略。尽管对简单容易的程序这样做情有可原，但不编制程序文件的习惯对子程序来说是绝对不可取的，对宏程序也是如此。良好的程序文件是任何 CNC 程序开发的关键部分。通过观察四级子程序嵌套的图表，你就会发现每增加一级嵌套程序将变得多么复杂。良好的文件将有助于用户定位和程序解码，因此这已成为编程过程的强制要求部分。

对子程序和宏程序而言，程序文件应该尽可能多地内在化。这可通过在程序本体（主程序、子程序或宏程序）中增加重要注释来获得。典型的程序注释要包含在圆括号内，例如：（钻孔 5）。仅需提供相关的注释。

## 3.6 子程序与宏程序比较

本书主要目的之一是强调 FANUC 控制器的用户宏选项。既然子程序开发是关键的，那么作为宏程序开发的基本知识，本章迄今为止已经回顾了子程序的基本概念、结构以及在典型 CNC 程序中的应用。

根据用途，用户宏程序是子程序的直接扩充或相似子程序。用户宏程序实际上按与子程序同样的方式被看待——也是通常存储在单独的程序号（O----或 O-----）下面，而且总是使用 M99 功能以同样的方式结束。宏程序使用 G65 准备命令和指定参数，并以同样的方式被调用。

典型 CNC 程序可能混合传统编程（有或无子程序）和宏程序两种方式，或至少使用某些宏特征。当然，控制系统必须支持宏选项。

两种独特编程方式之间的主要差异是宏程序提供的灵活性。和子程序不同，宏程序可使用可变数据（因此称为变量），可执行许多数学运算并可保存各种机床设置的当前值（当前机床状态）。宏程序非常重要的应用是对灵活的程序流程，使用传统测试、分支和回路的能力。回路特征单独使用，因此称为迭代，增加了更多期望的编程能力。总之，这些是宏编程中最重要的三个方面：

- 可变数据输入；
- 数学函数和计算；
- 当前机床值的保存和恢复。

## 3.7 专有特征

宏程序有自己的专有特征，这些特征是通常的子程序不具有的，或在任何其他的传统零件编程方法中找不到的。

宏程序的专有特征主要和灵活性相关，可归类如下：

- 可修改的程序数据；
- 可改变的程序流程；
- 数据可在两个程序之间传递；
- 重复可有回路；
- 测量（检测）可联合使用；
- 专门的设备可完全控制。

这些只是辨别子程序和用户宏程序之间主要差异的一些方面。不要认为宏程序只是更好替代子程序。宏程序有许多用途是不能和子程序在相似方面作比较的。典型宏程序的主要专有特征是使用时的灵活性和方便性，一旦用户掌握和宏程序开发相关的基本难点使用起来就非常方便。

和子程序不同，包含许多特殊功能的宏程序可在典型的科学计算器（TAN、COS、SIN、SQRT 等）中找到。宏程序不仅可使用简单或复杂的代数运算，还可用于三角运算、平方根、数的幂 $x^2$ 或 $x^3$、逆函数、嵌套圆括号、圆整值以及许多其他特征（正像计算器功能）。特定常数，如 pi 常量（π =3.141592654……）不能直接得到，但可定义。计算值可保存到存储寄存器中，并可用于当前程序或任何其他程序。

毫无疑问，宏程序可把 CNC 编程提高到仅单用主程序或子程序不可能达到的水平。子程序知识，子程序如何起作用，如何进行结构化以及如何与主程序相互作用，对任何尝试揭开用户宏程序奥妙的编程员来讲都是关键的知识。

## 3.8 CNC 车床应用

宏程序对任何类型机床都是有用的。尽管加工中心（到目前为止用作说明性实例）已成为宏程序最可能的资源，但并不意味着排除其他类型机床。广泛用于日常生产、并从用户宏程序中获益的一类机床是 CNC 车床。

图 3.7 所示为具有三个同样凹槽的车削零件图。

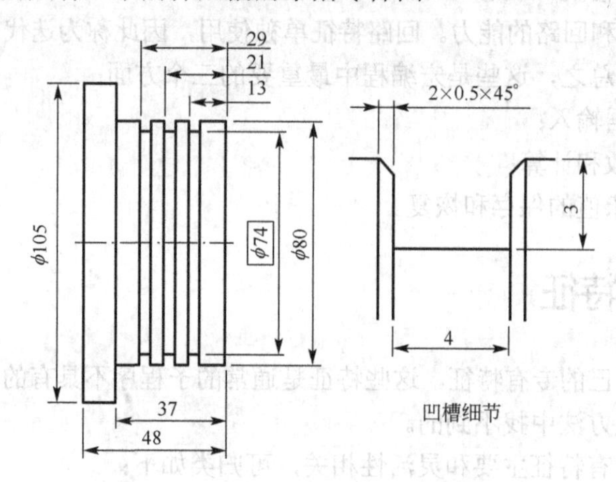


图 3.7　车削应用的子程序实例图

图 3.7 中凹槽尺寸为 4mm×3mm×0.5mm。尽管所有三个凹槽都位于同一直径上，但这个凹槽或任何标准凹槽仍可将同样的全部尺寸放置在不同直径处，这也是相当可能的。无论是开发子程序还是开发宏程序，这都是重要的需要考虑的问题。尽管不变直径的凹槽可沿 $X$ 轴方向以绝对模式编程，沿 $Z$ 轴方向以增量模式编程，但可变直径的凹槽必须沿两轴方向以增量模式编程。

子程序开发

开发宏程序的基本步骤与开发子程序是相同的。在这种情况下，将按下面的加工步骤选择 3 mm 宽的凹槽刀（仅针对图中的凹槽加工）。

（1）在主程序中，刀具将移到凹槽的左侧壁并在零件直径上方 0.5mm 处（即每个凹槽的起始位置）。

（2）在子程序中，刀具向右移动 0.5mm（凹槽中间），切入到相应深度但在底部留 0.1mm 的余量。

（3）刀具退回到零件直径上方 0.5mm 处，移动到左侧倒角的起始位置，切削加工，然后切削凹槽壁左侧——仍在底部留 0.1mm 的余量。

（4）刀具退回到起始位置，移动到右侧倒角的起始位置，切削加工，然后切削凹槽壁右侧到整个深度并向左侧凹槽壁扫平底部。

（5）刀具退回到直径上方的起始位置——子程序结束。

带注释的主程序和子程序内容如下：

```
(主程序)
N1 G21 T0100                          <…车端面和车削加工…>
…
N14 T0500
N15 G96 S120 M03
N16 G00 X81.0 Z-13.0 T0505 M08        凹槽1的起始位置——初始位置
N17 M98 P8001                         切削凹槽1
N18 G00 Z-21.0 M98 P8001              凹槽2的起始位置+切削凹槽2
N19 G00 Z-29.0 M98 P8001              凹槽3的起始位置+切削凹槽3
N20 G00 X150.0 Z100.0 T0500 M09
N21 M30
%

O8001（4mm×3mm×0.5mm 凹槽子程序——3mm 宽凹槽刀）
N101 G00 W0.5                         移动到凹槽中间
N102 G01 U-6.8 F0.125                 切削进给——在底部留0.1
N103 G00 U6.8                         快速回到起始位置
N104 W-1.5                            移动到左侧倒角的起始位置
N105 G01 U-2.0 W1.0 F0.08             切削左侧倒角
N106 U-4.8 F0.1                       沿左侧壁进给——在底部留0.1
N107 U6.8 W0.5 F0.25                  快速进给到起始位置
N108 G00 W1.5                         移动到右侧倒角的起始位置
N109 G01 U-2.0 W-1.0 F0.08            切削右侧倒角
N110 U-5.0 F0.1                       沿右侧壁切削进给到整个深度
N111 W-1.0 F0.08                      扫平底部到左侧壁
N112 U7.0 W0.5 F0.25                  快速进给到起始位置
N113 G00 W-0.5                        返回到起始位置
N114 M99                              子程序结束
%
```

所包含的注释应能充分理解子程序设计。

# 第4章 系统参数

在 CNC 系统和机床之间建立相互联系的机床相关信息，以专用数据的形式存储在内部控制系统寄存器中，称为系统参数，或控制器参数，或 CNC 参数。用英文来解释，其含义是面向数学的，可定义为相当奇特的一句话——“参数是可能有各种值的量，而且每个参数在特定情况限定下是确定的。”这句话表明字典中的定义对 CNC 系统中的定义参数来讲是贴切的。不要把控制系统参数同参数化编程方法相混淆，它们除了在语言方面相似外，是不相关的。如果是经验有限的零件编程员，不应过多关注系统参数。最初的出厂设置对大多数工作来讲通常都是足够的。

对宏程序开发这样的专门性工作，需要具备所有的相关活动，如检测和测量、自动偏置修改、特殊的输入和输出方式等，因此具备较好的、深入的系统参数知识十分重要。任何控制系统一般都有几百个参数，但其中大多数不曾使用过。

| 系统参数对 CNC 机床操作非常关键——修改时一定要谨慎！ |
|---|

## 4.1 什么是参数

当机床制造者设计 CNC 机床时，它们必须同 CNC 系统连接，而 CNC 系统主要由不同的制造者设计。例如，Makino™ CNC 加工中心应该和 FANUC CNC 系统连接，这样两个不同产品不同制造者都参与了机床制造这个过程。连接和配置过程常称为界面连接。FANUC 单元的控制系统设计具有很大的内部灵活性，在 CNC 机床操作前许多参数都必须进行设置。通常，由机床制造者（常称为卖主）提供给终端用户所有的设置，也称界面连接，典型的用户不常做修改。即使系统参数由程序（标准或宏）修改了，这种修改通常也仅是暂时性的，是为某个特定用途而设计的。当目的达成后，程序（或宏程序）通常会把参数复位到原始内容。参数常被有意修改，这是为了使机床性能最优化。

大多数控制器参数和特定 CNC 机床的规定相关，为机床制造者或卖主所知的是各种缺省值。缺省值包括这些方面，如所有的机床规格说明，制造者领域的功能和特征。典型实例包括快速移动速度、主轴转速范围、轴运动行程、快速或切削进给速度范围、安全高度、各种定时器、数据传输的波特率以及其他方面。这些参数一般不做修改，而且任何尝试所作的修改都会危及平稳的机床操作。

设置，统称为参数，是控制系统和特定 CNC 机床专有特征相匹配的手段。另外，单个控制系统可由许多 CNC 机床使用，这些机床来自许多车间的不同机床制造者，因而每个控制系统针对特定机床都要有专门的设置。

许多 CNC 用户对参数的功能根本不熟悉而且只有少数用户知道参数可用于最优化 CNC 机床的性能。原因是当公司购买 CNC 机床时，所有参数已设置成能正常工作而不需额外的设置或修改。对大多数用户来讲这些出厂设置都能正常工作，只有少数需做修改。

对宏程序或对任何棘手的 CNC 作业，编程员应彻底熟悉系统参数的工作方式。即使计划对缺省设置作重大修改，那么如何修改的知识可能也是很有用的。

## 4.2 参数保存

任何 CNC 编程员和操作员都应遵守一个简单原则。该原则是如此简单的常识，以至于不被遵守是相当令人惊讶的。推荐的这个原则是应备份所有的系统参数。同样的原则可用于任何计算机数据，而且在办公环境下可被很好遵循，但在机床车间却常被忽略。通常有几个备份原因，这其中有两个原因是最重要的。

第一个原因是参数的所有当前设置需要电源（电能）来保存在 CNC 系统的存储器中。在机床操作时，电能由主电源提供。当主电源关闭时，内置的电池能起作用。每个控制器都有一个备份电池为重要设置提供电能，即使当主电源断开时也可提供。但是，电能不是永久的——电池消耗能量而且随着能量耗尽，数据将会丢失。

第二个原因是用户设置。这可能是相当容易地替代由机床制造商提供的丢失的参数。制造商或提供给用户一个副本或把副本保存在文件中。也可由机床经销商保留备份（当然没有担保）。这些备份可有助于恢复标准参数。那么由用户修改，或在维修过程中修改，或甚至通过某些自定义程序修改的参数会怎样呢？这些参数是严格限制用户域内的，而且没有备份功能，它们也是不可替换的。

## 4.3 参数备份

控制系统参数可通过几种方式备份（外部保存）。最普遍的是使用控制系统的 DNC 特征，把参数保存在磁盘文件中。这个操作要求有一台计算机（便携式电脑是最理想的），该计算机要求安装和配置有合适的通信软件。保存参数也应打印成硬拷贝，以防磁盘本身出问题。如果你不能用类似 DNC 方式高效保存参数，那么可使用铅笔将其记录下来。也许有相当多的参数，也许要花费很多时间，但在紧急情况下这些努力将是非常值得的。

## 4.4 参数确定

缺省参数由机床制造商或卖主提供，并有序地存储在控制系统中——它们被编号并分成专门的组。

参数编号如下。

参数可典型编号为0000～9999范围内的四位整数。既然有几种型号的FANUC控制器，那么用户应该意识到即使对同种类型的设置，不同型号控制器也常使用不同的参数号。另外，某些参数对铣削系统和车削系统分别具有不同的涵义。由于对每种控制器都有许多不同的选项，如果把这些差异综合在一起，用户钻研起来就会有很大困惑。这对任何人都可能产生困惑，包括经验丰富的维修技术人员。

每台 CNC 机床都有必须由系统参数设定的几百个规格说明。但对终端用户（CNC机床的实际用户）的使用来讲，参数通常分为下面两组：

- □ 不可由终端用户修改的参数　（面向机床）；
- □ 可由终端用户修改的参数　（面向程序）。

通常，任何机床专用的系统参数，都绝不应由终端用户修改。另外，许多和CNC程序（或某些操作功能）相关的参数可由终端用户修改，这通常是为了和制造环境下的其他机床兼容或保持一致的编程结构。典型设置可能包括配置各种加工循环、输入和输出设置（I/O）、各种偏置和补偿、加工数据、切削数据以及其他方面。

## 4.5 参数分类

系统参数编号对编程来讲是有意义的，但用户（这里包括 CNC 编程员）可使用的全部参数使得要快速、高效查找某一特定参数变得非常困难。这就要求用户必须尽量记忆许多特殊的四位数字。

FANUC较好地意识到了这个潜在问题，并把参数分成约36个逻辑组，主要根据参数的一般用途来组织。为解释说明 CNC 系统参数涵盖了哪些机床加工领域，下面的列表针对典型的FANUC控制系统，其按组进行了参数分类。作为CNC编程员，应该熟悉这些参数，尽管大部分参数仅对维修技术人员有用。

在FANUC参考手册（一般称为参数手册）中，每个组都用详尽的描述指定了参数号的范围。

参数分组如下。

下列组由FANUC控制。不要认为这些参数组是所有控制器中的所有参数，也不要认为它们永久不变。只要控制系统在开发，就会发生变化。尽管给出的列表通常是准确的，但总要查询机床和控制系统手册来得到特定机床参数的分组情况（经常会发生变化）。

| 与组相关的参数 | 10/11/12 | 15 | 16/18/21 |
|---|---|---|---|
| 设置参数 | 0000- | 0000-0032 | 0000- |
| 轴控制数据参数 | 1000- | 1000-1058 | 1000- |
| 錾削（chopping）参数 | | 1191-1197 | |
| 坐标系参数 | 1220- | 1200-1260 | 1200- |

| | | | |
|---|---|---|---|
| 进给速度参数 | 1400- | 1400-1494 | 1400- |
| 加速/减速控制参数 | 1600- | 1600-1631 | 1600- |
| 伺服参数 | 1800- | 1800-1890 | 1800- |
| DI/DO 相关参数 | 2000- | 2000-2049 | 3000- |
| MDI，EDIT 和 CRT 参数 | 2200- | 2200-2388 | 3100- |
| 程序参数 | 2400- | 2400-2900 | 3400- |
| 串行主轴输出参数 | | 3000-3303 | |
| 图形显示参数 | | 4821-4833 | 6500- |
| I/O 界面参数 | 5001- | 5000-5162 | 0100- |
| 行程限位参数 | 5200- | 5200-5248 | 1300- |
| 螺距误差补偿参数 | 5420- | 5420-5425 | 3600- |
| 倾斜度补偿参数 | | 5461-5474 | 8200- |
| 直线度补偿参数 | | 5481-5574 | |
| 主轴控制参数 | 5600- | 5600-5820 | 3700- |
| 刀具偏置参数 | 6000- | 6000-6024 | 5000- |
| 固定循环参数 | 6200- | 6200-6240 | 5100- |
| 刚性攻丝参数 | | | 5200- |
| 比例缩放与坐标旋转参数 | 6400- | 6400-6421 | 5400- |
| 自动拐角倍率参数 | 6820- | 6610-6614 | 5480- |
| 渐开线插补参数 | | 6620-6634 | 5610- |
| 单向定位参数 | 7000- | 6820 | 5440- |
| 极坐标插补参数 | | | 5460- |
| 分度工作台分度参数 | | | 5500- |
| 客户（用户）宏程序参数 | 7200- | 7000-7089 | 6000- |
| 外部数据输入参数 | | | 6300- |
| 运行时间和加工零件数显示参数 | | | 6700- |
| 程序重启参数 | | 7110 | 7300- |
| 高速跳越信号输入参数 | | 7200-7214 | 6200- |
| 自动刀具补偿参数 | 7300- | 7300-7333 | 6240- |
| 刀具寿命管理参数 | | 7400-7442 | 6800- |
| 位置开关功能参数 | | | 6900- |
| 转塔轴控制参数 | | 7500-7557 | |
| 高速加工参数 | | | 7500- |
| PMC 轴控制参数 | | | 8001- |
| 维修参数 | 8000- | 8000-8010 | |
| 其他参数 | | | 7600-7794 |

如表中所示，许多系统参数组与 CNC 编程并不直接相关，在这里仅对电力电子专家和维修技术人员作为一种参考列出。对 CNC 编程员而言，列表应作为参考资料。不要把参数号和系统变量相混淆。

## 4.6 参数显示屏

在 CNC 单元上可查看典型的参数显示屏（使用键盘上的 SYSTEM/PARAM 菜单），可得到许多显示屏幕页。屏幕页可向前或向后快速翻滚。为加快查询速度，可通过参数号调用特定参数（参见参数手册），此时屏幕光标（显示指针）将定位在参数号上，同时参数数据将以反色（高亮）显示。本书中，键盘的实际程序是不重要的——控制系统手册描述了所有必要的步骤。

## 4.7 参数数据类型

4.5 节列出的参数分类仅按功能进行了参数描述。在控制系统中，将针对每个参数号按需要输入实际的参数值。按照不同的参数应用，参数也根据数据类型进行分类。每个数据类型组采用不同的有效参数数据输入范围。

关于所有的 FANUC 控制器，允许有四种数据类型组。这里对每个组都列出了合适的数据范围（见表 4.1）。

表 4.1 四种数据类型组的数据范围

| 参数数据类型 | 允许的数据范围 |
|---|---|
| 位或位轴 | 0 或 1 |
| 字节或字节轴 | 0～±127（字节）或 0～255（字节轴） |
| 字或字轴 | 0～±32767 |
| 双字或双字轴 | 0～±99999999 |

（1）位-型数据　位和字节是常见的计算机术语，不应互相混淆。位是参数输入的最小单位。它只允许两个输入值——数字 0 和数字 1。单词“bit”是缩写形式，是由词语“binary digit”的完整形式得来，为“binary digit”。英语单词“binary”来源于拉丁语中的“binarius”，其含义为由两部分构成的事物。基于这个定义，两个可能的输入值“0”和“1”就代表某种选项，而且只能从两个条件中进行选择。这两个条件可能是“真”或“假”。真假条件也可解释成“是”和“不是”、“开”和“关”、“做”和“不做”等。在位型输入中，选择结果代表两个可选项之一。

字节（随后描述）是几个相邻位组成的序列（典型为 8 位），表示由字母数字组成的字符型数据，可作为单独的指令单元处理。

每个位型系统参数可通过对至多 8 位寄存器（也称为位置寄存器）输入相应值来设置。一定要留心观察位型参数，一个数据号被指定为 8 位（即一个 8 位二进制参数）。每一位都具有不同的含义，因此练习时要留心，当用户只修改其中一位时，并没有任何其他的数据存储在同样的参数号下面。最安全的方式是记录下最初设置，接着按要求修改，然后两者再进行比较。

位型参数输入（在所有的计算机应用中）按在显示屏上出现的方式，有自己的标准符号。一定要注意 CNC 单元的编号方式：

参数号

| #7 | #6 | #5 | #4 | #3 | #2 | #1 | #0 |
|---|---|---|---|---|---|---|---|

这里有三项非常重要。第一项是参数号（图表上方给出），在显示屏上参数号通常显示在数据左侧（根据所用的控制系统，显示在同一条线上）。第二项是位置寄存器的编号方式——从 0 到 7，而不是从 1 到 8 开始编号。这是标准的计算机处理方式——计算机是从 0，而不是从 1 开始计数。第三个重要注意事项是#0 至#7 位寄存器以相反顺序显示，#7 在第一位（最左方），而#0 最后输入（最右方）。读取时从左向右读。这三项在人们交流时是非常重要的。例如，如果维修技术人员建议修改特定参数的#2 位到某一设置，那么用户必须确切知道这是哪个寄存器的位置，而且也必须说和技术人员同样的语言。当对话发生在电话、传真、E-mail 或类似工具时，这种情况也相当常见。

例如，FANUC 16/18/21 控制系统的参数#0000 仅使用允许的 8 位参数寄存器中的 4 位：

#0000

|  |  | SEQ |  |  | INI | ISO | TVC |
|---|---|---|---|---|---|---|---|
| 0 | 0 | 0 | 0 | 1 | 0 | 1 | 0 |

如果没有标题，意味着该位没指定，即没有值，也不存在。在实例中，有 4 位没指定。如果有指定位，那么控制系统显示屏上的两行说明表示每个相关参数（作为位名）的简要描述。这些描述信息经常很难只通过阅读进行解码，但在 FANUC 手册中包含有参数说明和用途的较好细节描述（参数手册）。

在上面的实例中（参数#0000），四个列出的位名代表四种不同（且独立的）的位-型参数设置，设置叙述如下：

SEQ　　自动插入顺序号
0：　　不执行
1：　　执行

INI　　输入单位
0：　　公制（毫米）
1：　　英制（英寸）

ISO　　数据输出代码
0：　　EIA 代码
1：　　ISO 代码

TVC　　TV检查
0:　　不执行
1:　　执行

根据实例中参数#0000的输入情况，图示控制系统的位设置解释如下：

SEQ　=0　…不执行自动插入顺序号
INI　=0　…输入单位是公制——mm
ISO　=1　…输出使用ISO代码
TVC　=0　…不执行TV检查

既然#0000参数设置中仅使用了8位寄存器中的4位（在FANUC 16/18/21控制器中），那么其余的4位寄存器是不相关的，或使用合适的计算机描述为未经指定。

为便于比较，FANUC 15控制系统也使用参数#0000进行设置，但具有完全不同的内容（位的含义）：

#0000

| #7 | #6 | #5 | #4 | #3 | #2 | #1 | #0 |
|---|---|---|---|---|---|---|---|
|  |  | DNC | EIA | NCR | ISP | CTV | TVC |

对FANUC 15控制系统参数#0000包含的内容如下：

DNC　　带有远程缓冲器的DNC操作
0:　　高速分配（HSD）使能，如果满足HSD使能条件
1:　　没有高速分配但总能执行正常分配

EIA　　穿孔纸带代码为
0:　　ISO代码
1:　　EIA代码

NCR　　在ISO代码中，程序段结束（EOB）代码穿孔为
0:　　LF CR CR　（LF——线性进给，CR——托架返回）
1:　　LF

ISP　　指定ISO代码是否含有校验位
0:　　含有校验位的ISO代码
1:　　不含校验位的ISO代码

CTV　　指定TV检查时是否执行字符计数
0:　　执行字符计数检查
1:　　不执行字符计数检查

TVC　　指定是否执行TV检查
0:　　不执行TV检查
1:　　执行TV检查

这些个别位描述直接摘自 FANUC 参数手册。用户不理解描述中的一些（或所有）术语或功能，是相当有可能的。这对典型编程员或操作员来讲也是相当常见的——只有胜任的维修技术人员才能理解其中的许多错综复杂之处。同时也引出了两个重要原则：

| 总要确信自己完全理解每个参数的准确含义 |
|---|

| 在了解参数作用之前不能轻易修改任何参数 |
|---|

参数关系如下。

两个系统参数设置之间直接相关联的情况很多。在这种情况下，对不同参数所要做的是进行两次或更多的调整，来得到特定的结果。在其他情况下，一个参数设置常影响到另一个参数的含义。在下面的实例中，这种情况确实存在。这是一个简单应用而且自己尝试起来也是安全的。这个实例和前面给出的参数#0000 的实例是一样的。

#0000

| | | SEQ | | | INI | ISO | TVC |
|---|---|---|---|---|---|---|---|
| 0 | 0 | 0 | 0 | 1 | 0 | 1 | 0 |

对 FANUC 16/18/21 模式来讲，要考虑#5 位（SEQ）寄存器中的参数设置。当把程序直接输入到控制器中时，该位设置成自动在零件程序中插入顺序号。在这种情况下，零件程序通过使用控制系统键盘输入到内存中（最慢的输入方式，仅使用一个手指敲入，但不常见）。这种使用控制面板硬键的方式仅在输入较短的 CNC 程序时比较有用。如果参数#5 位设置为 1（执行自动插入顺序号），用户可全神贯注地进行程序数据的键盘输入而忘记程序段号，将自动插入程序段号，因为那是#5 位的用途。

到目前为止较好的，自动的程序段编号将保存一段时间，但还有一点需要考虑。这些顺序号的实际增量是多少呢？是 1，2，5，10？还是更多？或更少？有缺省值吗？可修改吗？对许多编程员来讲，这点是重要的。

FANUC 控制器允许使用任何增量、任何顺序的程序段号，因而可能性范围很广。从软件设计者的观点来看，高端软件不应包含有假定（或预设）值。这种方式将使用户受到局限并因此使软件弱化。FANUC 工程师考虑到这一点并允许用户单独设置程序段号增量。事实上，只是说“设置自动插入顺序号”是不足够的——我们也必须说“用特定的增量值设置自动插入顺序号”。

参数#0000 和#5 位根本不允许这种设置。一个和#0000 相关而且#5 位必须使用的参数，而且这个参数必须包含程序段增量值。在 FANUC 16/18/21 控制器实例中，这个参数是#3216，并在 FANUC 参数手册中描述为：

#3216

| 自动插入顺序号增量值 |
|---|

在上面的实例中，程序段号增量值可在如下范围内设置。

数据类型：　　字型

有效数据范围：　0～9999

这个参数值为自动插入程序段顺序号的实际增量值，该值在0～9999范围内，定义为字型输入。随后将简短论述字型输入。如果参数#0000的#5位设置为1，将仅使用可选值，否则将被忽略。这是两个参数设置相关联的典型实例。对于不同的控制系统（声明和FANUC兼容的控制器），设置原则将是同样的，但参数号和位置寄存器号可能不同。总要查看控制系统使用说明。

（2）字节型数据　前面简单描述了计算机术语“位”和“字节”。计算中使用的这两个术语由于看起来相似而容易混淆。事实上，这些术语是相似的，但又是不相同的——它们是定义为字和字节的专用词。和系统参数相关的位型参数已经描述过了。另一种类型，字节型系统参数接受范围值——-127～+128，要求输入带符号的值（正值和负值），以及0～255的整数范围值，此时不要求输入带符号的数。这些范围包含了所有的8位输入，其中每个字节数是位。

例如，许多现代CNC加工中心可进行刚性攻丝加工，而不是使用不固定的丝锥夹具进行攻丝。多数控制系统对这一功能要求有专门的M代码。这个专门的刚性攻丝M代码通常由机床制造者提供，而且必须与控制系统通过界面连接——主要通过参数设置。机床制造者完成这些工作。对FANUC 16/18/21铣削控制器，刚性攻丝M代码由参数#5210来指定：

#5210

| 刚性攻丝模式指定的M代码 |
| --- |

数据类型：　　字节型

有效数据范围：　0～255

这个参数设定的M代码指定了刚性攻丝模式。如果参数#5210指定为75，那么在CNC程序中刚性攻丝模式将由辅助功能M75来激活。

这是可使用的唯一的未指定的M代码，而且机床设计必须能接受刚性攻丝模式（查看机床说明书）。如果参数#5210设定为0，FANUC 16/18/21铣削系统将假定输入值是专用值29，编程时为M29——缺省值。

（3）字型数据　系统参数应用的另一种数据类型是字类型。控制系统参数列出的字类型范围为-32767～+32767。这个长整数范围表示参数寄存器的16位数据区。制造者设定的参数#3772（指定最大的主轴转速功能），如下所示：

#3772

| 8000 |
| --- |

数据类型：　　字型

数据单位：　　RPM

有效数据范围：　0～32767

在上面的实例中，特定 CNC 机床的最大主轴转速已设定为 8000 r/min。最大的每分钟转速值是典型设置，与机床本身相关，表示某一固定的机床参数说明。这也表示用户无法得到的设置。这仅属于机床，不能修改。绝不要尝试修改主轴转速或进给速度，例如，适当的设置总是由机床制造者来决定。

（4）双字型数据　双字型参数设置同字类型是相似的，但可接受更大的值。实际上，有效输入值在-99999999 和+99999999 之间。一个可用于解释说明双字系统参数类型的实例是最大切削进给速度的设定——参数#1422（指定最大的切削进给速度）：

#1422

| 针对所有轴的最大切削进给速度 |
|---|

数据类型：双字型

系统设置：公制 或 英制

数据单位：1 mm/min 或 0.1 in/min

数据范围（mm）：6～240000（IS-A/IS-B）或 6～100000（IS-C）

数据范围（in）：6～96000（IS-A/IS-B）或 6～48000（IS-C）

对这种参数类型，控制系统将检查输入值的范围。正像上面实例中说明的一样，对两种数据单位范围是不相同的。这是相当正常的现象，因为在输入类型中，对不同的系统参数设置范围将是变动的，这取决于所用的尺寸单位。

**注意**：输入范围对不同的增量系统（IS）是变动的。

- ☐ IS-A/B　最小输入增量：0.001mm 或 0.0001in 或 0.001°。
- ☐ IS-A/B　最大值：99999.999mm 或 9999.9999in 或 99999.999°。
- ☐ IS-C　最小输入增量：0.0001mm 或 0.00001in 或 0.00001°。
- ☐ IS-C　最大值：9999.9999mm 或 999.99999in 或 99999.999°。

A/B 增量系统是最常见的，在大多数 CNC 机床上也可得到。字型参数也称为整型，双字型参数也称为长整型。这些互换术语常用在标准的计算机语言中。

（5）轴型数据　几个系统参数中提到机床轴。这是参数设置的其他类型变量，也可表示为轴型数据：

- ☐ 位轴型；
- ☐ 字节轴型；
- ☐ 字轴型；
- ☐ 双字轴型。

就像参数类型名称表明的那样，在标准设置和四种类型轴设置之间有相似性。其中的主要差异是和轴设置相关的参数可设定为单独控制每个轴。

（6）重要结论　从前面解释中，可得出一些很有用的结论。基于系统参数存储数据输入类型，所有的参数可划分为三个常用区域：

- ◆ 二进制代码；

◆ 单位输入；

◆ 设置值。

所有特征都是同等重要的。根据系统参数类型，所有参数无论是单个值还是范围值，都包含在指定的输入要求范围内。

三个参数组中的每一个都包含不同的输入值或量。二进制输入在比特数据格式下仅可输入 0 或 1，对字节型可输入 0～±127。这适用于位和字节部分。单位输入部分有更广的范围，单位可是英制或公制，表示为 mm、in、mm/min、in/min、度、ms 等，这取决于数据输入和参数选择类型。系统参数值也可在给定范围内指定，例如为在 0～±99，或 0～±99999，或 0～±127 等范围内的数。

二进制输入参数设置的典型实例是两个可选项之间的选择。例如，称为“空运行”的控制特征对快速运动命令可设置为有效或无效，即有两个可能的、可用的系统选项。为选择特定的选项，某个参数的预定位数将设为 0 使空运行有效，设为 1 使空运行无效。非 FANUC 控制器也使用相似的输入。

单位输入，例如，用作设置增量系统 IS-x（IS-A、IS-B、IS-C）——尺寸单位系统。计算机通常不能辨别英制和公制单位，例如，对计算机而言，数字就是数字。这同样应用在 CNC 和 CAD/CAM 软件中。一直到终端用户和参数设置，控制系统将识别是输入 0.001，还是输入 0.0001 作为最小运动增量。单位输入的另一个实例是对每个轴存储最大进给速度、机床的最大主轴转速、快速行程倍率和其他特征的参数设置。

为解释说明指定范围内的控制系统参数设定值，下面列举一个带分度工作台的 CNC 机床的典型实例，如常见的 CNC 卧式加工中心。特定控制系统可用于支持千分之一度增量的机床，也可用于支持 1°增量的机床，或用于支持 5°增量的机床。使用系统参数设置，所选参数可设定为分度工作台的最小可用角度。多数用户将这个参数设置为 1°或 5°作为最小的角度。对旋转轴（或先进的分度工作台）来讲，这个设置将有 0.01°或 0.001°的数值。参数值不能设定为低于或高于机床本身支持的数值——这是机床本身的限制，应在购买机床时加以考虑。例如，带 1°最小增量的分度轴将不能只是因为系统参数设定为较低的值，就成为带 0.001°增量的旋转轴。这是不正确的设置，如果尝试使用将对机床造成严重损害。

## 4.8 二进制数

在前述主题中，0 和 1 输入的应用解释为设定系统参数值常见的方式。这些称为位设置，并基于二进制数系统。尽管许多编程员听说过二进制数，但并不都理解其概念。在任何 CNC 练习程序中，二进制数不是最吸引人的子程序，通常不进行阐述。严格来讲，没有必要了解二进制数以及它们如何工作，但这方面知识在几种专门的应用中确实有帮助。而且，二进制数的主题对那些想了解更多相关知识的人可能是有趣的。对二进制数的详细描述超出本书范围，但却有许多极好的计算机书籍详细描述这个主题。这部分将仅阐述主要核心内容。

在日常生活中，我们使用十进制数系统，这意味着我们可使用十个阿拉伯数字，从 0 到 9。十进制系统的基数是 10。在十进制系统中，数可以 10 为基数来增加数量。例如，数 2763 可表示为：

$$2\times10^3+7\times10^2+6\times10^1+3\times10^0=2763$$

二进制系统的基数不是 10 而是 2。对宏程序的初学者而言，二进制系统仅使用数字 0 和 1（两者选其一）。前缀 bi-意味着“两个”，符号为 bit（binary digit）。许多 CNC 系统参数是二进制类型。在计算过程中，各种结果仅可有两种状态，开或关，打开或关闭，激活或停止，以及其他类型。这些开-关状态在位型系统参数中，通过数字 0 和 1 表示。在前面的一个实例中，给出了这种参数的典型设置。例如，在下面参数中，8 位数是

00001010

这可表示为：

| 0 | 0 | 0 | 0 | 1 | 0 | 1 | 0 |
|---|---|---|---|---|---|---|---|
| #7<br>$2^7$<br>128 | #6<br>$2^6$<br>64 | #5<br>$2^5$<br>32 | #4<br>$2^4$<br>16 | #3<br>$2^3$<br>8 | #2<br>$2^2$<br>4 | #1<br>$2^1$<br>2 | #0<br>$2^0$<br>1 |

**注意**：在上面的实例中每位如何通过自己的数来表示（#0～#7），其对应的指数表示和各位数值。位总和可简单计算如下：

$$0\times2^7+0\times2^6+0\times2^5+0\times2^4+1\times2^3+0\times2^2+1\times2^1+0\times2^0=10$$

在“自动操作”章节中，二进制数的实际应用将详细描述，它和“镜像状态检查”主题相关。

## 4.9 参数的设置和修改

所有的控制系统参数应该仅由指定人员设置和修改，通常是由胜任的电子维修技术人员、电工或电子学专业人员修改。在各种情况下，总要遵循一个和参数相关的简单原则：

备份所有的系统参数，绝不修改相应设置，除非你足够胜任并被授权这样做

与通常原则中建议的一样，总要保存原始系统参数设置的备份文件。备份文件应该存储在磁盘、磁带或另一台计算机中并存放在安全地方——只是为了以防万一。一定要把两个以上备份保存在不同位置以提高保护质量。

（1）参数保护　除了少数和设置相关的系统参数，大多数参数都不能偶然或随意存取。参数可通过控制系统自动保护。为设置或修改系统参数，用户必须“激活参数写”设置。这通常在MDI模式下，使用控制面板中的“设置”功能来完成。屏幕上显示下列行（FANUC 16/18/21）：

PARAMETER WRITE（参数写）=0　（0：无效　1：有效）

如果光标定位在当前设定值，就可通过使用 ON——1 软键使参数设置有效，或OFF——0软键使参数设置无效来修改。注意当设置为ON时（可修改），控制系统将处于报警条件下（非操作性的）。这是通常的标准预防措施，以免使用完后忘记修改设置为无效。某些控制系统在修改参数时还要求有用户密码。

其他控制系统，著名的有FANUC 10/11/12和FANUC 15，使用参数#8000的#0位进行特殊设置（PWE）。这个参数是位型参数，仅接受0或1输入。设置参数为0（正常状态），将禁止修改参数，设置参数为1将允许修改参数设置。

对任何 CNC 系统，以及在各种情况下参数修改有效时，控制系统将进入ALARM状态（错误或缺省条件）。这是相当正常的情况——其目的是为了安全性——为确保修改系统参数时机床不能操作。

（2）电池备份　另一种类型的参数保护是由控制器制造者提供，称为电池备份。控制系统参数（和许多其他设置）即使在机床主电源关闭（有意或无意）时，也可被保存。如机床变换布置时。

通常是当 CNC 机床的主电源中断时，备份的电池开始提供所需的能量。要牢记由备份电池系统供给的能量仅仅是暂时的。用户应总是对所有系统参数（以及所有其他设置和当前零件程序）进行当前物理备份。最常见的备份是把设置下载到磁盘中，做磁盘的两到三个副本，再打印出备份文件并把每张磁盘存放在不同位置。

（3）参数修改　可对许多系统参数进行修改——这个功能给它们提供了制造环境中所需的灵活性。设置或修改一个或多个控制系统参数的方式有几个选项：

- 通过外部设备，例如纸带或磁盘文件；
- 通过控制单元，使用MDI模式（手动数据输入）；
- 通过零件程序。

第一种方式和第二种方式在各种FANUC手册中描述得较多。第三种方式——通过零件程序修改参数——将在下一章中详细描述，在标题为“可编程数据输入”的章节下进行描述。

许多控制系统参数在程序处理过程中将定时更新。CNC 操作员，或甚至 CNC 编程员，经常根本没有意识到这个活动正在进行。控制这种活动没有真正的必要。最安全的遵守原则是参数一旦由胜任的 CNC 维修技术人员设置好，任何暂时的修改可以且应该通过 CNC 程序本身来完成。如果要求做永久性修改，那么应指定一个胜任的授权人员来做这件事，而不能由其他任何人来做。

## 4.10 系统缺省值

在控制单元中的许多系统参数设置在机床购买时已由机床制造者（或称为卖主）作为专有选项或常见选项输入。那并不意味着这些设置将成为用户的自定义设置——它仅意味着以常用为基础来选择。相当多的可变设置出于各种安全原因，在数值方面是相当有保护性的。例如，G83深孔啄钻循环的内置安全高度可能是0.5mm或0.02in。在FANUC 16/18/21控制器中，安全高度值在参数#5115中设定——G83固定循环安全高度。在FANUC 15控制器中参数#6211控制同样的安全高度。这是字型参数输入，通常设定为0.5mm或0.02in。无论安全高度实际值是多少，可能从不为编程员或机床操作员所知。明显原因是该值已作为初始值或缺省值嵌入到控制系统内部。它由机床制造者作为最适合的通用值建立，经常取自对终端用户的各种调查。这样一个由机床制造者建立的值，通常称为缺省值。换句话说，由工厂（机床制造者）建立的设置称为缺省设置，当控制系统电源打开时就已激活。

**缺省值设置** 英文单词“default”来源于法语词“defaut”，可广泛译为“假定”。打开控制器的主电源时，没有设置值从程序传递到参数，因为尚没有使用程序。然而，有些设置在没有外部CNC程序时，可以自动变得有效。例如，控制系统启动时，将自动取消刀具半径偏置，同样被取消的还有固定循环模式和刀具长度偏置，控制器会“假设”某些状态优先于其他的状态。很多CNC操作员接受大多数的原始设置，尽管不一定是所有的，一些设置可通过在参数设定中进行简单修改而变得专用化。这种设置将是永久性的，并成为新的“缺省值”。

我们知道计算机仅仅是机器。它是快速和精确的，但却不具有人类的智能。甚至人工智能也只是模拟的。另外，人速度较慢而且通常出错，但有一个特殊的能力——思考。计算机是非常复杂的机器，同样的，它不能假定任何事情——计算机不能考虑，不能感觉，也不能思考。熟练的计算机用户知道人类的聪明才智如果在设计和开发过程中不放在首位的话，那么计算机将不能做任何事情。

就CNC系统操作而言，当主电源打开时，内部软件自动设置“某些”预编程的参数为缺省条件，这是由人类工程师来设计和确定。在上一句中，关键词是“某些”。不是“所有”系统参数，只有“某些”参数可有假定条件——这个特定条件称为“缺省值”或“缺省条件”。

考虑一个实践中容易理解的实例。刀具运动可有三种常见的模式——可能是快速运动，直线运动或圆弧运动。这个运动的缺省设置在控制参数内要求。应选择三种方式中的哪一个呢？快速运动，直线运动，或者是圆弧运动？而且同时仅有一个可激活，但是激活哪一个呢？答案取决于参数设置。许多参数都有一个选项预设为理想状态。在这个实例中，当控制电源打开时，快速模式或直线模式将自动有效。圆弧模式不一定在任何环境下都适用。

为回答“哪一个”的问题，我们来看看选择结果。售出的许多机床把直线运动——G01 命令——作为缺省值，是为安全考虑。当手动移动机床轴时，系统参数设置无效。如果轴命令为手工输入，或通过程序或在 MDI 模式下输入，都将发生刀具运动。如果未指定运动命令，系统将使用控制参数预设为缺省值的命令模式。由于在这种情况下，假定模式、缺省值模式是直线运动——G01——将导致错误条件。这是为什么呢？原因是没有有效的切削进给速度，而这是 G01 必须要求的。把缺省值设为快速运动 G00，机床将进行快速运动，这在许多应用中会出现某些更危险的情形，因为它不要求指定进给速度，快速运动速度由内部控制。CNC 编程员和 CNC 操作员都应了解机床厂每个控制单元的缺省设置。除非有迫不得已的理由，否则，几个控制单元的缺省值应设为同样的，如果可能的话，应尽量创建一致的工作环境。

# 第5章 数据设置

很多小型的工厂、加工车间或其他类似的生产环境，都使用CNC机床。在作业准备期间，操作员要把所有的偏置量手工输入到控制器，并存储到相应的寄存器中。当编程员不知道要设置的数值时，上面这种方法很有效。在大多数情况下，编程员在编程时或机床操作员在调试机床时并不知道各种偏置量的真实值。

| 理解偏置量数据设置对宏程序来讲非常重要 |
| --- |

## 5.1 偏置量输入

在某些制造环境下，例如敏捷制造、全自动制造或同种零件的大批量生产，生产过程中要严格控制偏置量的输入。在作业准备期间手工输入偏置量费钱费时，而且，这种方法并不是调整刀具磨损偏置量的有效手段。敏捷制造或同种零件的大批量生产使用的是现代化工具，例如CAD/CAM设计系统、刀具路径设置、多机床单元的概念、机器人、刀具设置、自动换刀、刀具寿命管理、刀具破损检测、托盘系统、辅助编程设备、机床自动操作等现代化工具。所有参考位置之间的关系必须总是已知的，不能存在未知因素，因而没有必要单独为每台机床设置相应的偏置量。在CNC机床实际加工前，CNC编程员必须知道所有的原始偏置量。

原始偏置量数据可包含在零件程序中，也可通过程序流程存储到相应的偏置量寄存器中，知道了这一点并恰当地应用，这本身就是一种很大的进步。生产过程是全自动的，不需要操作员的参与，刀具的维修及相关偏置量的调整也会自动完成。所有偏置量设置由程序控制，包括根据位置变化、刀具长度变化、半径变化和其他一些类似变化对偏置量进行更新。根据在线测量系统提供的信息，对偏置量进行调整和更新，在线测量系统必须安装在机床中，并和控制系统相联。

在编程的辅助下，以上提到的自动操作都可能实现，有时作为控制系统的某种可选功能也是可行的，主要帮助是用户宏命令和数据设置功能的使用。宏程序在用于偏置量设置和调整之前，必须理解数据设置的概念。事实上，有些控制单元可能有数据设置功能，但没有宏选项，在没有尝试之前，用户不要灰心。如果有可能，甚至只有一台CNC机床的小型加工车间，也能从中获益。FANUC控制系统使用的是特殊的数据设置准备命令——G10。

## 5.2 数据设置命令

为通过程序选择数据设置选项和设置偏置数据，FANUC 控制器提供了特殊的准备命令。

| G10：数据设置（可编程数据输入功能） |
| --- |

表格中这个特殊的准备命令 G10，是非模态命令，仅在编程的程序段内有效。如果任何后续程序段内要使用该命令，必须在每个程序段中重新定义。

G10 命令本身没有任何作用，要完成相应的工作，还需要其他的辅助输入。与 CNC 加工中心和 CNC 车削中的格式不同，该命令有一种简单的格式。在不同的 FANUC 控制器或兼容的 FANUC 控制器中，尽管编程方法在逻辑上是相同的，但是 G10 命令的格式却有微小差别。对三种不同类型的偏置——工件坐标偏置、刀具长度偏置和刀具半径偏置，相应的命令格式也是不同的。本章所举的例子都针对典型的 FANUC 控制器，而且已经在 FANUC16MB（应用对象是铣削和车削控制器）中验证通过，在许多其他类型控制器中，也可运行。

## 5.3 坐标模式

在 CNC 程序中使用 G10 命令时，选择绝对（G90）或增量（G91）编程方式，对所有偏置量的输入有很大影响。

G90 或 G91 可在程序中的任何位置设置，也可互相修改，只要程序段在调用 G10 数据设置命令之前进行指定即可。使用 G10 命令，可以在程序中设置所有类型的有效偏置量。

工件偏置量： … G54～G59 (如果有效，可以另外设置)
刀具长度偏置量： … G43 或 G44 (取消为 G49)
切削半径偏置量： … G41 或 G42 (取消为 G40)

（1）绝对模式 绝对编程模式对铣削控制器采用 G90 准备命令，对车削控制器采用 XZ 地址。在绝对模式中，以上三种编程的任一偏置量，将替代存储在 CNC 系统中的偏置量。

（2）增量模式 增量编程模式对铣削控制器采用 G91 准备命令，对车削控制器采用 UW 地址。在增量模式中，以上三种编程的任一偏置量，将不会替代存储在 CNC 系统中的偏置量。

| 绝对模式和增量模式的选择将影响数据设置 |
| --- |

利用数据设置功能，宏程序可使用以上三种偏置量组，因而了解每一个偏置量组在各种情况下如何工作，这一点很重要。如果必要的话，可复习一下与工件偏置

量、刀具长度偏置量、刀具半径偏置量有关的内容（建议参考本书的第 24 章）。

## 5.4 工件偏置量

（1）标准工件偏置量输入　对铣削和车削控制系统而言，6 个标准工件偏置量 G54～G59 通常都是可用的，但是，受特殊加工条件的限制，这些偏置量一般应用于铣削控制。在铣削和车削控制中，这些偏置量的编程格式是相同的。

**G10　L2　P-　X-　Y-　Z-**　　加工中心
**G10　L2　P-　X-　Z-**　　车削中心

字 L2 是固定的命令偏置组号，它把偏置输入类型确定为工件坐标设置。这种情况下，P 地址可以在 1～6 中取值，分别赋值给 G54～G59 选项。

**P1=G54，P2=G55，P3=G56，P4=G57，P5=G58，P6=G59**

例如：**G90 G10 L2 P1 X-450.0 Y-375.0　Z0**

该语句将会输入 X-450.0　Y-375.0　Z0 到 G54 工件坐标偏置寄存器(本章所有实例均以毫米为单位)。

**G90 G10 L2 P3 X-630.0 Y-408.0**

该语句将会输入 X-630.0　Y-408.0 到 G56 工件坐标偏置寄存器。既然没有对 Z 值编程，那么 Z 偏置量的当前值将保持不变。

上面列举的实例都采用绝对模式 G90(或 XZ)，程序中所给的偏置设置将会替代控制器中的偏置设置。在增量模式 G91(或 UW)中，当前的偏置量设置也要更新。

**G90 G10 L2 P1 X-450.0 Y-375.0 Z0**
**(…继续加工…)**
**G91 G10 L2 P1 X5.0**

该语句将会把 X-450.0　Y-375.0　Z0 坐标值输入到 G54 工件偏置，但是完成几个加工之后，只有 X 偏置量会得到更新，对当前值增加 5mm，变成 X-445.0。

（2）辅助工件偏置量输入　除用于铣削和车削控制器的六种标准工件坐标设置之外，FANUC 公司还为多种辅助偏置量提供了一种可选设置，它是标准工件偏置 G54～G59 的扩展。该选项还增加了另外 48 个工件偏置量（G54.1 Px 或 G54 Px），这样一来，工件偏置量的总数是 54(x=1～48)。如果用户觉得工件偏置量太多，那么，试想一下 CNC 卧式加工中心的一项复杂任务，工件偏置量可能要随着每个轴的分度而变化。在 CNC 程序中，这些辅助工件偏置量没有区别，用 G54.1 或 G54 命令和地址 P 表示，试比较下面三个实例：

**N3　G90　G54 G00 X50.0 Y75.0 S1200 M03**　　采用标准的 G54 偏置量
**N3　G90　G54.1 P1 G00 X50.0 Y75.0 S1200 M03**　　采用第一个辅助偏置量
**N3　G90　G54　P1 G00 X50.0 Y75.0 S1200 M03**　　与前面的例子相同

**注意：**对辅助偏置量仅可使用 G54.1 和 G54 命令。使用 G54.1 P-，还是使用 G54 P-要根据控制器确定，两者都要试用一下，然后再决定选择哪一个。

数据设置命令 G10 可以给 48 个辅助工件偏置量中的任一个赋值，除了用 L20 替代 L2 之外，编程命令与前面的相同。

**G10 L20 P- X- Y- Z-**

仅仅是固定命令偏置量组号变成了另一个固定偏置量组号 L20，指定了要选择的某种辅助偏置量。

| 不要把程序段 G10 中的地址 ‘P’ 和程序段 G54 中的地址 ‘P’ 相混淆 |
|---|

（3）外部工件偏置量输入　另一种偏置量称为外部或普通偏置量，它属于工件坐标系组。用任一标准 G 代码，均不能对该偏置量编程。在与 G54+偏置量相同的工件偏置区域，可手工设置该偏置量，但只能在控制器中设置。屏幕上显示的第一个变量就是外部工件偏置量，以 00 为标志，或带有字符 EXT 和 COM。最新型控制器使用的是 EXT 字符，目的是避免和通信设置相关的字符相混淆。外部（普通）偏置量通常与 CNC 程序指定的其他工件偏置量一起使用。用 G10 命令可以对外部偏置量编程，通常采用该命令同时更新所有的工件坐标偏置量，这是一种等量更新所有使用的工件偏置量的有效方法。

把 L2 偏置量组和 P0 作为偏置量选项，使用 G10 输入设置到外部偏置量的编程格式如下：

**G90 G10 L2 P0 X-10.0**

程序入口把 X-10.0 存储到外部工件坐标偏置量，其他的设置不变（*Y* 轴、*Z* 轴以及其他辅助轴）。设置更新的结果是，激活的 CNC 程序中使用的每一个工件坐标系，将会向 *X* 轴负方向移动 10mm。

另外两个偏置量组是刀具长度和刀具半径，也可以用 G10 命令对其编程，然而，在把 G10 命令用于两个偏置量组前，用户必须完全理解另一个主题，该主题就是存储类型。

## 5.5 偏置存储类型——铣削

在先进 CNC 技术的发展过程中，FANUC 控制器介绍了三种日趋完善的存储类型，用来存储刀具长度和刀具半径偏置，分别是存储类型 A、存储类型 B 和存储类型 C，来指代偏置存储类型。

在控制系统的显示屏幕上，这三种存储类型有如下特性（表 5.1）：

**表 5.1　三种存储类型的特性**

| 存储类型 | 特　性 |
|---|---|
| A 类 | 一个显示列，为刀具长度偏置和刀具半径偏置共用 |
| B 类 | 两个显示列，分别存储刀具长度偏置和刀具半径偏置 |
| C 类 | 四个显示列，两个存储刀具长度偏置，两个存储刀具半径偏置 |

用户在宏程序中使用偏置量涉及两个重要标准，即刀具的尺寸(长度或半径)和刀具的磨损程度（长度变化或半径变化）。应用中频繁使用几何偏置和磨损偏置这两个术语，可在程序中声明。

（1）几何偏置　对刀具长度而言，几何偏置存储的是刀具的真实预设长度，或是安装过程中测量到的真实值。在程序中，用地址 H 调用长度偏置。

对刀具半径而言，几何偏置存储的是已知的（给定的）刀具半径（通常是指定直径的 1/2）。在程序中，可以用地址 D 调用半径偏置，也可以用地址 H 调用半径偏置。

（2）磨损偏置　顾名思义，磨损偏置就是真实值与测量值的偏差量（即来自几何偏置）。用户不要按照字面意义理解，磨损当然是刀具磨损，但也可是任何其他原因引起的偏差量，例如由于刀具刃磨或切削力变化引起的偏差。

（3）要调整哪个偏置量　基于多种原因，需要调整刀具长度或刀具半径偏置量，问题是要调整哪一个偏置量。存储类型 A 不存在这个问题，但答案对存储类型 B 和存储类型 C 很重要。这两个类型提供了两个调整组，一个用于调整几何偏置，一个用于调整磨损偏置。

下面这个例子阐述了偏置调整选项（使用存储类型 B）：

在程序中，用号码 H03 表示刀具长度偏置。在控制系统中，几何偏置 03 的设置值是−198.000，磨损偏置量设置值是 0.000，刀具与工件间距离是 198mm，这或是在 CNC 机床测量得到的，或是预设装置输入的值。该距离表示刀具安装的原始状态，即通常状态。既然该距离表示机床和切削刀具之间的关系，就应输入到几何偏置中。事实上，所有的 CNC 操作员都按常规来做。

尽管刀具为许多工件提供正确的切削深度，但当切削深度变小时，有时还需要微小的调整。为补偿较浅的深度，刀具本身不需要刃磨，但长度偏置需要调整 0.125mm，刀具被迫下移 0.125mm，接触到加工材料。CNC 操作员可有两种选择：一种是把几何偏置从−198.000 改为−198.125；另一种方法是把磨损偏置从 0.000 改为−0.125。无论采用哪种方法，得到的结果是一样的，因而问题是要调整哪一个偏置量？

许多 CNC 操作员总是习惯改变（更新）几何偏置，而对磨损偏置置之不理。在自动加工过程中，尤其当用户宏程序运行时，这种方法不被看好，因为本身测量到的原始设置，即原始偏置量将会丢失。按规则调整磨损偏置，而不调整几何偏置。这种方式可保存两种数值，且能更好的控制偏置量设置。

图 5.1 给出了两种偏置量入口间的比较（针对存储类型 B）。

不推荐使用

| 偏置号码 | 几何 | 磨损 |
|---|---|---|
| 01 | … | … |
| 02 | … | … |
| 03 | −198.125 | 0.000 |
| 04 | … | … |
| 05 | … | … |
| … | … | … |

推荐使用

| 偏置号码 | 几何 | 磨损 |
|---|---|---|
| 01 | … | … |
| 02 | … | … |
| 03 | −198.000 | −0.125 |
| 04 | … | … |
| 05 | … | … |
| … | … | … |

图 5.1　调整几何偏置和磨损偏置带来的影响

在用户宏程序中，选择错误的偏置量进行调整，将会导致许多严重问题

（4）存储类型A　存储类型A是较早的存储类型，其反映了当时的CNC技术。刀具长度和半径偏置设置位于同一个偏置列中，即控制系统的同一个寄存器区域。如图5.2所示，对存储类型A而言，仅有一列偏置值有效。

| 偏置号 | 几何、磨损 |
|---|---|
| 01 | 0.000 |
| 02 | 0.000 |
| 03 | 0.000 |
| 04 | 0.000 |
| 05 | 0.000 |
| | |

几何偏置和磨损偏置位于同一列中，刀具长度和刀具半径必须使用不同的偏置号

图5.2　偏置存储类型A

理想情况下，每个程序地址应该表示独特的含义，但这并不总能实现，本章节列举了一个很好的例子。对某种刀具而言，当程序中既有刀具长度偏置，又有刀具半径偏置时，应使用不同的地址（字符）表示。这要求在控制系统中有两个寄存器来存储偏置数据。一个存储寄存器仅有一列偏置存储有效（称为A类）。刀具长度和刀具半径偏置都要使用 H 地址，但要用两个不同的偏置号表示。少数控制模式允许用H地址表示刀具长度偏置号，用D地址表示刀具半径偏置号，但是两个偏置号不能相同。根据寄存器中有效偏置的总数，可以随意改变这些号码到某一数值，例如为25或50。

**实例：**

刀具T04用H04表示刀具长度偏置，用H54表示刀具半径偏置（仅可使用H）：

| | |
|---|---|
| **G43 Z2.0 H04** | **偏置号04表示刀具长度——H地址** |
| **G01 G41 X123.0 H54 F275.0** | **偏置号54表示刀具半径——H地址** |

刀具T04用H04表示刀具长度偏置，用D54表示刀具半径偏置（H和D都可使用）：

| | |
|---|---|
| **G43 Z2.0 H04** | **偏置号04表示刀具长度——H地址** |
| **G01 G41 X123.0 H54 F275.0** | **偏置号54表示刀具半径——D地址** |

实际的偏置号由编程员选择，但为方便起见，大多数编程员选择相同的刀具号和刀具长度偏置号。偏置存储类型 A 仍然很常用，不仅应用于老式机床，也应用于控制器特征受限制的新型机床，例如FANUC 0系列控制器。当控制器中仅有存储类型A有效时，通常要查看H和D是否可用于同一个程序中。

（5）存储类型B　存储类型B在存储类型A的基础上有很大改进。因为为了更好的管理偏置量，它把几何偏置和磨损偏置存储到单独的列中，但存储类型 B仍没有把刀具长度和刀具半径的偏置入口划分为单独的列。图5.3给出了偏置存储

类型 B 的偏置入口，两列共用一个偏置号。

| 偏置号 | 几何 | 磨损 |
| --- | --- | --- |
| 01 | 0.000 | 0.000 |
| 02 | 0.000 | 0.000 |
| 03 | 0.000 | 0.000 |
| 04 | 0.000 | 0.000 |
| 05 | 0.000 | 0.000 |
| … | … | … |

几何偏置和磨损偏置分为两列，刀具长度和刀具半径必须使用不同的偏置号

图 5.3 偏置存储类型 B

由于几何偏置和磨损偏置分成两列显示，偏置数据入口的控制简单化了。同时，对同一把刀具，实际的编程输入仍需要两个不同的偏置号，即 H 偏置号和 D 偏置号。

与 CNC 编程员相比，CNC 操作员是这种偏置存储类型的真正受益者。机床运行过程中，CNC 操作员可在不干扰几何偏置的情况下改变磨损偏置。

编程结构本身（程序输入）与 A 类相同。

**实例：**

刀具 T04 用 H04 表示刀具长度偏置，用 H54 表示刀具半径偏置（仅可使用 H)：

**G43 Z2.0 H04**　　　　　　**偏置号 04 表示刀具长度——H 地址**
**G01 G41 X123.0 H54 F275.0**　　**偏置号 54 表示刀具半径——H 地址**

刀具 T04 用 H04 表示刀具长度偏置，用 D54 表示刀具半径偏置（H 和 D 都可使用)：

**G43 Z2.0 H04**　　　　　　**偏置号 04 表示刀具长度——H 地址**
**G01 G41 X123.0 H54 F275.0**　　**偏置号 54 表示刀具半径——D 地址**

偏置编码方法与 A 类的逻辑相同(毕竟两者几乎相同)，零件编程员可选择一种最便利的方法。在各种情况下进行偏置编码，重要的是先仔细选择编程方法，然后公司所有的编程员按这种方法逐个编程。

（6）存储类型 C　C 类是最新的（和最强大的）偏置存储类型，是在存储类型 B 的基础上，取得更大改进的输入方法。在机床操作中，它能提供极大的编程控制和灵活性。偏置存储类型 C 包含几何偏置和磨损偏置寄存器，两者之间是相互独立的，他们对刀具长度偏置和刀具半径偏置数据是不同的。通常情况下，控制系统屏幕上总共有四个显示列，如图 5.4 所示。

**实例：**

刀具 T04 用 H04 表示刀具长度偏置，用 D04 表示刀具半径偏置（H 和 D 都可使用）

**G43 Z2.0 H04**　　　　　　**偏置号 04 表示刀具长度——H 地址**
**G01 G41 X123.0 D04 F275.0**　　**偏置号 04 表示刀具半径——D 地址**

| 偏置号 | H | | D | |
|---|---|---|---|---|
| | 几何 | 磨损 | 几何 | 磨损 |
| 01 | 0.000 | 0.000 | 0.000 | 0.000 |
| 02 | 0.000 | 0.000 | 0.000 | 0.000 |
| 03 | 0.000 | 0.000 | 0.000 | 0.000 |
| 04 | 0.000 | 0.000 | 0.000 | 0.000 |
| 05 | 0.000 | 0.000 | 0.000 | 0.000 |
| … | … | … | … | … |
| | | | | |

几何偏置和磨损偏置对每种偏置类型分为两列，刀具长度和刀具半径可使用相同的偏置号

图 5.4 偏置存储类型 C

这是对刀具长度偏置和刀具半径偏置进行 CNC 编程的最先进方法，支持该方法的控制系统，使 CNC 编程员和 CNC 机床操作员的工作变得方便、灵活。用户不必在 25 或 50 间转换偏置号，它们都是同样的，都使用同一个偏置寄存器。用户不必担心使用 H 地址还是 D 地址，在偏置存储类型 C 中，将总是用 H 地址表示刀具长度偏置，用 D 地址表示刀具半径偏置，而且两者具有相同的偏置号。

（7）存储类型和宏程序 用刀具长度偏置或刀具半径偏置（或两者兼用）编写一个用户宏程序时，宏程序必须反映出每个偏置类型的不同之处，因此了解偏置存储类型很重要。也就是说，特定的宏程序对不同的机床控制系统而言将是不可移植的，除非该系统配置了某种多功能选项，该选项包括各种有效的偏置存储类型。

偏置存储类型决定刀具长度和刀具半径偏置的宏程序结构

## 5.6 偏置存储类型——车削

对 FANUC 车削控制器(用于 CNC 车床和车削中心)而言，只有两种偏置存储类型有效，即 A 类和 B 类存储偏置，它们与铣削中的 A 类和 B 类相似，仅有微小差别。车削设备没有刀具长度偏置，车削控制器也就没有 C 类的偏置存储。存储类型 A 陈旧而且不实用，尤其是对车床宏程序而言——它缺少许多重要特性，而且仅用于某些老式车床。大部分 CNC 车床和车削中心现在使用的是偏置存储类型 B，它在 CRT 显示器中占据两个截然不同的窗口。一个窗口用于显示几何偏置设置，另一个用于显示磨损偏置设置，它们很相似，CNC 操作员经常把数据输入到错误的窗口(这在铣削控制器中也经常发生)。所有的控制模式都在窗口顶端显示 GEOMETRY（几何）或 WEAR（磨损）来提醒用户注意活动窗口，甚至有些控制器在偏置号前面加上字母 G 表示几何偏置，字母 W 表示磨损偏置。一般情况下，要手工检查与控制系统相关的细节问题，控制软件经常发生变化，而且通常只包含在最新的控制器中。控制器种类多样，虽然有些差别很小，但却很重要。

接下来讲述的图 5.5 是一个典型窗口，用来显示 CNC 车削单元的几何偏置内

容，使用的是 B 类型的偏置存储设置。

| 几何偏置号 | X 轴几何偏置 | Z 轴几何偏置 | 刀尖圆弧半径 几何 | 刀尖号 |
|---|---|---|---|---|
| G01 | 0.000 | 0.000 | 0.000 | 0.000 |
| G02 | 0.000 | 0.000 | 0.000 | 0.000 |
| G03 | 0.000 | 0.000 | 0.000 | 0.000 |
| G04 | 0.000 | 0.000 | 0.000 | 0.000 |
| G05 | 0.000 | 0.000 | 0.000 | 0.000 |
| … | … | … | … | … |

通常用字母 R 表示刀尖圆弧半径，用字母 T 表示假想的刀尖号

图 5.5　车削偏置存储类型 B…GEOMETRY（几何）

图 5.6 和图 5.5 实际上是相同的显示窗口，是磨损偏置窗口。它包括车削磨损偏置窗口，也使用 B 类型的偏置存储设置。

| 磨损偏置号 | X 轴磨损偏置 | Z 轴磨损偏置 | 刀尖圆弧半径 磨损 | 刀尖号 |
|---|---|---|---|---|
| G01 | 0.000 | 0.000 | 0.000 | 0.000 |
| G02 | 0.000 | 0.000 | 0.000 | 0.000 |
| G03 | 0.000 | 0.000 | 0.000 | 0.000 |
| G04 | 0.000 | 0.000 | 0.000 | 0.000 |
| G05 | 0.000 | 0.000 | 0.000 | 0.000 |
| … | … | … | … | … |

通常用字母 R 表示刀尖圆弧半径，用字母 T 表示假想的刀尖号

图 5.6　车削偏置存储类型 B…WEAR（磨损）

## 5.7 偏置值的调整

本章前面的内容已简单介绍了当前坐标设置模式是如何影响偏置设置的。在典型 CNC 机床运行过程中，操作员会定期调整目前的偏置值。如果不考虑要求调整的主要原因，调整是在可靠测量结果的基础上进行。通过宏程序和一些辅助机床硬件，系统就可以自动完成同样的调整。

理解偏置值调整的关键在于数据输入模式——是绝对模式，还是增量模式呢？两者都有各自的优点，尤其是对宏程序开发而言，用户较好的理解是很重要的。

下面将用一些例子说明两种模式的区别。

（1）绝对模式　用绝对模式编程时（G90 用于铣削或 XZ 用于车削），程序中（或在控制器中手动输入）的数值将替代选定的偏置量。

绝对模式的实例（G90 或 XZ）

当前偏置值：345.000

输入值：　　350.000

新偏置值： 350.000

如果用户操作错误，原来的设置会永久丢失——一定要谨慎。要记住原始数值可能是很困难的，但在修改前记录下来就能防止许多问题。

（2）增量模式 用增量模式编程时（G91 用于铣削或 UW 用于车削），程序中（或在控制器中手动输入）的数值将更新选定的偏置量。

增量模式实例（G91 或 UW）

当前偏置值：345.000

输入值： 5.000

新偏置值： 350.000

如果用户输入错误，结果会比使用绝对模式好一些。只要用户记住偏置量调整的增量值，就可改回到原来的数值。

宏程序认可坐标输入的两种方法，而且得到的结果也相同，就好像零件程序未使用宏声明，是在所谓的“正常”模式下编写的。用户要记住一点，编写宏程序仅仅是放大了缓慢的手工编写过程，使用的逻辑工具和步骤与手工编程相同。

## 5.8 刀具偏置程序入口

CNC 铣削控制系统支持 G10 命令，用户可以用该命令和 L 偏置组对刀具长度偏置值进行编程。根据特定控制系统提供的存储类型，L 偏置组对应不同的号码。FANUC 控制器有三种存储类型，用于表示刀具偏置（长度和半径），它们有不同的程序入口，可通过下面的例子加以说明。

（1）存储类型 A（长度偏置和半径偏置共用一个列）

**偏置入口：几何偏置+磨损偏置共用**

**程序入口：用 G10 L11 P- R- 程序段设置偏置量**

（2）存储类型 B（两列分别显示长度偏置和半径偏置）

**偏置入口 1：独立的几何偏置量。程序入口 1:用 G10 L10 P- R- 程序段设置偏置量。**

**偏置入口 2：独立的磨损偏置量。程序入口 2:用 G10 L11 P- R- 程序段设置偏置量。**

（3）存储类型 C（两列显示长度偏置，两列显示半径偏置）

**偏置入口 1：独立的几何偏置量——用 H 地址表示**

**程序入口 1：用 G10 L10 P- R- 程序段设置偏置量**

**偏置入口 2：独立的几何偏置量——用 D 地址表示**

**程序入口 2：用 G10 L12 P- R- 程序段设置偏置量**

**偏置入口 3：独立的磨损偏置量——用 H 地址表示**

**程序入口 3：用 G10 L11 P- R- 程序段设置偏置量**

**偏置入口 4：独立的几何偏置量——用 D 地址表示**

**程序入口 4：用 G10 L13 P- R- 程序段设置偏置量**

（4）L 地址　所有例子中的 L 地址号是固定偏置组号（含义是，生产厂家把它固定在特定的 FANUC 控制系统中），P 地址是偏置寄存器号（由 CNC 系统使用），R 值是指定偏置的真实值，用户把它存储到指定的偏置寄存器。绝对模式、增量模式对已编程的刀具长度和半径输入的作用相同，对本章前面介绍的工件偏置的作用也相同。某些实例用 G10 准备命令设置各种偏置数据，下面进一步解释说明。

（5）注意　老式 FANUC 控制器使用 L1 地址，而不使用 L11 地址。这些控制器没有把磨损偏置作为单独的入口。为了与老式 FANUC 控制器兼容，所有新式的控制器都用 L1 代替 L11。

（6）G10 偏置数据设置——以铣削为例　本部分阐述了一些 CNC 加工中心在程序（标准程序或宏程序）中用 G10 命令设置偏置数据的常见实例。使用程序段号是为了方便用户。

【例 1】

N50 程序段输入−468.0mm 到 5 号刀具长度偏置寄存器。

```
N50 G90 L10 P5 R-468.0
```

【例 2】

如果偏置量需要减少 0.5mm，用刀具长度偏置 5，G10 程序段必须改成增量模式。

```
N60 G91 G10 L10 P5 R0.5
```

注意 G91 表示增量模式，如果 N50 和 N60 按照上面的顺序使用，偏置号 5 中的存储值是−467.5mm。

【例 3】

对存储类型 C 而言，使用 G10 命令、L12(几何)和 L13(磨损)偏置组，可以把刀具半径 *D* 的值从 CNC 程序中传递到指定的偏置存储器。

```
N70 G90 G10 L12 P7 R5.0     …输入 5.00mm 的半径值到 7 号几何偏置寄存器
N80 G90 G10 L13 P7 R-0.03   …输入−0.03mm 的半径值到 7 号磨损偏置寄存器
```

上面两个偏置入口共同作用后，输入的切削半径是 4.97mm。

【例 4】

使用增量编程模式 G91，可以增大或减小某个存储的偏置量。程序段 N80 将被更新，当前的磨损偏置量增加 0.01mm。

```
N90 G91 G10 L13 P7 R0.01
```

7 号磨损偏置寄存器的新设置是 0.02mm，（程序段 N70、N80 和 N90 处理完毕之后）结果输入的切削半径是 4.98mm。用户要注意 G90 和 G91 模式，为执行接下来的程序段，建议用完后立即恢复到合适的模式。

## 5.9　有效输入范围

在多数 CNC 加工中心中，刀具长度和刀具半径偏置值的范围受 FANUC 控制器设定范围的限制。对于不同的加工任务，偏置输入值的输入范围很大，可以满足用户需要。注意：不需要经过单位变换，只通过移动小数点就可实现公制和英制的转换（表5.2）。

表5.2　公制和英制的转换

| 偏置输入 | 下　限 | 上　限 |
|---|---|---|
| 几何 公制单位 | –999.999mm | +999.999mm |
| 磨损 公制单位 | –99.999mm | +99.999mm |
| 几何 英制单位 | –99.9999in | +99.9999in |
| 磨损 英制单位 | –9.9999in | +9.9999in |

控制系统中的有效偏置号也受限制，典型的最小偏置号不低于32。CNC系统有64、99、200和400这些有效偏置号，大多数是指定选项。用户要知道每个控制系统偏置号的最大值，这一点很重要。有效偏置号比机床拥有的刀具的最大刀号还要大，这是一个简单的规则。

## 5.10　车削偏置

刀具长度偏置是CNC加工中心特有的，通常不能应用到CNC车削中，因为他们的刀具不同，偏置结构也不同。多数CNC车床对编程和数据设置采用A组G代码（XZR用于绝对输入，UWC用于增量输入）。对于这种CNC车床，可以按照下面的程序格式（指定单轴或多轴），用G10命令设置偏置数据。

**G10 P- X- Y- Z- R- Q-　绝对模式编程**
**G10 P- U- V- W- C- Q-　增量模式编程**

此处，G10 可编程数据输入命令：

**P　设置的偏置号(P+10000=几何偏置，P+0=磨损偏置)**
**X　偏置寄存器的绝对值——*X*轴**
**U　偏置寄存器的增量值——*X*轴**
**Y　偏置寄存器的绝对值(如果有效)——*Y*轴**
**V　偏置寄存器的增量值(如果有效)——*Y*轴**
**Z　偏置寄存器的绝对值——*Z*轴**
**W　偏置寄存器的增量值——*Z*轴**
**R　偏置寄存器的绝对值——刀尖圆弧半径**
**C　偏置寄存器的增量值——刀尖圆弧半径**
**Q　半径偏置的刀尖号（假设的刀尖号）**

（1）P-偏置号　接下来要讲述的是P地址，它既可以表示待设置的几何偏置号，又可以表示待设置的磨损偏置号。为了区别两者，在磨损偏置号的基础上增加10000就是几何偏置号。

**P10001　…表示选择1号几何偏置**
**P10012　…表示选择12号几何偏置**

如果没有加上10000，P地址就表示磨损偏置号。

**P6　…表示选择6号磨损偏置**
**P11　…表示选择11号磨损偏置**

有效偏置号取决于控制系统，例如，FANUC16/18/21 控制器有 64 个有效偏置。

（2）刀尖号 Q 假想的刀尖号（有时称为虚拟刀尖号或刀尖号）是 FANUC 公司定义的，图 5.7 给出了 rear 类型的 CNC 车床的十种可能的固定刀尖号。

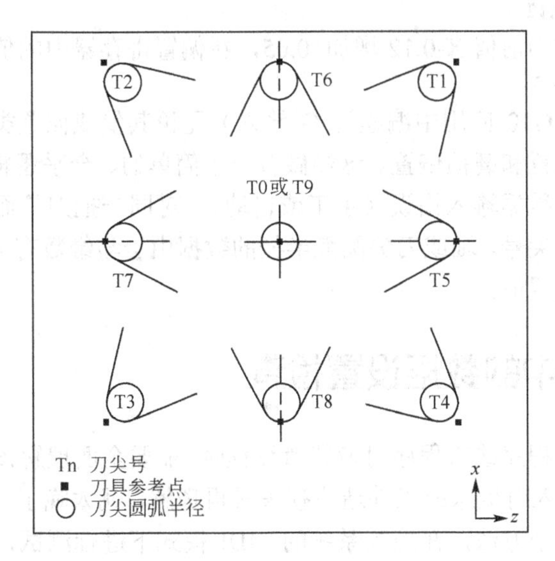


图 5.7 0～9 号刀尖圆弧号（用 G10 指令中的 Q 地址可以对其编程）

上面的刀尖号只是针对刀架后置式车床而言，如轴向符号所示。

（3）G10 偏置数据设置——以车削为例 车削控制器数据设置的结构和铣削不同，但控制系统使用相同的逻辑处理。下面给出了 CNC 车削的几个典型例子，得到了预期的结果，列表以程序中的输入顺序为基础。

**【例 1】**

程序段 N10 清除 G01 组（1 号几何偏置寄存器）中的所有几何偏置。

**N10 G10 P10001 X0 Z0 R0 Q0**

程序段 N20 清除 W01 组（1 号磨损偏置寄存器）中的所有磨损偏置。

**N20 G10 P1 X0 Z0 R0 Q0**

使用 Q0 和 G10 命令可同时清除刀具几何和磨损刀尖号。

**【例 2】**

N30 程序段可以把 G01 设置成 X-200.0 Z-150.0 R0.8 T3，也可以自动设置 W01 磨损组中的 3 号刀尖。

**N30 G10 P10001 X-200.0 Z-150.0 R0.8 Q3**

**【例 3】**

N40 程序段把磨损组 W01 中的刀尖圆弧半径设置成 0.8，当前的 3 号刀尖仍起作用。

**N40 G10 P1 R0.8 把当前刀尖号设置为假设的 IS**

专业编程时，不假设当前数值，而在程序段中编入需要的刀尖号，是更安全的，是以防万一，如果需要，可比较一下程序段 N50 和 N40。

**N50 G10 P1 R0.8 Q3　没有设置当前刀尖号为假设的IS**

【例4】

程序段N60把磨损组W01设置成X-0.12，不考虑先前的设置。

**N60 G10 P1 X-0.12**

N70程序段把当前值X-0.12增加+0.05，新偏置寄存器中的值变成X–0.07。

**N70 G10 P1 U0.05**

注意刀尖号（G10应用中编程为Q输入）无论其值或偏置类型是什么，将总是同时改变几何偏置和磨损偏置。这样做有一个简单的、合乎逻辑的原因，内置的安全控制器可减少数据输入错误（手工或自动）。对同一把刀具而言，不可能有不同的几何和磨损刀尖号。轴或刀尖圆弧半径的数据由于与维数有关，可能有不同的几何偏置和磨损偏置值。

## 5.11 MDI中的数据设置检查

用户使用标准程序或宏程序对偏置值编程时，需要全面理解该系统的数据输入格式，等到错误输入对机床或工件造成损失时再理解，就太晚了。测试偏置数据是确保设置正确的一个方法，在控制系统的MDI模式下进行测试，很容易实现。在MDI模式下输入一个字符或完整的程序段，可以在数据输入到程序之前进行测试。在控制单元中选择编程模式和MDI模式，然后输入数据进行测试。例如：

G90 G10 L10 P12 R-106.475

□ 按插入（INSERT）键

□ 按循环启动（CYCLE START）键

为证明输入的正确性，可核对刀具长度偏置H12，它存储的量应该是－106.475。同样是在MDI模式下，调整预设数据，例如：

G91 G10 L10 P12 R-1.0

□ 按插入（INSERT）键

□ 按循环启动（CYCLE START）键

为证明输入的正确性，再次核对刀具长度偏置H12，它存储的量应该是–107.475。

进行其他测试时，应按照相同的过程进行。总要仔细选择测试数据和偏置号，这样就不会对机床或工件造成损害。

## 5.12 可编程参数入口

本节介绍了G10数据设置命令的另一方面的编程内容，即模态命令。在标准程序或宏程序中应用模态命令改变系统的参数，有时称之为写参数功能，但在日常编程甚至在宏编程中不常用。用户在使用这种方法之前，要全面理解控制系统参数的概念，有关参数的内容详见本书前面的章节。

| CNC 系统参数的错误设置可能对机床造成意想不到的损坏 |
| --- |

用户通常用 G10 命令改变机床或切削状态，例如，主轴转速、进给倍率、螺距误差补偿以及其他数据。该命令通常出现在用户宏程序中，称为 G65 命令，它的唯一用途是控制机床运转。用户宏程序的详细解释及其结构将在下面的章节中介绍，熟悉 G10 命令只是使用宏程序之前的常识之一。

（1）G10 模态命令　本章首先介绍了用 G10 命令设置偏置数据，如果用户需要一系列的设置，那么每一个程序段都要重复设置。从定义上讲，G10 偏置入口数据设置命令只能用作非模态命令。现代化的 FANUC 控制器也可以通过程序改变 CNC 系统参数。

没有使用过机床的用户也知道，控制单元根据不同的系统参数自动改变程序入口。例如，如果系统包含 G54 工件偏置，那么在工件偏置窗口中可以找到它的当前设置。FANUC 公司规定，显示窗口用参数号加以识别，给操作员带来了方便，系统参数中存储的值才是真正的偏置量。G54 的设置存储在系统参数中，利用偏置窗口和参数变化（使用恰当的参数号）可以手动改变设置值。有些参数不能轻易改变，有些参数一点也不能改变，G10 模态命令可用于同时改变几个参数。为了实现这个目标，用 G10 命令开始设置，用 G11 命令取消设置。

**G10　L50　　选择参数设置模式 ON**
**……　　　　数据设置单个程序段或一系列程序段（典型应用）**
**G11　　　　选择参数设置模式 OFF**

可编程参数的数据设置程序段有三个入口。

**G10 L50**
**N…P…R…数据设置程序段，G10 和 G11 之间可以有多个程序段。**
**G11**

此处

**G10　　数据设置模式 ON**
**L50　　可编程参数入口模式（固定的）**
**N…P…R…　指定数据入口（N=参数号，P=轴号，R=设置值）**
**G11　　数据设置模式 OFF（取消）**

G10、L50 和 G11 程序段之间是待设置参数的列表，参数号使用 N 地址，数据使用 P 地址和 R 地址。

（2）G10 L50 模式中的 N 地址　三个地址中的第一个地址，即 N 地址，它可以识别需要改变的参数号，并不是所有的参数都需要改变。FANUC 公司为每个有效的控制模式提供参数手册，并列举出所有的参数及其各种状态。下面介绍 N 地址（以及 P 地址和 R 地址）的典型应用实例。

① G10 L50 模式中的 P 地址　P 地址只用作与四个有效轴输入相关的参数：

□ 位轴；

□ 字节轴；

□ 字轴；

□ 双字轴。

如果参数和轴无关，P 地址就是多余的，不需要在程序段中进行编程。如果同时设置多个轴，就要在 G10 和 G11 之间使用多个 N..P..R..入口（参见本章下面的例子）。

② G10 L50 模式中的 R 地址　G10 L50 模式中的 R 地址包含某个新值，该值要存储到选定的参数号中（没有默认值）。按照前面所讲的有效范围，R 地址还可以给螺距误差数据下定义，注意在所有的例子中都没有小数点。

## 5.13 程序的移植性

程序的移植性与程序的结构和内容有关，也与应用的不同的机床和控制系统相关。只有一个可编程参数入口的 CNC 程序，应该与相应的机床刀具、控制单元一起使用。不同的机床在应用某个程序之前，要非常小心。

不同的控制模式下，参数号及其含义一般不相同。在编写程序过程中，用户要知道精确模式及其参数号。例如在 FANUC15 控制器中，参数#2400（#0 位）控制某个没有小数点的地址的含义。在 FANUC 16/18/21 控制模式下，控制同样设置的参数是#3401（#0 位）——0=假设的最小输入增量，1=假设的可用单位。

下面将讲述各种各样的可编程参数入口，这些例子已通过了 FANUC16B 控制器的车削和铣削验证。选定的参数只用来说明问题，不要把它作为典型应用或常见应用。

不推荐用户在自己的机床上测试这些参数，因为它们有潜在的危害性。

**【例 1】**

如果将 I/O 通道设置为 0，该例子将改变输入/输出装置（RS-232 接口）的波特率：

```
G10 L50
N0103 R10
G11
```

对某个选定的装置而言，控制波特率设置的参数是#103，与例 1 中的 N0103 一致。波特率是指程序数据的传输速度，即每秒传输的字符数（characters per second，cps）。对来自 FANUC 操作参考手册中的某个工作台而言，可以在特定的范围即 1～12 内输入 R 值，如下所示：

| | | |
|---|---|---|
| 1：50 波特 | 5：200 波特 | 9：2400 波特 |
| 2：100 波特 | 6：300 波特 | 10：4800 波特 |
| 3：110 波特 | 7：600 波特 | 11：9600 波特 |
| 4：150 波特 | 8：1200 波特 | 12：19200 波特 |

在例 1 中，选择的波特率设置是 4800cps，因为程序段中的 R10 就是指选择 10 号。这种类型的波特率设置很常见，当与机床一起使用时，对车间中的所有 CNC

机床也要用到这种设置，加载和卸载程序（DNC）要用到 RS-232C 接口。用户通常选择最快的波特率，因为它能保证 CNC 系统和外部计算机之间程序或设置的传输精确度是 100%。注意程序中没有 P 地址，这是因为参数#103 和机床主轴没有关系，不需要 P 地址。

【例 2】

在另一个实例中，用参数#5130 控制螺纹切削循环 G92 和 G76 的倒角距离（仅用于车床控制器）。数据类型为非轴字节单位，假定螺距为 0.1，取值范围为 0～127。

```
G10  L50
N5130  R10
G11
```

该程序段将会使参数#5130 变为 1。如果执行该程序，不论当前设置是多少，参数都会变成 1，或保持 1。在增量为 0.1 倍螺距情况下，倒角值将和螺纹螺距相等。提醒一下，不要把字节和位混淆，对字节轴类型而言，字节的值是 0～127 或 0～255，位仅是某个状态（0 或 1，关或开，无效或有效，开通或闭合等）；也就是说，用户可选择两种有效选项之一。

【例 3】

系统参数改变的另一个实例是针对双字型的参数入口（长整型），它将工件坐标偏置 G54 改为 X-250.000。

```
G90
G10 L50
N1221 P1 R-250000
G11
```

与前面的方法不同，这是另一种方法，参数#1221 控制 G54，#1222 控制 G55。P1 表示 *X* 轴，P2 表示 *Y* 轴，其他六个轴依次这样表示。用户要求长整型（双字型）的有效范围，不能使用小数点。设置是在公制系统中进行，1μm（0.001mm）是最小的增量单位，输入–250000 表示值为–250.000。注意零的输入个数，多一个零或少一个零都能引起重大问题。从经验上讲，这类错误通常不容易发现。下面的例子不正确，将产生错误的结果。

```
G90
G10 L50
N1221 P1 R-250.0        R 地址中不允许使用小数点
G11
```

像 R-250000 这样的正确输入不包括小数点，如果不指定 P 地址，系统将产生错误（控制器报警）。例如：

```
G90
G10 L50
N1221  R-250000
G11
```

这样将产生错误（报警）——缺少参数 P。

【例 4】

这是最后一个例子，和前面的例子相似，但修改的是两个轴的值：

```
G90
G10 L50
N1221 P1   R-250000
N1221 P2   R-175000
G11
```

如果把这个例子用在车床控制器中，地址 P1 表示 *X* 轴，地址 P2 表示 *Y* 轴，如果用户需要，地址 P3 表示 *Z* 轴。无论哪种情况，G54 命令均把前两个轴分别设置成–250.0（*X*）和–175.0（*Y*）。

（1）机床轴设为零　用户有时需要把工件偏置中的所有有效轴设置为零，可使用标准偏置来设置，三个基本轴的例子如下：

```
G90 G10 L2 P1 X0 Y0 Z0                用于铣削控制器
```

可以用相同的设置定义某个参数，这同样用在铣削控制器中。

```
G90
G10 L50
N1221 P1   R0              (G54 X坐标设置为0)
N1221 P2   R0              (G54 Y坐标设置为0)
N1221 P3   R0              (G54 Z坐标设置为0)
G11
```

注意上面两种方法编程格式的区别。

（2）位型参数的例子　下面的例子已经在前面简单介绍过了，没有潜在的危害性，用户可以测试（只要仔细设置其他参数）。其作用是当在控制器中通过键盘输入 CNC 程序时，可设置程序段自动排序为 ON（例如，N1，N2，N3……）。通过这个例子，可以很好地给用户介绍位型参数，以及与程序准备相关的一般思想和见解，其中包括可编程参数入口模式的程序操作。

如果用户从键盘输入程序，系统会自动输入序列号，这是 FANUC 控制系统 16/18/21 模式（其他模式也可以）的一个特征。该特征对手工输入程序数据来讲可节省时间。为了实现该特征，用户必须了解并选择控制ON/OFF状态的参数。FANUC控制系统的 16/18/21 模式（B 模式）的参数号是 0000（和 0 相同）。

这是位型参数（不是字节型），意思是该参数只有八位，每一位都有特定的含义。第五位（SEQ）控制自动排序编号的状态（ON 或 OFF 与 1 或 0 的意思相同，但是只能输入其中的一个）。用户不能对某一位编程，必须详细说明八位中的每个单独的数据号，也就是说，要改变其中一位，必须知道其他七位的意思。本例中，列出了参数 0 的当前设置，其中有四位的含义已经确定。

| 0000 | | | SEQ | | | INI | ISO | TVC |
|---|---|---|---|---|---|---|---|---|
| | #7 | #6 | #5 | #4 | #3 | #2 | #1 | #0 |
| | 0 | 0 | 0 | 0 | 1 | 0 | 1 | 0 |

尽管其他参数的含义对控制器的操作很重要，但与本例无关，在此不作介绍。第五位设置为 0，含义是自动插入程序段号无效。记住参数各位的编号——从右向左，从 0 开始。

输入下面的程序段，将会使参数#0000 的第五位变成 1，其他位不变。

**G10 L50**

**N0　R00101010**

**G11**

参数窗口将会反映出输入结果的变化。

| 0000 | | | SEQ | | | INI | ISO | TVC |
|---|---|---|---|---|---|---|---|---|
| | #7 | #6 | #5 | #4 | #3 | #2 | #1 | #0 |
| | 0 | 0 | 1 | 0 | 1 | 0 | 1 | 0 |

注意：所有的位都要写入数值，尽管上例中的每一位都有值，但是这项工作还是没有完成。FANUC 控制器还有另一个特征，用户也可选择编号的增量值，例如，选择 10 将输入 N10、N20、N30，选择 1 将输入 N1、N2、N3 等。实例中，用户选择的增量是 5，控制器屏幕显示的是 N5、N10、N15 等。在控制器中增量值可由另一个参数号设定。在 FANUC16/18/21 模式下，有自动编号功能的参数号是#3216，它是一个字型参数，有效范围是 0～9999。把参数 0000 的#5 位设置为 1，就能激活自动编号参数，程序段如下：

**G10　L50**

**N3216　R5**

**G11**

前面列举的例子阐述了参数之间的联系，其方法简单合理，但是用户要花一定的时间习惯这种方法。上面的设置一旦完成，用户就不需要在程序中输入程序段号，通常是在程序模式下，通过控制面板的键盘输入程序段号。在手工输入程序时，无论何时按下程序段结束（EOB）键，N 号码都会以增量 5 自动出现，节约输入时间。

在可编程参数输入模式下，使用 G10 模态命令的想法是可把多个参数作为一个组来设置。既然实例中的两个参数在逻辑上是相互关联的，那么把前面的两个小程序段写成一段程序，最终结果相同，这样做也是可行的。

**G10 L50**

**N0000　R00101010**

**N3216 R5**

**G11**

每个参数都是轴类型的，不需要地址 P，因此可以省略。N0000 和 N0 相同，用户使用 N0000 是为了增加可读性。

（3）控制器模式间的差异　FANUC15 系统比 FANUC16/18/21 系统的控制级别高，但控制模式号不能说明这一点。在 FANUC15 系统中，选择自动排序功能的参数号是#0010 的#1 位（SQN）。

FANUC15 系统的控制级别较高，灵活性也比较好。例如，最初的顺序号由参数#0031 控制（FANUC16/18/21 模式下，没有相应的量），存储增量值的参数号是#0032，两者具有相同的程序输入类型。而且，在 FANUC15 系统中，顺序号的取值范围高达 99999。

这是两个相似控制器间具有差异的典型实例，尽管它们是同一厂家生产的。

（4）程序段号的作用　很多CNC程序包括程序段号，用地址N表示，最后一个例子很自然要讲给程序段号赋值。毕竟，数据输入是CNC程序的有效组成部分，例如：

```
N121 G10 G50
N122 N0000 R00101010
N123 N3216 R5
N124 G11
……
```

程序会按照上面的顺序运行吗？程序段排序的一个基本原则是，一个程序段中只能有一个N地址作为首地址。用户怎么认为呢？程序会这样运行吗？

现在程序段N122、N123中有两个不同的N地址，控制器如何处理这种情况呢？这非常简单，而且两者无论如何也不会有冲突。

在G10、G11之间单个程序段中有两个N地址的情况下，第一个N地址总是程序段号（基本原则），同一程序段中的第二个N地址是参数号。控制系统可以理解这个表面上的矛盾。如果G10、G11程序段之间只有一个N地址，那它总是表示参数号；如果程序段中有两个N地址，则第一个表示程序段号，第二个表示系统参数号。

（5）程序段跳跃　可以用常规的程序段跳跃符号（/）控制程序段数据处理的过程，但在宏程序中使用该功能，尤其是控制器允许在程序段中间使用该功能时，一定要小心，详见第24章。

# 第6章 宏程序结构

开发宏程序与开发标准 CNC 程序差别不大，至少总体编程方法大同小异。开发宏程序之前，用户要仔细研究“行业标准”，而且要问一个问题，用户要用到哪些特征？宏程序功能强大，灵活多变，也能大大缩短编程时间。然而，尽管宏程序有这么多优点，但用户编写 CNC 程序时却经常忽略。许多公司确实有能力开发宏程序，但却没有这样做，它们认为有难度，浪费时间。

宏程序包括许多函数、技术和程序，用户宏程序不能归类为某种真正的编程语言，但它确实和 Visual Basic™、C++™、LISP™ 以及早期的 Pascal 等语言有许多共同点。对初学者而言，最重要的是了解宏程序的格式及其内容。本章综合考虑这两个因素，以适当的顺序讲述宏程序结构。

## 6.1 基本工具

典型的零件编程员已学过的每种 CNC 编程技术，都可用在宏程序开发过程中。深入的 CNC 编程知识以及良好的实践经验（甚至是加工经验），是开始学习宏程序的基本要求。许多标准 CNC 编程中没有的特征也可在宏程序中找到，宏程序加强并延伸了传统的编程方法，但并不是完全代替。

要想成功地开发宏程序，必须理解以下三个基本领域：

**变量** … **三种数据类型**
**函数和常量** … **数学计算**
**逻辑功能** … **循环和分支**

上面三个领域提供了很多特殊的功能强大的函数，可用于宏程序本身。宏程序与子程序很相似，除了标准的子程序不能使用变量外，而宏程序可以使用（甚至广泛的使用）变量。

就像子程序一样，宏程序本身用得并不多，它必须和另一个程序联合使用，通过预设的程序号，从另一个程序中调用。地址（字母）O 用于存储宏程序，地址（字母）P 用于调用宏程序，并使用和子程序相同的逻辑。

（1）变量　变量是宏程序最显著的特征，也是它的心脏和灵魂。变量使得宏程序更灵活，是不断变化的数据的存储单元，因此称为变量数据。名字“变量”是暗示性的，变量是控制系统中的存储单元，它可以存储某些给定的数值。当给变量赋值时，就相当于把数值存入变量，方便后面的使用。存储值称为定义值或定义变量。

在宏程序中，变量可用来代替真值，例如可把两个变量相加，得到另一个数值。宏程序应用的可能性是巨大的，这很大程度上取决于零件编程员或宏程序编程员的技术。

（2）函数和常量　宏程序有很多函数。函数是用于计算的程序特征——可用函数计算某个数学问题或公式。例如，“+”（加）函数可把两个或多个值进行求和运算，“SQRT”函数可计算给定值的平方根，还有很多其他函数，可进行算术、代数、三角算法等运算。

宏程序可以定义函数，也可以定义常量，例如可把常量π定义为3.14159265359……

（3）逻辑函数　逻辑函数也称为逻辑算子，可用在宏程序中来实现循环和分支功能，有时称之为分叉。循环和分支意味着基于某个预设状态程序流程的变化。

在日常生活中，用户对逻辑算子的概念相当熟悉，只是不这样称呼它而已。英语中有个单词“if”，用户经常用它表示基于某个状态的某种假设。例如，可以说“如果有时间，我会去拜访你”，意思是说“只有当我有时间的时候，才能去拜访你，否则，我不可能，也肯定不会去拜访你”，这些结果就是有条件的，单词“if”意味着基于某种条件的选择。

在宏程序中，有两个函数可用在给定条件下。使用“if”函数和“大于”、“等于”、“小于或等于”等比较算子，可以检查（有些编程员称之为测试或比较）给定的条件。这些算子也称为布尔算子，是以发明者英国数学家乔治·布尔（1815—1864）的名字命名，有时也称为逻辑算子。给定的条件只能用“if”比较（测试）一次，也可用循环函数“while”比较多次（“当”给定条件为真，意味着“只要”条件为真），比较结果将决定下一步程序流程的执行方向。

## 6.2　宏程序的定义和调用

从本质上讲，宏程序是比较复杂的子程序，从这一点出发，对常规子程序和典型宏程序作比较是公平的。这种类型的编程环境中总是至少有两个单独的程序——主程序和子程序。对宏程序来说，是主程序和宏程序。两种情况下，主程序通过程序号调用子程序或宏程序，而子程序或宏程序要从属于调用它们的高一级程序。与子程序一样，宏程序不仅可由主程序（最高层的程序）调用，也可由其他子程序或宏程序调用，结构高达四个层次。与用户所期望的一样，某些调用结构是可以观测的。总之，子程序或宏程序含有特殊的已选的重复性数据，例如轮廓加工刀具路径或特定的孔型等数据，就要存储为单独的程序，并有自己的程序号。

子程序与宏程序的一个主要的不同点是输入数据的灵活性。子程序总是使用固定数据，这些值是不变的。宏程序使用可变数据，使用变量，这些值很快就可改变（通过定义或重新定义）。当然，宏程序也可使用固定数据，但这不是它的主要应用目的。

(1) 宏程序定义 从结构上讲，定义宏程序和定义子程序十分相似。两种情况下，程序都要指定一个程序号。在程序本体中，重复性数据都要在控制系统存储器中存储和访问。在这方面，子程序定义的所有规则都可用于宏程序的定义。

开发宏程序的不同之处在于它的变量定义、函数和逻辑条件。变量定义是用变量存储变化的数据。变量是控制系统存储器中的临时存储区域，在宏程序体中，用特殊的符号“#”定义变量。即使是最简单的宏程序，也使用变量，因此也要使用“#”号。接下来的章节讲述了更多的相关信息和细节。

| 对宏程序来说，变量是简单也是最重要的关键因素 |
| --- |

(2) 宏程序调用 从直观上讲，调用子程序和调用宏程序的主要差别在于编程格式的定义。从逻辑上讲，这两种调用方法是相同的，目的也一样。可通过特定的程序代码从控制存储区域调出预先存储的程序（子程序或宏程序）。

```
M98 P----    调用子程序 P----    （通常不需要附加的数据）
G65 P----    调用宏程序 P----    （通常需要附加的数据）
```

FANUC 控制系统用 G 代码（准备命令）来调用预先定义的宏程序，而不使用调用子程序的辅助功能 M 代码。G65 命令通过存储的程序号和其他一些数据来调用宏程序。下面的实例阐述了宏程序与子程序在结构上的差异。

**【例 1】** 主程序和子程序

```
O0004 （主程序）
N1 G21                程序段开始
N2
……
N15 M98 P8001    调用存储的子程序 O8001
N16
……
N52 M30      主程序结束
%

O8001（子程序）
N1…
N2…
……
N14 M99      子程序结束
%
```

**【例 2】** 主程序和宏程序

```
O0005 （主程序）
N1 G21                程序段开始
N2
……
N15 G65 P8002 F150.0    用 F 自变量（=变量#9）调用宏程序 O8002
N16
……
```

```
N52 M30      主程序结束
%

O8002（宏程序）
N1...
N2...
......
N8 G01 X150.0 Y200.0 F#9    变量#9表示进给速度
......
N14 M99          宏程序结束
%
```

上面的两个例子仅表明了宏程序和子程序在结构上的差异。注意：上述有关宏程序的例子包括两种新类型数据，一个称为变量，另一个称为自变量，子程序中没有与之相对应的数据。

（3）自变量　用宏程序调用定义的数据，即用G65 P-命令定义的数据，称为自变量。自变量包含仅为某个特定程序应用时需要的真实程序数值，他们总是要传给宏程序。宏程序中的变量数据要由给定的自变量替代，基于当前定义（自变量）的刀具路径或其他活动也要传给宏程序。

宏程序中使用G65调用命令定义三个自变量的典型格式如下。

G65 P- L-　<自变量>

此处

G65　宏程序调用命令

P-　包含宏程序的程序号（存储为O----）

L-　宏程序循环次数（L1 默认为缺省值）

自变量　传递给宏程序的局部变量的定义

某个实际的宏程序调用格式如下。

G65 P8003 H6 A30.0 F150.0

此处

G65　宏程序调用命令

P1234　包含宏程序的程序号（存储为O8003）

H6　局部变量H赋值（#11），传递给宏程序O8003的自变量

A30.0　局部变量A赋值（#1），传递给宏程序O8003的自变量

F150.0　局部变量F赋值（#9），传递给宏程序O8003的自变量

变量的赋值是独立的主题，要单独在一章中进行阐述。赋值仅意味着在调用时给需要赋值的变量一个数值。从上面的例子可以看出，用户宏程序调用命令G65和子程序调用命令M98是相似的，但并不相同。比较G65和M98这两种调用命令，它们有一些非常重要的不同点。

① 在G65命令中，自变量以变化数据的形式传递给宏程序，而M98命令只能调用子程序，没有数据传递。

② 用M98调用子程序时，程序段中可能包含另一种数据（例如刀具位置的变化），在这种情况下，处理过程就可能在单个程序段中停止。这在G65模式下是不可能的。

③ 用M98调用子程序时，程序段中可能包含另一种数据（例如刀具位置的变化），在这种情况下，宏程序要在其他数据传输完毕后，才能开始执行。G65命令可无条件地调用宏程序。

④ 局部变量不因M98命令而改变，却因G65命令而改变。

（4）可视化表示　图6.1给出了宏程序定义和宏程序调用的示意图，这种结构和以前给出的图3.3单级子程序嵌套结构相同。

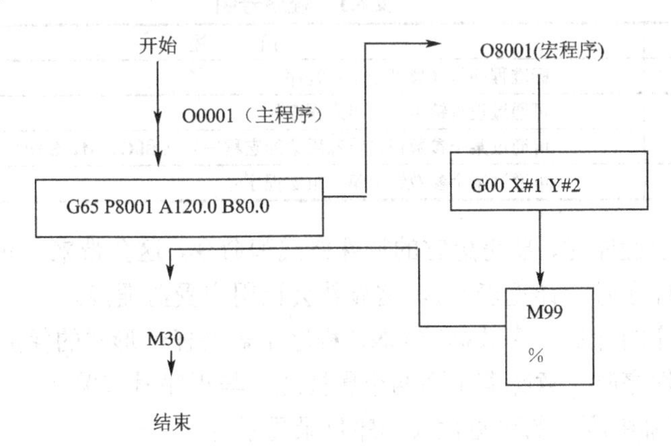


图6.1　宏程序定义和宏程序调用的基本结构

在CNC主程序中，宏程序调用命令G65 P8001调出先前存储的宏程序O8001，把自变量A和自变量B传送到宏程序。自变量A把当前值120.0传递到O8001，自变量B也把当前值80.0传递到同一个宏程序。

自变量A和自变量B可把指定给它们的变量号固定下来（详见第8章）。从定义上讲，变量#1对应自变量A，变量#2对应自变量B。当宏程序调用变量时，变量的值将为自变量指定的值所代替。如上所述，宏程序段G00 X#1 Y#2就会译为G00 X120.0 Y80.0，此时，自变量表示刀具运动的位置或距离，但也可表示其他的含义。宏程序的“秘诀”在于，它的自变量随着工件的不同而变化，而宏程序本身不变。例如，如果自变量变为G65 P8001 A200.0 B150.0，宏程序中的快速运动的程序段将译为G00 A200.0 B150.0。

以上简短描述并不能解释所有细节，但应作为彻底理解宏程序概念及开发的第一步。

关于宏程序定义，用户可能要问程序号O8001从何而来，是强制输入的吗？为什么是这个号而不是其他号？这些问题需要在下面的章节进一步解释。用户要记住，所有的CNC程序（包括子程序和宏程序）可以在允许的取值范围内（O0001～O9999或O00001～O99999）任意选择程序号。第一个问题的答案是否定的，即程序号不是强制输入的。要回答第二个问题还需要其他知识。总而言之，FANUC控制系统提供了一个可选择的程序号范围，对该系统作用很大，例如，程序号可以编辑也可以删除，程序号O8001就是在该范围内选择的。

## 6.3 宏程序号

O0001～O9999 范围内任意的 1～4 位数都可用作宏程序号，为便于应用，还专门指定了某些范围。从定义上讲，FANUC 程序可以分成如下的程序号组（见表 6.1）。

表 6.1 程序号组

| 程序号范围 | 描述 |
| --- | --- |
| O0001～O7999 | 标准程序号（典型用于主程序） |
| O8000～O8999 | 可通过设置锁定第一组宏程序号 |
| O9000～O9049 | 可通过某个参数锁定特殊用途的宏程序号（和 G、M、S 和 T 功能联用） |
| O9000～O9999 | 可通过某个参数锁定第二组宏程序号 |

用户使用宏程序时，要考虑它的特殊格式和命令，这会带来一些好处。在特定范围内选择宏程序号，详见表 6.1，这显然会让用户受益匪浅。

（1）宏程序的保护　多数标准 CNC 程序不需要任何形式的保护。当单词“保护”用于这些程序时，意味着下面两个属性之一与程序号有关。

□ 控制屏幕中程序的可见性（程序目录显示）；

□ 编辑程序内容（也包括删除程序）。

宏程序比子程序更需要保护，子程序则比标准程序更需要保护。用户计划编写宏程序时，理解程序号的不同选择很重要，尤其是在 O8000～O9999 的有效范围内。

（2）设置定义　为选择不同级别的保护功能，用户必须了解和控制参数的实际设置。既然与程序保护相关的所有设置都是位型，设置值只能是 0 或 1。从这一方面讲，用户在实际理解 FANUC 参数手册中提供的解释时，会有一些困难。

位型参数设置通常只定义 0、1 状态中的一种。当用户利用这些状态编辑、显示程序号时，每一个设置只能有两种状态。

□ 允许编辑程序；

□ 不允许编辑程序；

□ 在运行过程中允许显示程序；

□ 在运行过程中不允许显示程序。

在手册中，FANUC 使用诸如允许、禁止、执行、约束、保护这些术语，这些术语本身没有问题，但用户随意使用的话，就不能提供便利，也不易解释，不易保持一致性，并且还会使用户丧失自信心。下面使用一致的、易理解的表述方式，介绍每一个程序号的取值范围。

（3）程序号——O0001～O7999 的范围　标准程序（甚至子程序）的程序号的取值范围是 O0001～O7999，都可通过合法的程序号存储到控制系统中。这些程序可以随时显示，供用户查看，并且不需要任何限制就可注册到系统存储器中，用户也可随时随意修改程序。

| 如果用户使用宏程序的话，标准程序号的严格取值范围是O0001～O7999 |
|---|

（4）程序号——O8000～O8999的范围　以上这两组程序号都是通过参数设置来约束的，第一组（组1）包含的程序在O8000～O8999的范围内（见表6.2和表6.3）。在没有参数设置的情况下，使用第一组程序号的程序，不能被编辑、存储或删除。参数路径号取决于控制系统。

**表6.2　与编辑相关的参数——O8000～O8999程序范围**

| 控制系统 | 参数 | 位 | 位ID | 设置 |
|---|---|---|---|---|
| FANUC 0 | #0389 | #2 | PRG8 | 0=允许编辑程序 |
| | | | | 1=不允许编辑程序 |
| FANUC 10/11/15 | #0011 | #0 | NE8 | 0=允许编辑程序 |
| | | | | 1=不允许编辑程序 |
| FANUC 16/18/21 | #3202 | #0 | NE8 | 0=允许编辑和显示程序* |
| | | | | 1=不允许编辑和显示程序* |

注：显示=在运行过程中显示，*和**表明编辑和显示是同样的设置。下表同。

**表6.3　与显示相关的参数——O8000～O8999程序范围**

| 控制系统 | 参数 | 位 | 位ID | 设置 |
|---|---|---|---|---|
| FANUC 0 | n/a | n/a | n/a | 0= n/a　1=n/a　（没有变量） |
| FANUC 10/11/15 | #0011 | #1 | ND8 | 0=在运行过程中允许显示程序 |
| | | | | 1=在运行过程中不允许显示程序 |
| FANUC 16/18/21 | #3202 | #0 | NE8 | 0=允许编辑和显示程序* |
| | | | | 1=不允许编辑和显示程序* |

（5）程序号——O9000～O9999的范围　第二组也称为组2，程序号的取值范围是O9000～O9999（见表6.4和表6.5）。在没有参数设置的情况下，使用第二组程序号的程序，不能被编辑、存储或删除。参数路径号取决于控制系统。

**表6.4　与编辑相关的参数——O9000～O9999程序范围**

| 控制系统 | 参数 | 位 | 位ID | 设置 |
|---|---|---|---|---|
| FANUC 0 | #0010 | #4 | PRG9 | 0=允许编辑程序 |
| | | | | 1=不允许编辑程序 |
| FANUC 10/11/15 | #2201 | #0 | NE9 | 0=允许编辑程序 |
| | | | | 1=不允许编辑程序 |
| FANUC 16/18/21 | #3202 | #4 | NE9 | 0=允许编辑和显示程序** |
| | | | | 1=不允许编辑和显示程序** |

**表6.5　与显示相关的参数——O9000～O9999程序范围**

| 控制系统 | 参数 | 位 | 位ID | 设置 |
|---|---|---|---|---|
| FANUC 0 | n/a | n/a | n/a | 0= n/a　1=n/a　（不可用） |
| FANUC 10/11/15 | #2201 | #1 | ND9 | 0=在运行过程中允许显示程序 |
| | | | | 1=在运行过程中不允许显示程序 |
| FANUC 16/18/21 | #3202 | #4 | NE9 | 0=允许编辑和显示程序** |
| | | | | 1=不允许编辑和显示程序** |

（6）程序号——O9000～O9049 的范围　O9000～O9049 程序号范围是第二组内的一个小组，用于特殊类型的宏程序，这些宏程序用来定义某些新的 G 代码、M 代码、S 代码或 T 代码。

作为一个专题，创建新的 G 代码、M 代码、S 代码或 T 代码是非常先进的方式，尽管理智的宏程序编写人员通常不需要这种先进的编程方法。但是，在从开始指定合适的宏程序号这方面确立某种方法是很重要的，尽管只是为了给程序号分类。

给所有的宏程序指定 8000 或 9000 系列的程序号总是较好的实践，这样用户就可以在意外的编辑和删除时，锁定并保护宏程序。

（7）O8000 和 O9000 程序号的区别　仔细观察程序号的定义，很容易发现第一组和第二组有相同的约束。来自特定组程序号范围内的程序，在没有参数设置的情况下，不能被编辑、存储或删除。那么，两者之间的差别是什么呢？

最重要的差别在于约束条件起作用的方法，即所使用的参数。FANUC15 系统比 FANUC 16/18/21 或 FANUC0 系统控制级别更高。大多数情况下，各个系统的不同点在于参数设置的灵活性和方便性，而不是系统的特殊性能或功能。

通常情况下，系统主要的差别在于设置参数的简易程度。FANUC 系统有两种设置参数的方法（不适用于所有控制器），一种是通过操作面板上的设置键，也称为手动设置。为激活这种环境下的系统参数，编程员通常使用 ON（1）或 OFF（0）来设置，这种方法仅适用于 FANUC 15 和 FANUC 16/18/21 模式。在 FANUC15 系统中，允许使用参数#8000、位#0（PWE）来修改参数，这些参数是不能通过设置屏幕修改的。在 FANUC16/18/21 系统中，可通过设置屏幕修改所有参数。当参数被激活（在任何控制器中），自然就会产生报警（错误条件）。

理解机床性能和控制系统参数对宏程序开发是十分重要的。本书只能提供一些浅显的解释，以及最重要和最常见的问题，但没有阐述所有细节。

没有机床控制手册，宏程序编程员就不能工作。机床手册是所用机床详尽信息和精确数据的来源，车间中的每台 CNC 机床都要单独对待。

| 对具体细节，总要查询厂商提供的机床控制手册 |
| --- |

# 第7章 变量的概念

前面的章节介绍了宏程序结构的概念、变量的用途，以及在宏程序中的应用。在用户宏程序中设计变量是基于几方面的考虑，因而仔细研究细节问题对全面理解宏程序变量很重要。

理解变量的起点也是最重要的一点，需了解它们的不同之处。FANUC 系统的用户宏程序有四种不同类型的变量，即所谓的变量类型。

## 7.1 宏程序变量的类型

所有的 FANUC 控制系统，不管它们的模式号是什么，都支持宏程序变量。宏程序变量可分为四种类型（表 7.1）。

**表 7.1 宏程序变量的四种类型**

| 变量号范围 | | 变量类型 | 描述 |
|---|---|---|---|
| 下限 | 上限 | | |
| #0 | | 空变量 | **NULL** 变量中没有数值，定义为#0 变量。它是空变量，即所谓的空白变量。宏程序可以读取该变量，但是不能给它赋值，也就是不能赋给它数据 |
| #1 | #33 | 局部变量 | **LOCAL** 变量仅是暂时的，宏程序中用它保存某种数据。调用宏程序时，局部变量就会被赋值。当用户完成宏程序的调用（使用辅助功能 M99）或切断控制电源时，所有的局部变量又变为空值 |
| #100<br>#500 | #149<br>#531 | 全局或全局变量 | 完成宏程序调用时，**COMMON** 变量（也称为全局变量）仍然有效。这些变量由系统维护，也可由其他宏程序共享。通常可由专门设计的宏程序清除更高级的变量 |
| #1000 | ……<br>直至上限 | 系统变量 | **SYSTEM** 变量用于设置或修改缺省值，可以读写不同的 CNC 数据，例如，G 代码模式的当前状态，当前工件偏置等。系统变量号由 FANUC 控制器指定 |

注意有些参考手册可能只提到了后三种类型，而没有介绍“空”变量（变量号为#0），这是因为并没有把它作为一种单独类型的变量。

总之，宏程序用变量代替真值，宏程序编程员可根据当前应用给变量赋值。变量不仅使宏程序更灵活，也带来很多其他优势。例如可输入整型数据，可检查允许的取值范围等。

## 7.2 宏程序中的变量

在变量初始化或在宏程序中使用变量时，用户会发现变量是宏程序最显著的特征。用户宏程序取决于变量，因此有必要从基础上了解变量是什么。

（1）变量的定义　单词“变量”可用数学术语来定义。

| 变量是数学等价物，可在允许的范围和格式内任意赋值 |
|---|

（2）计算器模拟　用户可以用常见的小型科学计算器来解释变量的概念。即使是最便宜的计算器，至少也有一个存储器，它是数据的临时存储单元，可存储数据供随后使用。计算器进行相同的计算时，存储单元中的数据也不相同，这种数据称为变量数据，存储单元本身就是一个变量（计算器称之为存储器存储或存储器）。单词“变量”意味着变化或可变。更高级计算器有多个存储单元，可以存储公式或普通的计算结果。如果计算器有多个存储单元，用户要通过键盘给每个存储单元赋不同的识别号或字符来加以区别。通过号码或字符调用以前存储的变量值将从相应存储单元中取出数据，并用于当前计算中。在宏程序中，基于不同的控制模式，可定义包含有不同数据的多个存储单元（变量）。

（3）变量数据　变量数据的概念在计算器和宏程序中是相同的。变量有某些通用特征，而不是专用特征。变量相当于存储单元，可用在不同的宏程序中，存储的数据也可以变化。例如，在标准程序中，对不同材料的工件，宏程序可以重复相同的刀具轨迹。尽管刀具轨迹不能改变，但对于不同的材料，主轴转速和进给速度是不同的。例如，三种不同材料的工件，它们的加工程序有许多相同的地方。

其实，三个程序间的唯一不同点是用于主轴转速的 S 地址，单位为 r/min 和用于进给速度的 F 地址，单位为 mm/min（in/min）。宏程序可以把 S 地址和 F 地址定义为变量（它们会因三种不同的材料而变化），加工不同材料的工件时，可按需要提供合适的主轴转速和进给速度。仅通过修改 S 地址和 F 地址的数值，宏程序就可用于加工很多不同种类的材料，而不只是加工三种材料。这样编写程序的好处是，宏程序体一旦设定，就根本不必修改。

## 7.3 变量声明

使用变量之前，必须先定义，宏程序称之为变量的声明。就像把数据输入计算器的存储单元一样，变量声明的基本原则是变量必须先定义，然后才能在程序或宏程序中调用。在程序中使用变量时，定义格式用“#”号表示（通常称之为 pound 符号、sharp 符号或 number 符号）。所有的宏程序中都使用“#”号。变量的定义有多种格式，第一种格式是定义变量值。

| #i=当前指定的值 |
| --- |

这里字母“i”代表变量号，例如

#19=1200　　数值1200赋给19号变量，可以表示主轴转速（r/min）

#9=150.0　　数值150.0赋给9号变量，可以表示进给速度（mm/min、m/min、ft/min、in/min等）

这两条宏程序语句存储数值，1200存入#19变量，150.0存入#9变量。上例中的两个值都是数据，但它们是两种不同类型的数据。

（1）实数和整数　宏程序中使用两种基本类型的数据，它们是：

- **实数　…实数总是包含小数点**
- **整数　…整数不能使用小数点**

进行数学计算时，数据的类型很重要。简言之，实数常用于计算，而整数用于计数和不要求小数点的其他应用。像计数这类简单的计算使用的是实数。在宏程序中使用变量号时，数值可按需要随时变化。两个或多个变量可用于数学计算。

（2）变量表达式　变量也可以通过使用某个表达式来定义，这里表达式是典型的数学公式或常用计算。最简单的表达式通常是在宏程序体中给变量直接赋值，例如：

```
#9=250.0
```

实例中250.0赋给#9变量，这个实际值可用于替代宏程序中的变量，例如可以是切削进给速度：

```
G01 X375.0 F#9
```

宏程序语句中的F#9与F250.0（mm/min）是等价的。当重新定义变量时，例如#9=300.0，将会把新定义传递到宏程序体，因此G01 X375.0 F#9的意思就是G01 X375.0 F300.0。

也可使用复杂的表达式定义变量，例如：

#i=#j+50，这里#j是先前定义的变量，该表达式的含义是，#j变量当前值加上50，结果存入#i新变量。

变量定义#9=150.0是程序的一部分，可在后面使用，通常用作替代某个指定的表达式。例如，宏程序在另一部分中定义的#9=#9*1.1，对进给速度F#9赋值，它的实际值就是F165.0。

在所有应用中，使用变量的原则很简单（用的是上面的例子）：

取出变量#9中存储的值，并把它作为编程进给速度的当前值。

在宏程序中使用表达式时，总是要进行数学乘法或逻辑操作运算。表达式必须用方括号括起来[表达式]。

| #i=#i *[#j +#k] |
| --- |

这里在进行乘法计算#i之前，首先要进行方括号**[#j+#k]**里的计算。

任何复杂的计算都可以用方括号括起来，并按照标准的数学运算先后顺序进行计算。

## 7.4 变量的使用

宏变量必须先定义，然后才能在某个程序中使用。变量定义之后，可在前面加上FANUC程序的相关地址（字符）来使用，地址是某个大写字母，如F、S、G、M等。

例如，前面定义的两个变量可在程序体中使用。

◆ 变量的声明（定义）：

```
#19=1200      定义主轴转速
#9=150.0      定义切削进给速度
```

如上例所示，使用变量之前，必须先定义。

◆ 变量的应用（使用）：

```
……
G00 G90 G54 X350.0 Y178.34 S#19 M03    （可变的主轴转速）
G43 Z25.0 H03 M08
G01 Z-15.0 F200.0        (固定的进给速度)
X425.0 F#9               （可变的进给速度）
……
```

注意同一个程序中使用了固定的进给速度和可变的进给速度，也要注意根本没有使用宏程序。很多编程员没有意识到，在不使用宏程序的情况下，仍可以在主程序（标准程序）中使用变量，当然是在控制系统支持宏选项的情况下。这种应用的完整例子早在第1章中的图1.1中就已给出了，下面的章节还会介绍另外的例子。

（1）小数点的用法　宏程序体中定义的一些变量必须总是使用小数点来表示所有尺寸值，如位置、距离、进给速度或任何其他使用公制或英制单位定义的变量（详见下一节）。如果这些值没输入小数点，那么控制系统将会使用缺省值，还可能会引起一些更严重的问题。例如：

```
#11=45
```

可能有多种解释方式，每种解释方式产生的结果不同。45 存储的数据可能变成45.0、0.045、0.0045或与声明的相同，即45。

| 在编程过程中，不要依赖缺省值 |
|---|

如果输入的数据认可小数点，声明该数据的时候通常要包含小数点。日常应用中，需要小数点的数值和量纲有关，也称之为量纲命令或量纲值。用户要记住缺省值可以为我们服务，也可以违背我们，这一点很重要。例如，如果*X*轴的坐标位置定义为*X*20，在公制单位系统中可解释为*X*0.020，在英制单位系统中可解释为*X*0.0020，这两者有很大差别。

系统中也有函数ADP（添加小数点），但甚至FANUC也不推荐使用，我们通常把它作为解决小数点问题的最佳方法。

（2）公制和英制单位　对CNC程序中使用的所有量纲命令（例如X、Y、Z、I、J、K、R、F等）而言，已声明的变量可能要参考合适的量纲命令，例如：

```
#1=11.6348    声明或定义变量
……
G00 X#1       使用变量
……
```

如果程序使用的是英制单位（通过G20代码编程），运动程序段G00 X#1可以解释为G00 X11.6348。如果程序使用的是公制单位（通过G21代码编程），运动程序段G00 X#1可以解释为G00 X11.635，这是很重要的差别。宏程序中调用的变量会自动四舍五入为程序地址的最小增量（最小单位）。

（3）最小增量　所有CNC程序使用的数值都在某个允许的范围之内，即上至最大值，下至最小值。最大值不易出问题，但是每位编程员应该理解最小值，通常称之为最低增量或最小增量。这些特殊的表述可翻译成更加实用的表示，即机床允许的最小位移。无论它们怎么称呼，都可用小数点的位数加以区别（见表7.2）。

**表7.2　用小数点的位数加以区别**

| 系统单位 | | 小数点位数 | | 最小增量 |
|---|---|---|---|---|
| 公制 | G21 | 3 | XXXXX.XXX | 0.001mm |
| 英制 | G20 | 4 | XXXX.XXXX | 0.0001mm |

很多FANUC控制系统不进行测量单位间的转换，只移动小数点，用户要把这一点作为规则记下来。控制系统可能会转换某些特征，但在程序开发过程中不要依赖这些转换。如果单位转换仅仅是移动小数点，英制量纲12.3456就变成了公制量纲123.456，很明显这是不正确的。强烈推荐在程序中使用G20或G21单位选择命令，但是在主程序开始和程序结束的M30之间，即同一个程序中不允许使用两种量纲。

| 在每个程序中总要提供单位选择命令，在任一程序中绝不能同时使用两种量纲 |
|---|

（4）正、负变量　与零不等的定义变量称为非零变量，非零变量可以是正值或负值，例如：

```
#24=13.7        …变量定义为正值
#25=-5.2        …变量定义为负值
```

为何这个简单、常见的事实如此重要呢？原因在于宏程序调用的变量可正可负，也就是说有两个符号起作用。宏程序使用的变量可以有意取反，目的是实现定义的反作用，例如：

```
G00 X-#24     与G00 X-13.7等价
G00 Y-#25     与G00 Y5.2等价
G00 X#24      与G00 X13.7等价
G00 Y#25      与G00 Y-5.2等价
```

声明中的变量符号通常与实际执行过程中的变量符号结合使用，上例使用了相同的声明方法。现在查看一下上例中的：

G00 Y-#25　与 G00 Y5.2 等价

严格来说是数学方面的原因，与计算中使用的双目运算符有关。很多例子中，负数意味着被其他数加或减等。

下面的例子列举了所有可能的四种情况（见表 7.3）。

表 7.3　所有可能的四种情况

| 计算 | 结果 | 格　式 | 例　子 |
|---|---|---|---|
| 正+正 | 正 | a+（+b）=a+b | 3+（+5）=3+5=8 |
| 正+负 | 负 | a+（–b）=a–b | 3+（–5）=3–5=–2 |
| 负–正 | 负 | a–（+b）=a–b | 3–（+5）=3–5=–2 |
| 负–负 | 正 | a–（–b）=a+b | 3–（–5）=3+5=8 |

下面这种简化的方法更易于理解：

| ++=+ | +–=– | –+=– | ––=+ |
|---|---|---|---|

注意计算中的加减符号的顺序，例如+–或–+计算结果是相同的，但是必须遵循标准数学运算的先后顺序。

（5）语法错误　手动编程中出现错误是很常见的，尽管用户不期望如此，但即使是有经验的编程员，编写宏程序时也不可避免书写错误。同时某个宏程序一旦通过校验并运行，将不会再有错误。

编写 CNC 程序时，有两类错误：

◆ **语法错误　控制系统会警告用户（发出报警）；**

◆ **逻辑错误　控制系统不会警告用户（不发出报警）。**

消除这两类错误很重要，但是消除逻辑错误比消除语法错误更加困难。简言之，语法错误是与控制系统期望的设计格式冲突，逻辑错误是编程员期望机床做某种行为，但机床却做了另一种行为。例如，-X100.0 就是一种语法错误，因为程序字必须总是以字母开头，正确的格式是 X-100.0。逻辑错误的例子是，编程员期望机床沿 Y 轴运动到坐标为 750mm 的位置，但是却写成 Y75.0，而没有写成正确的输入 Y750.0。

约束部分包括语法错误、声明、优先权的允许或禁止，哪些是合法输入或非法输入等。

（6）约束　开发商出于好意，强加给编程语言一系列严格的规则和约束条件，编程员用任一种语言编程时都要遵守这些规则、条件和约束。严格来讲，FANUC 系统的宏程序不是一种语言，但是摆脱不了这些约束。错误的使用宏程序会引起系统错误（报警），也会产生用户不期望的结果，甚至危险的情况。

下面是应用于所有 FANUC 用户宏程序的条件和约束，每一条列举了一些典型的例子。第一栏指定了声明、错误或约束，第二栏给出了条件或例子。

| | |
|---|---|
| 冒号字符 : | 不允许冒号字符 |
| 分号字符 ; | 不允许分号字符 |
| 零值是中性的（没有正负之分） | +0 或–0 无法识别 |
| 数值前面的零可以忽略 | #1=003 与 #1=3 含义相同 |
| 程序号作为 EIA 标识，地址 O 不能与变量一起使用 | 不允许 O#1 |
| 程序号作为 ISO 标识，地址不能与变量一起使用 | 不允许#1 |
| 程序段号标识地址 N 不能与变量一起使用 | 不允许 N#1 |
| 程序段跳跃标识地址/（斜线符号）不能与变量一起使用 | 不允许/#1 |
| 不能超过地址取值范围的最大值 | if #1=1000 then G#1 不允许 |
| 单个变量的括号可以忽略 | #[7] 与#7 相同 |
| 一个变量不能直接替换另一个变量，例 1 是错误的 | # #7 不允许 |
| 一个变量不能直接替换另一个变量，例 2 是错误的 | ##7 不允许 |
| 一个变量不能直接替换另一个变量，例 3 是错误的 | #[#7]不允许 |
| 溢出或下溢情况，用 0° 和 90° 进行三角计算时 | SIN[0]= 负溢出<br>COS[90]= 正溢出<br>TAN[0]=负溢出<br>TAN[90]=正溢出 |
| 计算中允许嵌套 | 如果预先定义了变量#7 和#9，下面的嵌套是正确的：<br>#101=FIX[[#9*1000]/[3.1416*#7]] |

我们可以列举更多的例子，但是上面列表中已经包括了最常见的例子，无需赘述。

## 7.5 定制机床功能

CNC 机床具备宏程序特征的一个最常见原因在于机床制造商。机械制造商经常要对他们生产的机床加入很多的特征，例如断裂刀具检测器、升降架、可编程监视控制器等先进的物理设备。这些硬件特征必须由 PLC（programmable logic control，可编程逻辑控制器）编制的软件控制，但经常要补充专门的宏程序，一般在购买机床时就嵌入到控制器中。宏程序大多数情况下受保护，可以隐藏，也可以不隐藏，但用户意识到它的存在是很重要的。

机床制造商必须总是要高度重视宏程序开发或修改过程中指定的约束条件、最小值和最大值。编程员应该总是了解机床的工作范围，例如工作区域、最小和最大的主轴转速、进给速度范围、行程限制以及刀具尺寸等。

机床制造商在宏程序中也使用专门的G代码或M代码，还使用很多变量。在下面的章节中，我们会更加深入地研究变量。

# 第8章　变量赋值

第7章简单介绍了变量的概念，宏程序中使用的变量分为四组：

◆ 局部变量；

◆ 全局变量；

◆ 系统变量；

◆ 空变量（也称为空白变量）。

理解这些变量非常重要，特别是它们之间的不同之处。本章将介绍如何指定变量的值，即给变量赋值，前两组变量——局部变量和全局变量是讨论的主题。

## 8.1 局部变量

局部变量把用户提供的数据传送到宏程序体，最多可以定义33个局部变量。称该组变量为局部变量，意味着它们存储的值只能用在定义它们的宏程序中，在宏程序之间不能进行传递。在宏程序中，每个局部变量对应一个指定的英文字母。所谓的赋值列表有两种可用的选项：赋值列表1有21个局部变量，赋值列表2有33个局部变量，详细描述如下。

（1）定义变量　G65宏程序调用中定义的变量范围是#1～#33，称之为局部变量或自变量，只有在宏程序调用并处理它们时，才是可用的。一旦宏程序处理完成，每个局部变量就会变为空值，这意味着它们变为空变量，没有值，即是空白的。

实际中，用局部变量从源程序（例如主程序）到某个宏程序传递数据定义，一旦传递完毕，就实现了服务目的，系统不再需要它们。这些变量对调用它们的程序而言是局部的，用户可使用局部变量给宏程序中的自变量赋值。局部变量在宏程序中也作为临时存储单元，用于计算公式或其他表达式。

除G65命令之外，还有几个准备命令，即G66、G66.1和G67命令，它们都和宏程序有关。其中G65命令是最重要的，本章将会深入介绍。

（2）清除局部变量　局部变量的清除（使变量成为空白）通常由控制面板（通常由CNC操作员操作）的干涉完成，或者利用程序代码（通常由CNC编程员编写）完成。下面的每个行为都能清除局部变量，并把它们设为空值：

□ 按下RESET（复位）控制键可以清除所有的局部变量；

□ 按下外部的RESET（复位）键可以清除所有的局部变量；

□ 按下EMERGENCY（急停）开关可以清除所有的局部变量；

□ 编写 M30 代码（程序结束）可以清除所有的局部变量；

□ 编写 M99 代码（子程序结束）可以清除所有的局部变量。

利用这些方法可清除任何局部变量，但如果系统需要，也可在宏程序中清除。在宏程序声明中，必须给局部变量赋#0 值。有些手册把在程序中清除变量的过程称为擦除变量的过程，含义相同。下面的例子将讲述在程序中清除局部变量（擦除）的过程：

#1 = 135.0　　设置变量#1 的值为 135.0

……

G00 X#1　　宏程序使用变量#1（X 与 X135.0 等价）

……

# 1 = # 0　　设置变量#1 的值为#0（空），它没有存储值，称为空变量或空白变量

空变量总是被定义为#0，但绝不能仅定义为 0

## 8.2 局部变量赋值

FANUC 系统为局部变量的赋值提供了两个独立的列表，即赋值列表 1（见表 8.1）和赋值列表 2（见表 8.2）。在这两个列表中，一个英文字母就对应一个变量号，并嵌入到控制软件中。例如，在这两个赋值列表中，字母 A 对应局部变量#1，字母 B 对应局部变量#2，字母 C 对应局部变量#3。

列表 1 和列表 2 的赋值变动很大，和上例所示的 A=#1,B=#2，C=#3 不同，变量号的顺序并不总是与字母的顺序一致。

（1）赋值列表 8.1——方法 1　大多数宏程序都使用列表 8.1 中的变量，它只包含 21 个局部变量的赋值，但足够大多数宏程序使用。21 个英文字母作为自变量，赋值给局部变量，在 G65 宏程序调用中定义，并传递到宏程序体。

由 FANUC 系统定义的赋值列表 1 见表 8.1。

表 8.1　赋值列表 1

| 自变量列表 1 的地址 | 宏程序中的局部变量 | 自变量列表 1 的地址 | 宏程序中的局部变量 |
|---|---|---|---|
| A | #1 | Q | #17 |
| B | #2 | R | #18 |
| C | #3 | S | #19 |
| D | #7 | T | #20 |
| E | #8 | U | #21 |
| F | #9 | V | #22 |
| H | #11 | W | #23 |
| I | #4 | X | #24 |
| J | #5 | Y | #25 |
| K | #6 | Z | #26 |
| M | #13 | | |

（2）赋值列表 2——方法 2　只有少数宏程序使用赋值列表 2（见表 8.2），它包含 33 个局部变量的赋值，以备用户需要的局部变量数超过赋值列表 1 中所包含的 21 个时使用。前面 3 个赋值 A、B 和 C 与列表 1 相同，这是列表 1 和列表 2 仅有的相同点。列表 2 补充了一系列的 10 自变量组，即 $I_1J_1K_1$ ～$I_{10}J_{10}K_{10}$。这种方法应用起来有点困难，特别对初学者而言。

同一个地址的不同定义是由指定的命令完成的，每一个 I-J-K 自变量都有相应的 1-2-3 下标，每一组下标指定自变量赋值的顺序，这是由 G65 宏命令定义的。

**表 8.2　赋值列表 2**

| 自变量列表 2 的地址 | 宏程序中的局部变量 | 自变量列表 2 的地址 | 宏程序中的局部变量 |
|---|---|---|---|
| A | #1 | $K_5$ | #18 |
| B | #2 | $I_6$ | #19 |
| C | #3 | $J_6$ | #20 |
| $I_1$ | #4 | $K_6$ | #21 |
| $J_1$ | #5 | $I_7$ | #22 |
| $K_1$ | #6 | $J_7$ | #23 |
| $I_2$ | #7 | $K_7$ | #24 |
| $J_2$ | #8 | $I_8$ | #25 |
| $K_2$ | #9 | $J_8$ | #26 |
| $I_3$ | #10 | $K_8$ | #27 |
| $J_3$ | #11 | $I_9$ | #28 |
| $K_3$ | #12 | $J_9$ | #29 |
| $I_4$ | #13 | $K_9$ | #30 |
| $J_4$ | #14 | $I_{10}$ | #31 |
| $K_4$ | #15 | $J_{10}$ | #32 |
| $I_5$ | #16 | $K_{10}$ | #33 |
| $J_5$ | #17 | | |

在宏命令 G65 中，I-J-K 系列的赋值很容易实现，但一定要沿着适当的顺序赋值：

```
G65 A10.0 B20.0 I30.0 J40.0 K50.0 I60.0 I70.0
A=#1=10.0
B=#2=20.0
I=#4=30.0
J=#5=40.0
K=#6=50.0
I=#7=60.0
I=#10=70.0
```

上例有三个 I 定义（其中两个 I 定义是连续的），第一个 I 是 $I_1$，第二个 I 是 $I_2$，第三个 I 是 $I_3$。变量定义的顺序是关键，所以“缺省的”J 和 K，需说明原因，既然没有使用它们，就意味着可以跳过它们及其序号分配。只有需要时，才使用这种方法。

（3）缺省的地址　在经常使用的赋值列表 1（方法 1）中，对 G65 宏命令而言，仅有 21 个可利用的字母作为自变量（定义）。英文字母表中有 26 个字母，但有 5 个超出范围，从不使用。接下来将详细介绍不允许使用的变量地址。

事实上，总有 33 个可利用的变量，即使使用赋值列表 1 也不例外。这种叙述需要加以解释，剩余的 12 个变量在哪里？为什么缺省？缺省的 5 个字母与缺省的数字之间有联系吗？

在赋值列表 1 中，G65 宏命令只能定义 21 个变量（字母），但剩余的 12 个变量可以在宏程序体内部被定义。仔细观察赋值列表 1 中那些缺省的变量号码，下面的序号仅仅是赋值表 1 不能使用的号码：

变量#10、# 12、# 14、# 15、# 16、# 27、# 28、# 29、# 30、# 31、# 32、# 33 不是赋值列表 1 的组成部分，然而它们仍能在宏程序体内部定义为局部变量。这些变量可以重新定义、重新使用，但它们不能像“常用的”21 个变量那样对应一个字母地址。

在宏程序体中如何使用这些变量可用变量#33 很好地进行解释，当然这个例子也同样适用于其他的“缺省”变量。#33 是最后一个可使用的变量号，许多宏程序编程员经常把它定义成宏程序的循环计数器（任何其他变量也可以这样用，结果相同）。宏程序体内部经常需要循环计数器，但没有必要在 G65 宏命令声明中定义，因为 21 个可利用变量中的某一个可能已经定义它了。

（4）不允许使用的地址　下一个需要解决的“问题”是五个丢失的字母，即地址。为什么字母表中的 26 个英文字母只有 21 个可使用？剩余的 5 个字母之所以缺省，有一个很好的原因。观察赋值列表 1 中缺省的 5 个号码，就可能会得到一点线索。赋值列表 1 缺省的号码是：# 10、# 12、# 14、# 15 和 # 16。

注意：这些变量只可以在宏程序内部使用，这是既定的原则。

#10 对应缺省的字母 G，#14 对应缺省的字母 N，#15 对应缺省的字母 O，#16 对应缺省的字母 P，#12 是无序的。仔细思考这些不允许使用的字母，而不是号码，变量赋值（G65 程序段）时不能使用的字母是：

- □ G 地址　准备命令；
- □ L 地址　循环次数（宏程序、子程序和固定循环使用的）；
- □ N 地址　程序段号（顺序号）；
- □ O 地址　程序号的标识；
- □ P 地址　程序号调用。

无论出于什么目的，都不能给这些受限制的字母（尝试通过单词 GNOPL 记住它们）赋值。这 5 个字母中，只有字母 G 有特殊的使用目的，例如定义一个新的 G 代码。定制的 G 代码实际上可以称为宏命令，例如编写一个独特的循环时，可不使用 G65 宏命令，新的 G 代码类型的宏程序调用看上去与常用的 G 代码相似，并且更易于使用。第 21 章将会介绍这部分内容。

## 8.3 简单和模态宏程序调用

G65 命令被定义为宏程序调用，这种定义是正确的，但应该真正把它定义成一个简单的或单一的宏程序调用。在这个定义中，单词“简单的”意思是“只调用一次”或“非模态的”。在程序中，G65 命令由于不是模态命令，只能被调用一次。在需要时可以随时调用，但必须重新定义所有的变量。这可能不切实际，因为宏程序会保留自变量，以便多次调用。为满足需要，FANUC 系统提供了一个模态宏程序调用命令，实际上是两个：

| | |
|---|---|
| G66 | 仅用某个轴运动命令调用宏程序 |
| G66.1 | 用任何命令调用宏程序（不是所有的控制器都可以实现） |

与其他模态命令一样，不需要模态宏程序调用命令时，可以取消，取消它的是另一个 G 代码：

| | |
|---|---|
| G67 | 取消模态宏程序调用（G66 或 G66.1） |

G66 更加实用，比 G66.1 更常用。通过下面的例子，比较 G65 和 G66 命令的典型格式：

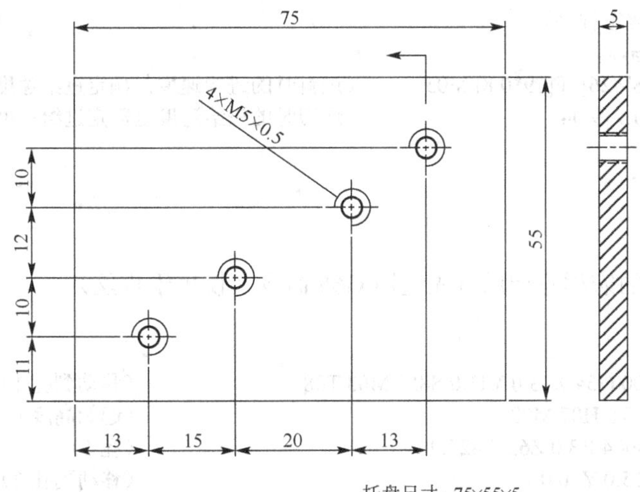


图 8.1　模态宏程序调用的图例
X0Y0 位于左下角，Z0 位于 5mm 托盘的顶端

这个简单的例子使用图 8.1 所示的零件图，图中需要打 4 个螺纹孔（该例中省略了钻削加工）。设计宏程序实现特殊的攻丝操作，而不使用 G84 攻丝循环。本例是总结前面所讲知识的一个好例子。

使用宏程序的主要目标是，通过编程使加工螺孔时保持较低的进给速度，而退刀时保持较高的进给速度。在软材料上加工精密的螺纹时，攻丝技术非常有用。下面这些是编程时要实现的目标：

- □ 主轴转速　850r/min；
- □ 额定的进给速度　425mm/min(850r/min×0.5 螺距)；
- □ 进料进给速度　额定进给速度的80%；
- □ 退刀进给速度　额定进给速度的120%；
- □ 退刀间隔　3mm；
- □ 切削深度　6.5mm（零件底部以下1.5mm）。

**变量的选择**

任何赋值地址如果满足宏程序的标准，就可应用在G65宏程序调用中。可使用字母给变量赋值，宏程序编程员有21个可供选择的字母，这些字母与它们的涵义有关，在宏程序中选择它们很有意义。从上面的列表中，选择自变量F表示进给速度，S表示主轴转速，Z表示攻丝深度，R表示起始和退刀间隔等，这样更易于赋值。这只是教学用的宏程序，它不包含宏程序应该具备的全部内容。本书中列出了几个版本的宏程序。

在上例（使用模态宏程序调用）中，只能实现下面这些赋值：间隔R的值是3mm（#18），深度Z的值是–6.5（#26），进给速度是425.0（#9）。编写宏程序O8004相当简单：

```
O8004
（特殊的攻丝宏程序）
G90 G00 Z #18
G01 Z-[ABS[#26]] F[#9*0.8] M05        （进料时的进给速度是额定进给速度的80%）
Z#18 F[#9*1.2]M04                     （退刀时的进给速度是额定进给速度的120%）
M05
M03
M99
%
```

主程序中的宏程序调用首先选用G65命令（仅用于攻丝）：

```
N81 M06
N82 T07
N83 G90 G00 G54 X13.0 Y11.0 S850 M03 T08       （移动到孔1）
N84 G43 Z25.0 H07 M08                          （起始高度）
N85 G65 P8004 R3.0 Z6.5 F425.0                 （孔1）
N86 G91 X15.0 Y10.0                            （移动到孔2）
N87 G65 P8004 R3.0 Z6.5 F425.0                 （孔2）
N88 G91 X20.0 Y12.0                            （移动到孔3）
N89 G65 P8004 R3.0 Z6.5 F425.0                 （孔3）
N9O G91 X13.0 Y10.0                            （移动到孔4）
N91 G65 P8004 R3.0 Z6.5 F425.0                 （孔4）
N92 G90 G00 Z25.0 M09                          （攻丝结束）
N93 G28 Z25.0 M09
N94 M01
```

注意：O8004 宏程序调用必须重复定义每个孔的所有位置数据，即使原始定义的一个简单变化也要重复好几次。

使用模态宏程序调用 G66 命令，可以简化上面的 CNC 程序，使之变得更加灵活，宏程序定义只调用一次，同时必须用 G67 命令取消模态调用：

```
N81 M06
N82 T07
N83 G90 G54 X13.0 Y11.0 S850 M03 T08        （移动到孔 1）
N84 G43 Z25.0 H07 M08                       （起始高度）
N85 G66 P8004 R3.0 Z6.5 F425.0              （攻丝孔 1——模态命令）
N86 G91 X15.0 Y10.0                         （移动并攻丝孔 2）
N87 G91 X20.0 Y12.0                         （移动并攻丝孔 3）
N88 G91 X13.0 Y10.0                         （移动并攻丝孔 4）
N89 G67                                     （取消宏程序调用）
N90 G90 G00 Z25.0 M09                       （攻丝结束）
N91 G28 Z25.0 M05
N92 M01
```

其他改进之处（那些没有列出的）可能包括进给保持的取消、进给倍率和单段模式，所有这些都是为保证程序段更加可靠的运行。利用系统变量和其他特征，所有功能都可由宏程序控制，这将在本书的其他章节中讲解。并不是所有的控制模式都能兼容 G66.1 命令。

## 8.4 主程序和局部变量

任何不调用子程序或宏命令的程序都可称为主程序，并且主程序只有一个。通常我们不把变量和主程序联系起来，而是和宏程序联系起来。然而，在许多应用中，对已安装宏程序选项的控制器而言，这项编程技术可能非常有用，也非常简单。对学习宏程序的初学者而言，这更是一个训练自己的好方法。本节在第 7 章讲述的基本概念的基础上，进一步详述了一些实例。

为了训练用户在主程序中使用变量，最简单的一个例子就是针对不同材料的钻削加工。从不同厂商购得的两个同样的锻件或铸件，假设由同种材料的两个坯料制成。这样的两个零件不仅尺寸、形状可能不同，而且硬度可能也大不相同。对加工完毕的工件而言，其图纸是相同的，但两个零件加工工序不同。来自一个厂商的锻件可能比来自另一个厂商的锻件使用更高的切削速度和进给速度，甚至是钻削深度也不相同。在基本编程中，用户需要两个程序来满足给定的条件。

```
O0006
（加工软材料的程序）
……
(T05——6.5 mm 钻头）
N61 T05
N62 M06
N63 G90 G00 G54 XI00.0 Y125.0 S1500 M03 T06        （孔 1 位置）
```

```
N64 G43 Z25.0 H05 M08
N65 G99 G83 R2.5 Z-75.0 Q15.0 F225.0          (钻削孔 1)
N66 X125.0                                    (钻削孔 2)
N67 Y150.0                                    (钻削孔 3)
N68 G80 G00 Z25.0 M09
N69 G28 Z25.0 M05
N70 M01
……
```

如果上例是在低硬度（软材料）下钻削三个孔的正确程序，那么要加工更高硬度的材料（硬材料）时，必须修改哪些程序数据呢？

用户要考虑改变与实际加工数据相关的三个程序信息，程序中最有可能使用这三个信息：

- □ 主轴转速 软材料——1500 r/min，硬材料——1100 r/min；
- □ 切削进给速度 软材料——225 mm/min，硬材料——175 mm/min；
- □ 每次的啄钻深度 软材料——15 mm，硬材料——12 mm。

可用小型表格描述上述设置，以便于阅读。

| 材料 | 主轴转速（S） | 进给速度（F） | 啄钻深度（Q） |
|---|---|---|---|
| 较软 | 1500 | 225.0 | 15.0 |
| 较硬 | 1100 | 175.0 | 12.0 |
| …… | …… | …… | …… |

在加工决策的基础上，如果没有可利用的宏程序，用户需要编写另一个程序，该程序能反映出材料硬度的不同引起的变化。下面就是适当修改后的程序：

```
O0007
(加工硬材料的程序)
……
(T05——6.5 mm 钻头)
N61 T05
N62 M06
N63 G90 G00 G54 X100.0 Y125.0 S1100 M03 T06   (孔 1 位置)
N64 G43 Z25.0 H05 M08
N65 G99 G83 R2.5 Z-75.0 Q12.0 F175.0          (钻削孔 1)
N66 X125.0                                    (钻削孔 2)
N67 Y150.0                                    (钻削孔 3)
N68 G80 G00 Z25.0 M09
N69 G28 Z25.0 M05
N70 M01
……
```

尽管应用程序简化了（仅用一把刀具），但很明显整个程序中只有三个号码、三个数值发生了变化。毫无疑问，刀具愈多或加工愈复杂，程序需要改变的信息就愈多，然而基本的方法却没有改变。两个实例中，大部分的程序数据是相同的，其缺点在于一个程序发生变化，另一个程序也发生变化，这可能会带来管理问题或产生错误。

宏程序具有一个基本特征，即使用变量数据，而且只需要一个母版程序。在该程序中，三个变化的加工数据被定义为变量。通过改变这三个变量数据的定义，无论是硬材料还是软材料，都会继续加工。

为了方便、快速地修改变量数据，通常把它们放置在程序的顶端(程序的开始)。下面是加工软材料工件时的定义，是最早版本的宏程序：

```
O0008                    软材料
# 1 = 1500               主轴转速
# 2 = 225.0              进给速度
# 3 = 15.0               啄钻深度
```

切削条件一旦被定义为变量，就可在程序中的任何地方使用：

```
(T05——6.5 mm 钻头)
N61 T05
N62 M06
N63 G90 G00 G54 X100.0 Y125.0 S#1 M03 T06         应用主轴转速变量
N64 G43 Z25.0 H05 M08
N65 G99 G83 R2.5 Z-75.0 Q#3 F#2                   应用啄钻深度和进给速度变量
N66 X125.0
N67 Y150.0
N68 G80 G00 Z25.0 M09
N69 G28 Z25.0 M05
N70 M01
……
N145 M03
%
```

程序 O0008 一旦执行完毕，所有三个局部变量会自动被清除。注意变量号的使用，#1、#2、#3 是随意使用的。这个用法是正确的，除非使用真正的宏程序调用 G65 或 G66，此时变量值必须赋给相应的自变量字母。自变量字母看起来代表某些含义，从开始就习惯这种用法是无意义的吗？不是，这将使程序更易读，更易解释。

在介绍的例子中，用变量#19（赋给变量 S）表示主轴转速，变量#9（赋给变量 F）表示进给速度，变量#17（赋给变量 Q）表示啄钻深度，这种用法更加可行。上面的程序（仍然加工软材料）修改成：

```
O0009                                             软材料
#19 = 1500                                        主轴转速
#9 = 225.0                                        进给速度
#17 =15.0                                         啄钻深度
……
(T05——6.5 mm 钻头)
N61 T05
N62 M06
N63 G90 G00 G54 X100.0 Y125.0 S#19 M03 T06       应用主轴转速变量
N64 G43 Z25.0 H05 M08
N65 G99 G83 R2.5 Z-75.0 Q#17 f#9                 应用啄钻深度和进给速度变量
```

```
N66 X125.0
N67 Y150.0
N68 G80 G00 Z25.0 M09
N69 G28 Z25.0 M05
N70 M01
……
N145 M03
%
```

程序 O0009 再次执行完毕，所有的局部变量会自动被清除。

加工硬材料时，需要改变一下程序顶端列出的变量定义（#19、#9、#17），其他的程序内容（例如 T05）不需要修改，N61 和 N145 之间的所有程序段相同：

```
O0010                                          硬材料
#19 = 1100                                     主轴转速
#9 = 175.0                                     进给速度
#17 =12.0                                      啄钻深度
……
(T05——6.5 mm 钻头)
N61 T05
N62 M06
N63 G90 G0 G54 X100.0 Y125.0 S#19 M03 T06      应用主轴转速变量
N64 G43 Z25.0 H05 M08
N65 G99 G83 R2.5 Z-75.0 Q#17 F#9               应用啄钻深度和进给速度变量
N66 X125.0
N67 Y150.0
N68 G80 G00 Z25.0 M09
N69 G28 Z25.0 M05
N70 M01
……
N145 M03                                       所有三个局部变量被清除
%
```

主程序使用变量的这种方法，实际上没有开发宏程序，这是很多工作变得更加灵活、经济的强有力的途径。

到目前为止，还没有介绍全局变量（#100+），使用它们能带来额外的效益吗？用户一旦了解应用目的，自然会知道结果。

简而言之，答案是肯定的，用户可以使用全局变量（#100+），但只能得到一小部分利益。上面的例子只是解释了局部变量的工作原理，并没有介绍它们最有效的用法，实际上，还有其他一些更先进的改进程序的方法。一种方法是使用选择停止功能，它可以应用在命令的中间（并不是所有的控制器都支持这个特征）。作为一个规则，当程序，尤其是宏程序使用变量时，不要使用程序段跳跃功能（斜线功能/）。有时程序段跳跃功能可有效使用，有时不能使用，例如不能和变量一起使用。程序段跳跃功能是一种非常原始的分支方法，它使标准程序的分支更灵活，但在宏程序中实际上根本不需要它。宏程序具备许多非常复杂的编程特征，尤其是分支特征，比程序段跳跃功能的控制性能更高级。

在宏程序开发的这个阶段，可以做一些改进，编程功能比改善前更有效。刀具 T05 的程序可以存储为某个子程序，该子程序会包括所有的局部变量，只要在子程序调用前在主程序中已经定义了这些变量，这一点改进很有用。当一组零件加工完毕后，变量会根据不同的切削条件而变化，同一个子程序可以再次调用，但是，这会涉及“实时宏程序”的概念，用户要深入研究。

## 8.5 局部变量和嵌套级

在程序结构内部，子程序、宏程序都可以嵌套使用。嵌套是某种编程特性，意思是某个子程序或宏程序可以调用另外的子程序或宏程序，依此类推，最多可达四级嵌套。四级嵌套使得编程功能更加强大，但与两级嵌套相比，编程时不常采用。无论宏程序（或子程序）有多少级嵌套，理解局部变量与每级宏程序之间的关系很重要。图 8.2 所示是宏程序嵌套的示意图，共给出了四级嵌套。

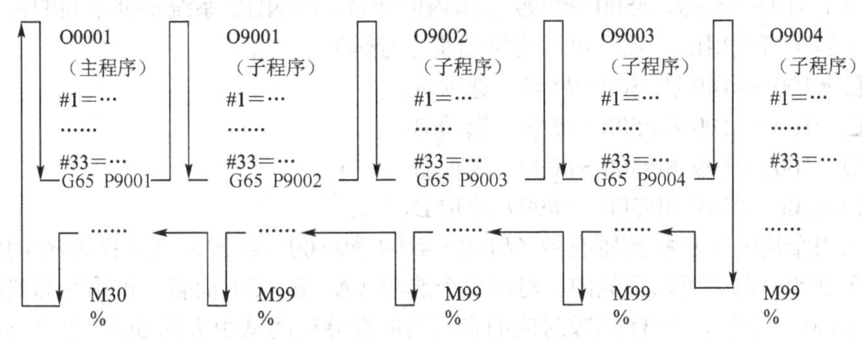


图 8.2　局部变量定义和四级宏程序嵌套

如图 8.2 所示，每一组局部变量#1～#33 可以定义五次，主程序定义一次，每级宏程序嵌套定义一次（总计四次）。

每处理一级新的嵌套，对应的宏程序就要接受一组新的变量，但是原来的变量仍然在存储器中，当宏程序退回到原来的嵌套级时，还可以调用这些变量，变量的值不会改变。用户可以利用辅助功能 M99 清除所有的局部变量，而不用跳到另一个程序中清除变量。直到程序流程遇到 M99 功能（子程序或宏程序结束），才能清除局部变量。当整个程序执行完毕时，程序结束功能 M30 会清除主程序定义的任何变量、局部变量。局部变量不能从一个宏程序传递到另一个宏程序，这就是称为局部变量的原因。

在开发宏程序的很多实例中，用户强烈要求从一个宏程序向另一个宏程序传递已定义变量，如图 8.2 所示，用嵌套实现没有问题。当局部变量已经清除，系统仍然要求从一个宏程序向另一个宏程序传递一个或多个变量，此时就会出现问题。为了实现这个目的，FANUC 系统提供了另外一组变量，即全局变量，可以从一个宏程序向另一个宏程序传递这些变量，在传递之前不能被清除。

## 8.6 全局变量

使用全局变量的唯一目的是，当定义它们的宏程序执行完毕时，这些变量仍然有效。用户一定要理解全局变量是如何工作的（不同控制模式间有些区别），以及什么时候，如何清除全局变量。

全局变量的赋值与 G65 宏程序调用中的自变量赋值不同。全局变量只能在宏程序体中定义，而且从第一个全局变量#100 开始。还有另一个范围的全局变量，从第一个变量#500 开始。两者的区别非常重要。

| 控制系统电源关闭时，可以清除变量#100～#199 |
| --- |

| 控制系统电源关闭后，#500～#999 范围内的变量仍然有效 |
| --- |

针对#100～#199、#500～#999 范围内的变量，FANUC 系统根据不同的控制器提供了四个可使用的选项（可用变量的实际号码）：

- □ #100～#149 和#500～#549 选项 A；
- □ #100～#199 和#500～#599 选项 B；
- □ #100～#199 和#500～#699 选项 C；
- □ #100～#199 和#500 ～#999 选项 D。

如果全局变量选择范围有效（#100～#199 和#500～#999），某些存储空间的缺失是正常的，也是可以预见的。对前三个选项（A、B、C）而言，可用存储器减少大约 1000 个字符，与 D 选项对应的存储器的存储空间减少大约 3000 个字符。一般来讲，存储器缺失并不是难题，但当选用不同的选项时，就要考虑这个缺失问题。

**易变存储器组和不易变存储器组**

在计算机术语中，单词“易变”和“不易变”与计算机的可用 RAM（random access memory，随机存取存储器）相联系。重要的数据必须保存成文件，是为了保护存储的永久性数据。但在数据使用过程中（例如，字处理过程），未保存的数据暂时保存在计算机的随机存取存储器中，直到这些数据被保存到文件中为止。在此之前，如果系统电源断开或软件运行失败，数据就会丢失，因为 RAM 是易变存储器。

当 CNC 系统的电源断开时，全局变量#100～#149 或#100～#199 的选项自动设置为空值（空白值），这组变量称为易变组。

#500～#999 范围内的变量保存已存储的数据，甚至在 CNC 系统断开电源之后，也不变化，这组变量称为非易变组。

## 8.7 变量的输入范围

用户可以在很大的输入范围内，对所有的局部变量、全局变量（但不是系统变量）编程。即使很少用到，用户也要了解取值范围有最大、最小限制，并且要确切知道这些限制是什么，这一点很重要。宏程序中使用的局部变量、全局变量的有限范围是：

| | |
|---|---|
| 输入 0 | 0 |
| 负输入 | $-10^{47}$～$-10^{-29}$ |
| 正输入 | $10^{-29}$～$10^{47}$ |

超范围的输入，或非法的超范围计算结果，将总是产生报警。例如，FANUC 16/18/21 控制器在有超范围值时，就产生报警号 111。

（1）超范围值　如果控制器屏幕在变量数据显示区中出现一行星号，例如********，就表示存在某个超范围值，即输入数据或计算的上溢、下溢值。这个不期望的结果通常是由公式错误、类型错误或其他一些错误输入引起的。

上溢、下溢条件很容易定义：

当变量的绝对值大于 99999999.0 时，定义为 OVERFLOW（上溢）值

当变量的绝对值小于 0.0000001 时，定义为 UNDERFLOW（下溢）值

（2）计算器模拟　宏程序运行过程中会出现上溢和下溢的情况，这可以与许多科学计算器产生的错误相比较。例如，计算 90°角的正切值时，输入 TAN...90 或 90...TAN（90°的正切值），就会产生错误（假设键盘输入正确）。

## 8.8 设置变量名函数 SETVN

在某些控制器中，例如 FANUC15，500+范围内的全局变量可以设置成某个常用的名字，最多长达八个字符。这是一个非常方便的提示，提示该变量是特殊的变量，通常是永久变量，不需要篡改它。

实现该功能的函数称为 SETVN（设置变量名），可用于设置单个变量或某个范围内的变量。

```
……
SETVN500 [PROBEDIA]                 定义变量#500 的名字
#500 = 6                            给变量#500 赋值
……
指定开始的变量后，可定义某个范围内的一系列连续变量
……
SETVN500 [PROBEDIA, HOLEDIA, XPOS, YPOS]   从变量#500 开始，定义变量名
# 500 = 6                           定义开始变量 PROBEDIA 的值
# 501 = 78.0                        定义下一个变量 HOLEDIA 的值
# 502 = 300.0                       定义下一个变量 XPOS 的值
# 503 = 250.0                       定义下一个变量 YPOS 的值
……
```

本节补充了一些信息，平时使用宏程序时，不需要以刀具为例，在宏程序中不常使用 SETVN 函数。

## 8.9 全局变量的保护

仅以 FANUC10/11/15 为例，输入数据时，全局变量#500～#627 都可以受到保护。当变量没有受保护时，先输入要保护的设置值，然后变量就可通过设置两个系统参数来加以保护。

| 参数 7031 | 第一个要保护的变量 | （输入 0～127） |
| --- | --- | --- |
| 参数 7032 | 要保护的变量号 | （输入 0～127） |

例子：

FANUC15 控制器的参数 7031 设置为 11，参数 7032 设置为 5，然后……

系统输入例如复制、编辑、删除等数据时，变量#511、#512、#513、#514、#515 会受到保护。

# 第9章　宏程序函数

到目前为止，介绍的与宏程序相关的内容包括宏程序结构、局部变量、全局变量（系统变量还没有讲）以及变量赋值。FANUC 用户宏程序支持多种特殊函数，有些应用在宏程序体内，有些甚至应用在主程序或子程序体内。这些函数与数学计算、逻辑操作、变换和各种公式有关。总而言之，这些函数构成了一个强大的宏编程工具组。

## 9.1　函数组

前几章已经介绍了一些与宏程序相关的例子，本章将详细阐述函数的这个主题，同时介绍一些应用实例。

FANUC CNC 系统（在宏程序模式下）可利用多种公式格式和变换，对现有变量执行许多算术、代数、三角、辅助和逻辑运算。CNC 编程员可以完全控制宏程序。在变量的定义格式中，等号（=）右边的表达式可能包含常量和多种混合操作。虽然本书提到了函数的一些约束和限制条件，但都是概述，函数的主题为宏程序的编写提供了强有力的工具。

为了用户更好地学习和理解宏程序函数的用法，可以把它分成几组。当用户在控制显示屏上浏览有效变量的不同设置时，看到数据的前面和后面都有很多个零，这并不奇怪，它只是显示了数据的全部内容，只是宏程序没有写出来而已。

所有例子都可以忽略数据前面和后面的零，除非有特殊要求。

可用的宏程序函数可分成以下六组：

- ◆ 算术函数；
- ◆ 三角函数；
- ◆ 四舍五入函数；
- ◆ 辅助函数；
- ◆ 逻辑函数和运算；
- ◆ 变换函数。

## 9.2　变量重新访问的定义

局部变量可以在宏程序调用 G65 或 G66 中定义，也可以在主程序内定义。全局变量只能在程序体、主程序或宏程序内定义。一般来说，变量必须先定义，后使用，一次或多次使用均可，该过程称为“引用”变量。

（1）引用变量　引用变量的含义是用先前已存储的数据替换变量号。例如前面的某个例子，切削进给速度的值存储在变量#9 中：

```
#9  =  225.0                      将值 225.0 赋给变量#9
```

在程序中，进给速度是标准的 CNC 术语，通过引用变量到 F 地址，记作 F#9。局部变量不能当作自变量列表（1 或 2）中的某个字母使用，只能在程序内部引用。

```
#33  =  1                         将 1 赋给变量#33
```

在程序中，新变量可以用在程序本身或某个表达式中：

```
While  [ #33  LE 6 ] DO1          重复循环直到条件[ #33  LE 6 ]为真
```

变量#33 与任何字母都没有关系，在本例中，变量#33 作为计数器使用。用它来判断程序流程，在条件表达式中[ #33 LE 6]是条件，相关内容将在第 13 章中介绍。

并不是所有的值都是正值，在宏程序中，负值的定义和引用非常重要，不正确的引用常常会造成许多错误。观察下面例子的区别，目标是使用变量数据将 Z 深度设置成 Z-12.75：

```
#26  =  12.75                     将正值（12.75）赋给变量#26
```

在此程序中，Z 深度必须编程为 Z–#26，调用的变量必须为负值。定义本身可以是负值吗？是的，可以定义成负值：

```
#26  =  –12.75                    将负值（–12.75）赋给变量#26
```

在此程序中，Z 深度必须编程为 Z#26。调用的变量必须为正值。

不管输入值是负还是正，有一种方法可以保证所需要的值为负值。使用宏程序函数 ABS——数值的绝对值，相关内容将在本章的辅助函数一节中介绍。

（2）空变量　在许多情况下，变量也可能没有定义，此时，定义变量为#0，表示空变量（空状态）。空变量没有值，它是空白的，是只读变量，不能写入，这种类型的变量常称为只读变量。

例如：

```
#500 =  #0                        将空值赋给变量#500
#33  =  #0                        将空值赋给变量#33
# 1  =  #33 + #500                #1 把 0 与 0 相加并返回 0 值
```

本章描述各种算术函数的内容介绍了空变量在计算中的处理问题。空变量也被称为空白变量。在宏程序中，用到了一些与空变量相关的规则。当空变量起作用时，了解变量的返回值很重要。

**不要把空变量和带有 0 值的变量相混淆**

```
#101 = 0                          变量#101 有一个 0 值，存储值为 0
#102 = #0                         变量#102 是空白的，没有值
```

当使用这两个变量存储数值时，看一看这两个变量存储的值：

```
#1 = #101                         变量#1 有一个 0 值，存储值为 0
#2 = #102                         变量#2 是空白的，没有值
```

更多的复杂的应用包含轴运动命令、数学函数和条件表达式。根据空变量规则，要注意以下三个条件：

- ☐ 轴运动命令地址；
- ☐ 数学运算；
- ☐ 条件表达式。

本章只解释了前两个条件，最后一个条件将在第13章中介绍。

（3）轴运动命令和空变量　如果我们引用一个没有定义的变量，那么该变量在刀具运动过程中是被忽略的，例如：

```
G90
#24 = # 0              用于X轴：X值是空的=没有X值
#25 = # 0              用于Y轴：Y值是空的=没有Y值
……
G00 X#24 Y#25          只与G00相同（无X轴或无Y轴）
```

上例只与G00快速运动命令的执行结果相同，实例中的X值和Y值将被忽略。FANUC没有默认值，也没有默认选项。

如果只有某一个变量没有定义，那么仅仅这个变量被忽略，其他变量将按原计划运行：

```
G90
#24 = #0               用于X轴：X值是空的
#25 = 0                用于Y轴：Y值是0
……
G00 X#24 Y#25          与G00 Y0相同（无X轴）
```

上例只与G00 Y0运动命令运行的结果相同，本例忽略X值。

另外，如果某个变量的值是0（zero），它就是特定轴运动地址的值：

```
G90
#24 = 0                用于X轴：X值是0
#25 = 0                用于Y轴：Y值是0
……
G00 X#24 Y#25          与G00 X0 Y0相同（两轴都有效）
```

在轴运动命令中容易错误地引用变量，但通常很难发现。

（4）术语学　与其他任何领域相似，CNC编程有自己专门的术语，也就是自己的行话，即自己的术语学。宏程序作为CNC编程的一部分，有自己专用的术语。宏程序有几个与变量和函数相关的符号，用户可能不太熟悉。某些术语不需加以说明，有些术语可能会引起误解，应该被限定。

下面是与宏程序相关的常用术语和表达式的列表：

- ☐ 求值...　处理或执行给定的变量或函数；
- ☐ 当前值　在给定时间内，数值存储到某个变量；
- ☐ ...的内容　与当前值相同；
- ☐ 引用　用变量号调用先前定义的变量；
- ☐ 返回值　计算结果得到的新值；

☐ ...的结果　与返回值相同；
☐ 替换　新数据存储到先前定义的变量，也称为重新定义；
☐ 重新定义　与替换含义相同。
本书和许多其他出版物中都使用了这些术语。

## 9.3 算术函数

本节介绍了一些与数学计算有关的宏程序函数，最简单的是四个基本算术函数，可用于变量，也可用于宏程序。算术函数使用下面的符号（见表9.1）：

| + − * / |
|---|

表9.1　算术函数使用的符号

| 函数 | 名称 | 符号 | 函数 | 名称 | 符号 |
|---|---|---|---|---|---|
| 和 | 加 | + | 乘积 | 乘 | * |
| 差 | 减 | − | 商 | 除 | / |

为了理解每个函数，现举例说明。在下面的例子中，左边是函数，右边是返回值结果：

| | | |
|---|---|---|
| #1 = 3.5 | 3. 5 | 变量#1 的返回值是 3.5 |
| #2 = 4.25 | 4.25 | 变量#2 的返回值是 4.25 |
| #3 = 2.0 + 5.0 | 7.0 | 变量#3 的返回值是 2.0+5.0 的和 |
| #4 = #3 + 1 | 8.0 | 将变量#3 的结果加 1 |
| #5 = #2 − 0.8 | 3.45 | 变量#2 的当前值减去 0.8 |
| #6 = #1 − #3 | −3.5 | #1 的返回值减去#3 的返回值 |
| #7 = #2 * 6 | 25.5 | 将#2 的返回值乘以 6 |
| #8 = 7.0 / 8.0 | 0.875 | 将 7.0 和 8.0 作为实数相除 |
| #9 = 7 / 8 | 0.875 | 将 7.0 和 8.0 作为整数相除 |

（1）嵌套　嵌套的含义是先处理方括号中的内容（不是圆括号）——试比较：

| | | |
|---|---|---|
| #10 = 9.0 − 3.0 /2.0 | 7.5 | 先除，后减 |
| #11 = [9.0 − 3.0]/2.0 | 3.0 | 先减，后除 |

（2）算术运算和空变量　到目前为止，讲述的焦点集中在用于轴运动命令的空变量。空变量也可以作为数学运算的一部分使用，理解这些变量在计算环境下的性能十分重要。数学运算包含变量的重新定义（替换），也包含算术、代数、三角以及其他类型的运算。从基本法则上讲，加法、减法与乘法、除法稍微有些不同。下面的例子讲述在宏程序中遇到的最常见的可能发生的问题。

① 替换

◆ 替换后的空变量仍然是空的

| | |
|---|---|
| #1 = #0 | 定义#1 为空变量 |
| #2 = #1 | 定义#2 为空变量 |

◆ 替换后的零值变量仍然是零

| | |
|---|---|
| #1 = 0 | 定义 #1 为零值 |

#2 = #1　　定义#2 为零值

② 相加

◆ 某个值加上空变量相当于在原有值的基础上增加 0

#1 = #0　　#1 定义为空变量

#2 = 15.7 + #1　　#2 将加 0 并返回 15.7

#3 = #1 + #1　　#3 将把 0 和 0 相加并返回 0

◆ 某个值加上零值变量相当于在原有值的基础上加 0

#1 = 0　　#1 定义为 0

#2 = 15.7 + #1　　#2 定义为 15.7

#3 = #1 + #1　　#3 等于 0 加上 0，并返回 0

③ 相减

◆ 某个值减去空变量相当于在原有值的基础上减去 0

#1 = #0　　#1 定义为空变量

#2 = 15.7 – #1　　#2 将减去 0 并返回 15.7

◆ 某个值减去零值变量相当于在原有值的基础上减去 0

#1 = 0　　#1 定义为 0

#2 = 15.7 – #1　　#2 将减去 0 并返回 15.7

④ 相乘

◆ 乘以一个空变量相当于乘以 0

#1 = #0　　#1 定义为空变量

#2 = 15.7 * #1　　#2 将乘以 0 并返回 0.0

◆ 乘以一个零值变量相当于乘以 0

#1 = 0　　#1 定义为 0

#2 = 15.7 * #1　　#2 将乘以 0 并返回 0.0

⑤ 相除

◆ 除以某个空变量相当于除以 0

#1 = #0　　#1 定义为空变量

#2 = 15.7 / #1　　#2 将除以 0 并返回 0.0　（错误条件）

◆ 除以一个零值变量相当于除以 0

#1 = 　0　　#1 定义为 0

#2 = 15.7 / #1　　#2 将除以 0 并返回 0.0　（错误条件）

（3）除以 0　如果计算中试图用 0 去除任何值，那么即便是最便宜的袖珍型计算器也会返回错误信息。CNC 系统与宏程序计算也是一样的，上述两个除法的例子解释了这一点。虽然返回值可能显示 0，但是这个值是不能用的，因为产生了错误（报警）条件。为了消除错误条件， 控制系统必须先复位，然后消除产生错误条件的原因。

◆ 除以 0 是不允许的

#1 = 5/0　　返回一个错误条件

◆ 用 0 除以某个值是允许的（尽管很少用）

#1 = 0/5　　返回 0

编程员在程序中直接除以 0 不可能实现，除非是在错误的状态下，出现这类错误很可能是由计算的结果引起的：

```
#1 = 5                存储 5 到 #1
#2 = #1 – 5           从#1 中减去 5，返回 0
#3 = 10/#2            10 除以#2，即 0 值——结果错误
```

## 9.4 三角函数

宏程序中的三角函数常用来计算角度或与角度相关的数据。实例包括直角坐标的计算、直角三角形的计算、角度值等。尽管并不是所有的三角函数在所有 FANUC 的控制模式下都有效，但在宏程序中均适用。最常见的角度输入用十进制数表示。许多零件图仍然采用度-分-秒（D-M-S）这种角度形式，用户可按需要转换成十进制度数。

（1）转换成十进制度数　一个角度要么表示成整数，例如 38，要么表示成十进制度数，例如 12.86。现代 CAD/CAM 系统不允许使用度-分-秒（D-M-S）这种表达形式，如果需要的话，必须转换成十进制度数。

转换是相当简单的，即

$$D_d = D + \frac{M}{60} + \frac{S}{3600}$$

式中　$D_d$—— 十进制度数；

$D$—— 度（有时在计算器上表示为 H 或 HR）；

$M$—— 分（1h 有 60min）；

$S$—— 秒（1h 有 3600s）。

例如：

10°36′27″　= 10 + 36/60 + 27/3600 = 10.6075°

当然，使用变量计算也可达到相同的目的：

```
#1 = 10.0                          度数
#2 = 36.0                          分数
#3 = 27.0                          秒数
#101 = #1 + #2/60 + #3/3600        结果是给定 D-M-S 角度的十进制度数
```

（2）可用函数　宏程序常常用到下面的三角函数：

| SIN　COS　TAN　ATAN　ASIN　ACOS |
|---|

SIN、COS 和 TAN 的输入都是度数，反函数 ATAN、ASIN 和 ACOS 的输出也是度数。

在计算器上，通常用 $\tan^{-1}$，$\sin^{-1}$，$\cos^{-1}$ 来表示反函数。

```
#1 = SIN[38]          0.6156615      （方括号内必须是真实值）
#2 = 23.7             23.7
#3 = COS[#2]          0.9156626      （方括号内引用的必须是变量）
#4 = TAN[12.86]       0.2282959
```

反三角函数的输入是三角形两个边的边长，两个边长都必须括在方括号内，两

者之间用斜线符号分开。允许的范围是0≤结果<360：

#5 = ATAN[0.25]/[0.5]　　26.5650512　　（注意斜线的位置）

| 在FANUC0/16/18/21控制模式下，ASIN和ACOS函数不能使用 |
|---|

## 9.5 四舍五入函数

计算结果常常有许多位小数，CNC工作时，在程序或宏程序中公制单位表示的数只有三位小数点，英制单位表示的数有四位小数点。因而四舍五入是必要的，也是用户期望的。宏程序有三个函数可以实现给定数字的四舍五入值，它们彼此相似但不相同：

| **ROUND　FIX　FUP** |
|---|

ROUND函数是对给出的值取整数（对小于1.0的小数进行四舍五入取整），函数忽略小于0.5的小数，对不小于0.5的小数进行四舍五入取整，下面的整数是四舍五入后的值：

**ROUND[0.00001]　　返回0.0**
**ROUND[0.5]　　返回1.0**
**ROUND[0.9999]　　返回1.0**
**ROUND[1.0]　　返回1.0**

可用相同的方法对先前存储到变量的值，进行四舍五入取整，并作为直接输入值：

**#1 = 1.3　　返回1.3**
**#2 = 1.6　　返回1.6**
**ROUND[#1]　　返回1.0**
**ROUND[#2]　　返回2.0**

根据应用场合的不同，ROUND函数的用法有一些细微的区别。如果ROUND函数用于变量的定义，那么四舍五入的结果将总是与之最接近的整数值。例如：

**#101 = 19/64　　返回0.296875**
**#102 = ROUND[#101]　　返回0.0**

ROUND函数也可用在CNC的表达式中。首先存储一个值：

**#101 = 19/64　　返回0.296875**

在英制单位系统中，最小的单位增量是0.0001in，所以四舍五入结果精确到四位小数（也称为四舍五入的最小增量）。在CNC表达式中，四舍五入结果精确到四位小数：

**G20　　英制模式**
**#101 = 19/64　　返回0.296875（英制单位）**
**G91 G01 X[ROUND[#101] ] F10.0　　使用X0.2969运动**

在公制单位系统中，最小的单位增量是0.001mm（1μm），所以四舍五入结果精确到三位小数（最小增量）。在CNC表达式中，四舍五入结果精确到三位小数：

```
G21                                   公制模式
#101 = 19/64                          返回 0.296875（公制单位）
G91 G01 X[ROUND[#101] ] F250.0        使用 X0.297 运动
```

举一个可应用的简化实例，一些模拟运动将用预定义的分数尺寸进行编程。刀具将会按三个阶段运动——从起始位置快速运动，逐渐进给，快速返回到起始位置（仅使用一个轴进行演示）。为了测试机床控制器 ROUND 函数的用法，首先输入下面的程序到控制系统，然后在开始加工时记录刀具位置的当前 *XY* 坐标：

```
N1  G20                     英制单位输入
N2  #100 = 3 + 19/64        输入值 3.296875   （运动 A）
N3  #101 = 2 + 5/64         输入值 2.078125   （运动 B）
N4  G91 G00 X -#100         向左增量运动 A   X -3.2969
N5  G01 X - #101  F20.0     向左增量运动 B   X -2.0781
N6  G00 X [#100 + #101]     向右增量运动 A+B，可能不进行四舍五入
M00                         例子结束
```

在程序运行之前，记住测试初始阶段的刀具位置，与程序执行之后的刀具位置进行比较，刀具位置 *XY* 坐标可能相同也可能不同。刀具的起始位置和终止位置可能偏离，这取决于四舍五入数值类型。错误的累积引起了这个问题，加工的零件越多，产生的偏离误差越严重，这是由于控制系统的四舍五入作用造成的。

为了纠正累积的误差，或者要求结果绝对正确，必须将一个方向的位移进行四舍五入，使之与反方向的位移相等：

```
N1  G20                                  英制单位输入
N2  #100 = 3 + 19/64                     输入值 3.296875   （运动 A）
N3  #101 = 2 + 5/64                      输入值 2.078125   （运动 B）
N4  G91 G00 X -#100                      向左增量运动 A   X -3.2969
N5  G01 X -#101   F20.0                  向左增量运动 B   X -2.0781
N6  G00 X[ROUND [#100] + ROUND[#101]]    四舍五入后向右增量运动 A+B
M00                                      例子结束
```

（1）四舍五入到给定的小数位　常常要求将小数四舍五入到指定的（固定的）小数位，公制系统要求保留 3 位小数，英制系统要求保留 4 位小数，有时不考虑选择的单位，切削进给速度只要求保留 1 位小数。

下面两个例子将使用一些技巧，对两个给定值采用不同的四舍五入方法，并给出相应的结果。

**【例 1】 给定值的小数部分大于 0.5**

```
#1 = 1.638719               （四舍五入到具体的小数位）
```

如果 ROUND 函数用于该定义值，将返回下面的整数值：

```
ROUND [#1]                  返回 2.0
```

为了将给定值四舍五入到某一个小数位，下面的三个步骤是必要的。

**步骤 1**　要求给定值乘以下面的因数：

**10**　　… 四舍五入到一位小数点
**100**　　… 四舍五入到两位小数点
**1000**　　… 四舍五入到三位小数点　　典型用于公制系统
**10000**　　… 四舍五入到四位小数点　　典型用于英制系统

……

例如：

**#2 = #1 * 1000　　　返回 1638.719　（公制例子）**
**#3 = #1 * 10000　　返回 16387.19　（英制例子）**

**步骤 2**　使用 ROUND 函数对返回值进行四舍五入

**#2 = ROUND[#2]　　　返回 1639.0　（基于步骤 1 的结果）**
**#3 = ROUND[#3]　　　返回 16387.0（基于步骤 1 的结果）**

**步骤 3**　将四舍五入后的数值除以前面的相同因数

**#2 = #2/1000　　　返回 1.639（基于步骤 2 的结果）**
**#3 = #3/10000　　　返回 1.6387（基于步骤 2 的结果）**

在宏程序中，可以按照上述三个步骤，但更常用的方法是通过一个简单的嵌套语句处理所有三个函数来实现：

**#1 = 1.638719　　　（将数值四舍五入到具体的小数位）**
**#2 = ROUND[#1*1000]/1000　　返回 1.639**
**#3 = ROUND[#1*10000]/10000　返回 1.6387**

| 不正确的四舍五入可能在计算中引起累积误差 |
|---|

**【例 2】 给定值的小数部分小于 0.5：**

#4 = 1.397528　　　　　　　将数值四舍五入到具体的小数位

如果 ROUND 函数用于该定义值，将返回最小的整数：

**ROUND [#4]　　　　　　　返回 1.0**

为了将给定值四舍五入到某一小数位，下面的三个步骤是必要的。

**步骤 1**　要求给定值乘以下面的因数

**10　　… 四舍五入到一位小数点**
**100　　… 四舍五入到两位小数点**
**1000　… 四舍五入到三位小数点　　典型用于公制系统**
**10000 … 四舍五入到四位小数点　　典型用于英制系统**

……

例如：

**#5 = #4 * 1000　　　返回 1397.528（公制例子）**
**#6 = #4 * 10000　　返回 13975.28（英制例子）**

**步骤 2**　使用 ROUND 函数对返回值进行四舍五入

**#5 = ROUND[#5]　　　返回 1398.0　（基于步骤 1 的结果）**
**#6 = ROUND[#6]　　　返回 13975.0（基于步骤 1 的结果）**

**步骤 3**　将四舍五入后的数值除以前面的相同因数

**#5 = #5 / 1000　　　返回 1.398　　（基于步骤 2 的结果）**
**#6 = #6 / 10000　　返回 1.3975　（基于步骤 2 的结果）**

在宏程序中，可以按照上述三个步骤，但更常用的方法是通过一个简单的嵌套语句处理所有三个函数来实现：

**#4 = 1.397528　　　将数值四舍五入到具体的小数位**
**#5 = ROUND[#4*1000]/1000　返回 1.398**
**#6 = ROUND[#4*1000]/10000 返回 1.3975**

准确的四舍五入极其重要，不仅与零件的最终尺寸有关，而且还与宏程序中的跟踪误差有关。由于四舍五入误差的累积而导致的不精确往往不容易发现。

| 编程时使用四舍五入值一定要小心 |
|---|

（2）FUP 函数和 FIX 函数　这两个四舍五入函数仅对给定值向上或向下圆整，不管小数部分是否大于或小于 0.5。

**FUP** 函数是将给定值圆整为与之接近的最大的整数（将小于 0.1 的小数部分增大到 1）。

**FUP[0.00001]**　　**返回 1.0**
**FUP[0.5]**　　**返回 1.0**
**FUP[0.99999]**　　**返回 1.0**
**FUP[1.0]**　　**返回 1.0**

**FIX** 函数是将给定值圆整为与之接近的最小的整数（舍弃小于 1.0 的小数部分），即去掉小数点后的所有值。

**FIX[0.00001]**　　**返回 0.0**
**FIX[0.5]**　　**返回 0.0**
**FIX[0.99999]**　　**返回 0.0**
**FIX[1.0]**　　**返回 1.0**

**FUP** 和 **FIX** 函数常用来确定迭代次数（计数循环）及其他计数（而不是计算）方面用途。

## 9.6　辅助函数

下面五个辅助函数在编写宏程序表达式时是可用的，这五个函数是：

| **SQRT　ABS　LN　EXP　ADP** |
|---|

不要把这些宏程序函数同 **CNC** 辅助功能相混淆，例如M01。

（1）SQRT 函数和 ABS 函数　宏程序中经常用到前面的两个函数。

SQRT 函数计算方括号中数值的平方根：

**SQRT[16]**　　**返回 4.0**
**SQRT[16.0]**　　**返回 4.0**
**#1 = 16.0**　　**返回 16.0**
**SQRT[#1]**　　**返回 4.0**

**ABS** 函数（绝对值函数）总是返回给定数值的正值：

**ABS[−23.6]**　　**返回 23.6**
**ABS[23.6]**　　**返回 23.6**

当给出值或计算值与数学符号的正负相关时，使用 ABS 函数非常有用。ABS 函数总是返回等于给定值的正值，并能保证返回值是正值。

下面的例子使用 ABS 函数，并保证了给定值的所需符号。

① 实例——使用 ABS 函数　在宏程序调用命令 G65 中，把刀具深度（端铣刀、钻头、丝锥等）作为设定值，可以用它来表示 *Z* 向深度，输入的是负值,尤其

是当 Z0 定义在工件顶部时，例如：

**G65 P8999 R2.0 Z–15.6 F175.0**

在宏程序 O8999 体内的某处，调用变量#26（*Z* 向深度）的程序段，必须输入的值不能带负号：

```
……
G99 G81 R#18 Z#26 F#9
……
```

这是一个正确的应用，但不安全。如果编程员偶然输入的 Z 向深度自变量值是正值，会发生什么情况呢？刀具将在工件上方移动，而没有切入工件，这可能不是什么大问题，但令人恼火。当然自变量的符号和宏程序数据的符号可以相反，G65 *Z* 向深度自变量可以是正的数值，例如 Z 15.6，宏程序中变量的调用可以是负的数值，例如 Z-#26，但这样的操作仍然不安全，如果自变量定义为负值，又会怎么样呢？

使用 ABS 函数，G65 *Z* 向深度自变量可以定义为正值或负值，而且得到一个负切削方向（*Z* 轴负方向）。不可能吗？研究下面的例子——无论 Z 向深度自变量定义为正值，还是定义为负值，只用一个宏程序就可保证刀具切入材料的方向。

② 正 *Z* 向深度自变量

**G65 P8999 R2.0 Z15.6 F175.0**　　***Z* 向深度自变量是正值**

③ 负 Z 向深度自变量

**G65 P8999 R2.0 Z-15.6 F175.0**　　***Z* 向深度自变量是负值**

成功的关键在于宏程序调用。必须使用 **ABS** 函数将自变量转换为正值。然后使用负 Z 值，刀具运动将总是切进工件：

**G99 G81 R#18 Z-[ABS[#26]] F#9**　　**负 *Z* 保证负方向的刀具运动**

注意 *Z* 向深度输入值，在宏程序中必须是负值。一旦宏程序通过验证、保存，就可通过参数设置来进行保护，因此没有意外变化的危险。上面的宏程序语句处理时会出现什么情况呢？

当给定的自变量是正值，ABS[#26]作为正值保留下来，因此 ABS[#26]等于 15.6。既然在宏程序中 Z 值固定作为负值使用，负号在存储值之前，故结果是 Z-15.6，即用户期望的正确输入。

当给定的自变量是负值，ABS[#26]将把它变为正值，因此 ABS[#26]等于 15.6。在宏程序中 Z 值固定作为负值使用，负号在存储值之前，故结果也是 Z-15.6，即正确输入。

**注意**：这个例子简单，甚至一目了然。虽然本例只介绍了一个相对小的宏程序函数，但不仅定义了变量，也使用了专业的编程方法。在宏程序中，编程员必须有能力在出错之前，预测到可能出错的地方。哪种输入错误可能或非常可能发生？有没有一种方法可以让宏程序不受这些错误的影响？如果有，要写下正确的程序代码，如果没有，至少要进行尝试。

并不是计算中的所有错误都可以预测、阻止，有些错误可以预防，但事实上不可能实现。信息或注释对CNC操作员降低错误的发生可能有很大帮助。

（2）LN函数、EXP函数和ADP函数　其余三个辅助宏程序函数仅用于特殊目的：

| | |
|---|---|
| **LN** | 自然对数函数 |
| **EXP** | 以e为底的指数函数 |
| **ADP** | 添加小数点函数 |

在FANUC0/16/18/21控制模式下，这些函数不常用。

**LN**函数、**EXP**函数和**ADP**函数很少使用。在支持这些函数的控制模式下，**ADP**函数可能是最有用的函数。

ADP是添加小数点函数，它把局部变量（#1～#33）作为自变量，并且在宏程序体内给数值增加小数点，G65命令中的自变量数值略过了小数点。参数#7000（位CVA）必须设置为0。例如：

**G65 P8999 Z25**　　　　**Z设定值中没有小数点**

在宏程序运行过程中，如果程序中包含ADP[#26]，则Z变量（#26）的值是25.0。甚至FANUC也不推荐使用该函数添加小数点，如果需要的话，在自变量中编写小数点。

## 9.7 逻辑函数

为了开发功能强大的宏程序，我们需要功能强大的编程工具。逻辑函数是强大编程工具的一部分，可以分成两组：

□ 用于设置条件或比较的逻辑函数；

□ 二进制数中的逻辑运算符。

（1）布尔函数　第一组包含六个标准的比较运算符（经常称为布尔算子或布尔函数）：

| **EQ** | **NE** | **GT** | **LT** | **GE** | **LE** |
|---|---|---|---|---|---|

布尔函数比较两个值，并返回一个真或假条件：

EQ＝ 等于
NE＝ 不等于
GT＝ 大于
LT＝ 小于
GE＝ 不小于
LE＝ 不大于

（2）二进制函数　第二组包含三个逻辑运算符，用于对二进制数逐位进行逻辑运算：

| **AND** | **OR** | **XOR** |
|---|---|---|

在不同的编程应用中，通常用这三个宏程序函数进行逻辑比较。最常用的两个

函数是 AND 和 OR 函数；XOR（不是 OR）用得非常少。通常用这三个函数对 32 位二进制数的每一位进行逻辑运算。

AND 和 OR 函数比较两个给定条件，比较后的条件经过判断，返回 TRUE(真)或 FALSE(假)。真值意思是“正确”，假值意思是“不正确”。在英语中，我们很容易理解 AND 和 OR 函数之间的区别，因为他们遵循英语的基本逻辑。

例如，句子“Jack 和 Jill 去买东西”，意思是两个人都去买东西。句子“Jack 或 Jill 去买东西”，含义就不同了，两个人中只有一个人去买东西。在高级语言中，这些函数都有相应的等价物，称为 TRUE（真）和 FALSE（假）的位值，而且只能是两个可能值中的一个，1 或 0 。

例如，如果使用 AND 函数对<值 1>和<值 2>作比较，那么只有两个值都是真，整条语句值才为真。另外，如果使用 OR 函数对<值 1>和<值 2>作比较，那么语句中只要有一值为真，整条语句的值就为真。两种情况下，真值返回 1，假值返回 0 。

（3）布尔函数和二进制函数的实例　作为练习，我们对下面的宏程序数据输入值进行判断。第一组是已知数据，第二组是判断数据，第三组是比较得到的数据。

**已知数据：**

```
#1 = 100.0               存储值是 100.0
#2 = #0                  无数据——变量是空变量
#3 = 100.0               存储值是 100.0
#4 = 150.0               存储值是 150.0
```

**判断数据：**

```
#5 = [#1 EQ #2]          返回 0 = 假
#6 = [#2 EQ #3]          返回 0 = 假
#7 = [#2 EQ #0]          返回 1 = 真
#8 = [#1 EQ #3]          返回 1 = 真
#9 = [#4 GT #3]          返回 1 = 真
```

**比较得到的数据：**

```
#10 = [[#1 EQ #3 ] AND [#2 EQ #0]]    真    因为两值均为真
#11 = [[#1 EQ #3 ] OR  [#2 EQ #0]]    真    因为两值均为真
#12 = [[#1 NE #4 ] OR  [#4 LT #3]]    真    因为至少有一值为真
#13 = [[#2 EQ #1 ] AND [#3 GT #4]]    假    因为两值都不为真
#14 = [[#3 NE #0 ] AND [#1 EQ #2]]    假    因为仅有一值为真
```

在前述例子中，正确使用宏程序中的方括号[]是非常重要的。如果要比较的条件很复杂，例如在多级嵌套程序中，方括号也多级嵌套，因而宏程序最后变得难以理解。解决这一问题的办法是避免使用过多的嵌套，用多重定义来代替。

## 9.8 变换函数

宏程序中特殊的变换函数可用于对输入输出的 PMC 信号进行交换（PMC 是 programmable machine control 可编程机床控制器的缩写，但并不适合所有的 FANUC 控制模式）。PMC 是 FANUC 版本的 PLC（programmable logic controller，可编程逻辑控制器）。与变换相关的两个函数是：

| BCD BIN |
|---|

BCD 函数将二进制编码的十进制格式转换成二进制格式，BIN 函数将二进制格式转换成二进制编码的十进制格式。这两个函数在典型的宏程序应用软件中并不常见，但如果用户使用，就必须具备二进制数的相关知识。

## 9.9 函数计算——专门测试

掌握 FANUC 控制系统如何对宏程序函数求值是任何宏编程的关键因素。下一页里的综合测试包含了尽可能多的函数，它们彼此互相依赖。所有的答案除最后一个有些特殊外（参见测试后面的内容），都是由紧接着宏程序语句的返回值提供。测试是基于下面的G 65 程序段：

G65 P8888 B42.0 C1.427 H30.0 X0.003　　定义用于测试的四个自变量

上面的程序段称为宏程序 O 8888，将四个定义的自变量传递到 B=#2=42.0, C=#3=1.427, H=#11=30.0, X=#24=0.003。宏程序 O 8888 是专门为培训而设计的，它列举了不同函数的用法。数据输入必须遵循前面的顺序。用一张纸将返回值遮住，拿出计算器，在没有看到结果之前计算返回值（忽略控制器屏幕上可能出现的返回值的所有前面的零）：

O 8888（函数计算——专门测试）

| | | |
|---|---|---|
| #100 = #11 | 30.0000 | |
| #101 = #2 | 42.0000 | |
| #102 = #8 | 空变量 | |
| #103 = 0 | 0.0000 | |
| #104 = #3 | 1.4270 | |
| #105 = #104+4.125 | 5.5520 | |
| #106 = #101-15.0 | 27.0000 | |
| #107 = #104*6.7 | 9.5609 | |
| #108 = #101/2 | 21.0000 | |
| #109 = #101/#104 | 29.432376 | |
| #110 = SIN[0] | ********* | 负下溢 |
| #111 = SIN[90] | 1.0000 | |
| #112 = SIN[#101] | 0.6691306 | |
| #113 = COS[0] | 1.0000 | |
| #114 = COS[90] | ********* | 正下溢 |
| #115 = COS[#101] | 0.7431448 | |
| #116 = TAN[0] | *********** | 负下溢 |
| #117 = TAN[90] | *********** | 正溢出 |
| #118 = TAN[#101] | 0.9004041 | |
| #119 = ATAN[0.75]/[1.625] | 24.77514 | |
| #120 = SQRT[16] | 4.0000 | |
| #121 = SQRT[#100+5] | 5.9160798 | |

```
#122 = -13.125162                -13.125162
#123 = ABS[#122]                 13.125162
#124 = 0.327187                  0.327187
#125 = ROUND[#124]               0.0000
#126 = FIX[#124]                 0.0000
#127 = FUP[#124]                 1.0000
#128 = 0.8235                    0.8235
#129 = ROUND[#128]               1.0000
#130 = FIX[#128]                 0.0000
#131 = FUP[#128]                 1.0000
#132 = 0.5                       0.5000
#133 = ROUND[#132]               1.0000
#134 = FIX[#132]                 0.0000
#135 = FUP[#132]                 1.0000
#136 = 3.0                       3.0000
#137 = ROUND[#136]               3.0000
#138 = FIX[#136]                 3.0000
#139 = FUP[#136]                 3.0000
#140 = #3-#120                   -2.5730
#141 = #[#24]                    空变量
#142 = #105*#105                 30.824704
#143 = [#120+1]/TAN[8.6]         33.060961
#144 = 6.2+14/3-2*8.32           -5.7733333
#145 = [6.2+14]/3-2*8.32         -9.9066667
#146 = SQRT[3.6]                 1.8973666
#147 = [[#136+#128]*#104+#124]   5.7833215
#147 = #147*12                   69.399858
#148 = SIN[#147]+#146            2.8334253
#149 = #[FUP[#[ROUND[#148]]]]    ??????????
```

已经说明了很多次，空变量没有值。注意0实际上是实数值，所以包含0值的变量不是空变量。用**********显示的变量通常计算结果是无限的（通常是被0除所引起的）。

例子中，最复杂的输入很可能是最后一个——存储到变量#149中，用户要详细地计算这个变量及其返回值。

**函数计算顺序。** 复杂函数（例如嵌套函数）总是从里往外计算，即先处理给定数据的最内层函数，接着是外层函数，然后是下一层，依此类推。在测试实例中，定义变量#149的内层函数是ROUND[#148]。

因为变量#148先前的存储值是2.8334253，求值函数是ROUND[2.8334253]，返回值是3。函数如下所示：

```
#149 = #[FUP[#[3]]]
```

这里ROUND函数的返回值已经被替代。最内层的函数是#[3]，在此引用了变量#3。从原来的定义看，在G65表达式中，字母C指定#3，并赋予值1.427。定义如下所示：

```
#149 = #[FUP[1.427]]
```

这里#3 中先前存储的值已经取代了内层计算。当前新的最内层计算是 FUP[1.427]。FUP 函数返回与之接近的最大的整数，就是 2。下面计算内容是：

#149 = #[2]

这是比较简单的求值形式：

#149 = #[2]

等同于：

#149 = #2

G65 宏程序调用中的 B 字母定义了#2，B 等于 42.0，因此变量#149 的最终返回值是：

#149 = 42.0

## 9.10　实际应用方法

本节内容包括标准程序和宏程序的一些样本。下面的实例在不同方面介绍了宏程序格式和变量的实际应用。和标准 CNC 程序相同，用户编写宏程序时，必须有一个目标。实例中，单一目标是使用宏程序特征计算已知厚度平板在钻削时的 Z 向深度。几个不同版本的程序给出在开发和使用多个编程工具方面得到的持续改进，下面将比较各个程序间的不同点。

前几个例子使用局部变量，后面的例子使用全局变量。

（1）使用局部变量

**提示：**程序中用到的所有局部变量在 M30 或 M99 执行时，或控制面板上 RESET 键被按下时将自动清除。

**【例 1】**

第 1 个版本中，准备工作阶段发现有四项需要处理：

□ 钻头直径；

□ 平板厚度；

□ 刀尖长度；

□ 钻头安全间隙。

为使程序灵活，选择钻头直径和平板厚度作为变量数据，然后选择默认的刀尖长度和安全间隙。使用变量#1 存储钻头直径，使用变量#2 存储平板厚度。因为只有 118°的尖角钻头能使用，所以用标准的默认常量 0.3 来计算刀尖长度（确定常量的公式会在这一节的后面介绍）。程序中其他的默认值将是平板下面的安全间隙，选择 1.5mm 是合理的。具有宏特征的第一个程序使用了简单的、基本的方法：

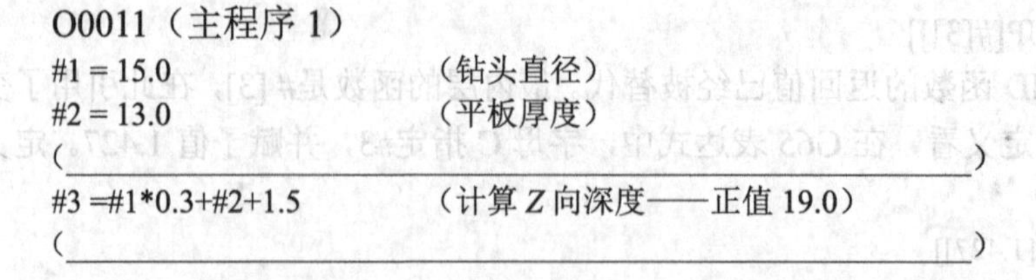

```
O0011（主程序 1）
#1 = 15.0              （钻头直径）
#2 = 13.0              （平板厚度）
（________________________________）
#3 =#1*0.3+#2+1.5      （计算 Z 向深度——正值 19.0）
（________________________________）
```

```
N1 G21
N2 G90 G00 G54 X100.0 Y50.0 S800 M03
N3 G43 Z5.0 H01 M08
N4 G99 G81 R2.5 Z-#3 F150.0        （行程是 Z-21.5）
N5 G80 Z5.0 M09
N6 G28 X100.0 Y50.0 Z5.0 M05
N7 M30
%
```

我们来看看把程序当成目标的情况——目标实现了吗？例子确实实现了。整个 *Z* 轴刀具行程是 *Z*-21.5（控制器中用“移动的距离”表示）。记住：“行程”测量的是从起点（*R* 平面）到 *Z* 向深度的距离。变量#3 的返回值是什么呢？一旦程序结束（M30 功能），或按下复位键，所有的局部变量都被清除掉。宏程序变量的屏幕显示器不显示数值，而且也没有任何变量数据需要显示，因为没有存储任何变量数据——所有的数据都将从内存中擦除，因为它们被定义为局部变量。

一旦工件加工完毕，就没有必要去保存在内存中已使用过的值。如果同样的程序用于不同的钻头直径和平板厚度，那就只需要修改#1 和#2 变量，*Z* 向深度的新值将会自动计算并且正确的计算出任何 118°的刀尖角（在宏程序框架内）。

在程序中能够从变量数据获益的还有其他部分，但是本例的焦点只关注 *Z* 向深度的计算。例如，主轴转速和进给速度必须随着钻头直径的不同而改变，一些其他数据也是一样。

**【例 2】**

在第二个程序版本中，只发生了微小的变化。看到上面程序段 N4 中 Z-#3 的计算了吗？变量#3 的计算总是产生一个正值结果，但在程序中，*Z* 向深度必须是负值。通过程序中的两个改动，#3 的计算结果将会是负值，Z#3 的正值输入将用在程序段 N4 中：

```
O0012（主程序 2）
#1 = 15.0                          （钻头直径）
#2 = 13.0                          （平板厚度）
（______________________________________________）
#3 = -[#1*0.3+#2+1.5]              （Z 向深度计算——负值–19.0）
（______________________________________________）
N1 G21
N2 G90 G00 G54 X100.0 Y50.0 S800 M03
N3 G43 Z5.0 H01 M08
N4 G99 G81 R2.5 Z#3 F150.0         （行程是 Z-21.5）
N5 G80 Z5.0 M09
N6 G28 X100.0 Y50.0 Z5.0 M05
N7 M30
%
```

哪个版本更好呢？在这种情况下，不是更好或更坏的问题——而是个人偏好的问题。许多编程员可能更喜欢例 1（程序 O0011），因为在程序段 N4 中表明了是负值，从逻辑上讲是这样（至少在编者看来）。基于开发标准手工程序的方法上，它看起来是一个更好的选择。

【例 3】

我们仍然有得到深度计算负值结果的另外一种方法，即对#3 变量的原始定义重新定义。重新定义会去除变量的旧值而代之以新值。

```
O0013（主程序 3）
#1 = 15.0                    （钻头直径）
#2 = 13.0                    （平板厚度）
（————————————————————————————）
#3 = #1*0.3+#2+1.5           （Z 向深度——正值 19.0）
#3 = -#3                     （正#3 变成负#3–19.0）
（————————————————————————————）
N1 G21
N2 G90 G00 G54 X100.0 Y50.0 S800 M03
N3 G43 Z5.0 H01 M08
N4 G99 G81 R2.5 Z#3 F150.0   （行程是 Z-21.5）
N5 G80 Z5.0 M09
N6 G28 X100.0 Y50.0 Z5.0 M05
N7 M30
%
```

甚至更好的办法是，这些例子可以从 ABS 函数中获益，且保证程序段 N4 中为负的 Z 向深度，不管先前输入的是正值还是负值：

```
N4 G99 G81 R2.5 Z-[ABS[#3]] F150.0   （行程是 Z-21.5）
```

【例 4】

在第四个版本中，宏程序变得更加灵活。到目前为止，刀尖长度只是基于 118°角，安全间隙被人为定在 1.5mm。如果刀尖角是 135°或其他角度又会怎么样呢？如果 1.5mm 的间隙太小或太大又会怎么样呢？这些值可定义为变量——它们会给程序增加灵活性，且只通过添加几个变量就可以实现。

```
O0014（主程序 4）
#1 = 15.0                    钻头直径
#2 = 13.0                    平板厚度
#3 = 118.0                   刀尖角度
#4 = 1.5                     安全间隙
```

一旦变量被定义，就必须使用。在实例中，主要目标是基于输入值（指定值）计算 Z 向深度。既然在钻头直径和刀尖角之间有恒定的数学关系，那么在标准的机床厂就可以表述成如下的公式：

$$P=\frac{D}{2}\times\tan\left(90-\frac{A}{2}\right)$$

式中 $P$ ——钻头长度；

$D$ ——钻头直径；

$A$ ——刀尖角。

公式可能会嵌入宏程序中，但是嵌套可能不容易察看、理解或修改。因为要立即将整个公式插入宏程序中可能稍微有点困难，所以我们选择一个简单的方法，将变量输入分成几个小部分，使它更易于管理（也更易于阅读），例5显示了公式的嵌套部分。程序的下一个版本将向你展示这一更好的方法。我们使用变量#5来计算Z向深度，变量#5要重新定义好几次，所有你要做的只是一次计算一步。

```
O0015（主程序4）
#1 = 15.0                                   （钻头直径——公式中的D）
#2 = 13.0                                   （平板厚度）
#3 = 118.0                                  （刀尖角——公式中的A）
#4 = 1.5                                    （安全间隙）
(___________________________________________________)
#5 = #3/2                                   （整个刀尖角的一半）
#5 = 90-#5                                  （被计算的角度）
#5 = TAN[#5]                                （被计算角度的正切值）
#5 = #1/2*#5                                （给定钻头直径和刀尖角求得的钻头长度P）
#5 = #5+#2+#4                               （增加平板厚度和安全间隙）
(___________________________________________________)
N1 G21
N2 G90 G00 G54 X100.0 Y50.0 S800 M03
N3 G43 Z5.0 H01 M08
N4 G99 G81 R2.5 Z-[ABS[#5]] F150.0          （行程是Z-21.5）
N5 G80 Z5.0 M09
N6 G28 X100.0 Y50.0 Z5.0 M05
N7 M30
%
```

这一编程方法采用四个自变量（输入）而不是最初的两个自变量，但可用于任何的钻头直径和任意的安全间隙。通过重新定义变量#5，计算机内存以更高效的方式运行。每一条语句没有必要具有自己的变量，因为那是没有任何实际意义的。

有趣的是，程序段内的程序注释不再为真——至少不精确。期望的行程没有使用四舍五入后的0.3常量，计算使用三角函数的完整公式：

```
#5 = #3/2          返回 59.0
#5 =90-#5          返回 31.0
#5 = TAN[#5]       返回 0.600861
#5 = #1/2*#5       返回 4.506455
#5 = #5+#2+#4      返回 19.006455
```

程序段N4中的注释也应该改变（如果有必要的话）：

```
N4 G99 G81 R2.5 Z-[ABS[#5]] F150.0     实际的行程将是 21.506455
```

事实上，这不太重要，但编程员应该注意这些细节。

**【例5】**

下面的例子甚至改进了先前的例子并且消除了变量#5的多重定义。中间计算的单个程序段对逐步进入程序是很有用的，且可能使得整体理解和调试变得容易。然而，在大多数情况下，更偏重于短程序。编写单一变量#5意味着结合了嵌套中所有的单个计算。例子展示如下：

O0016（主程序5）

```
#1 = 15.0                          （钻头直径——公式中的D）
#2 = 13.0                          （平板厚度）
#3 = 118.0                         （刀尖角——公式中的A）
#4 = 1.5                           （安全间隙）
(___________________________________________________)
#5 = #1/2*TAN[90-#3/2]+#4+#2       （程序段中嵌入的单个公式）
(___________________________________________________)
N1 G21
N2 G90 G00 G54 X100.0 Y50.0 S800 M03
N3 G43 Z5.0 H01 M08
N4 G99 G81 R2.5 Z-[ABS[#5]] F150.0  （行程是Z-21.5）
N5 G80 Z5.0 M09
N6 G28 X100.0 Y50.0 Z5.0 M05
N7 M30
%
```

**【例6】**

到目前为止，所有的五个例子在主程序内部使用变量赋值。最后的例子将前进重要的一步，把Z向深度定义为真正的FANUC用户宏程序。宏程序已经被定义为特殊的程序，它包含全局变量数据。在这种情况下，全局变量数据就是计算Z向深度本身，这样就需要主程序和宏程序。主程序 O0017 将调用宏程序 O8005，包含深度计算。因为宏程序 O8005 的计算结果，即返回值，必须传递到主程序，用户还需要一些函数更强大的编程工具。这些工具包含全局变量（而不只是局部变量），接下来的部分将完成实例。

（2）使用全局变量　我们已经介绍过全局变量的基本概念。基于字典上的定义，词语“全局”的意思是“共享”。宏程序中的全局变量至少被一个其他的程序所分享，通常是多个程序。全局变量在主程序和子程序，以及被另一个程序所连接的宏程序之间产生了共享连接。

全局变量用于存储程序数据。在全局变量组内，依赖存储数据类型，分成两个小组。一个是系统变量，另一个是I/O（输入/输出）界面。

“全局”组内允许使用的变量属于变量#100～#149 的范围内，或者是可选的#100～#199 范围内，这一组被称为“non-holding”组。#500～#599 或者是可选的#500～#999，这一组被称为“holding”组。术语non-holding和holding指控制系统在内存中保存变量数据的能力。non-holding组保存数据直到系统重新启动，holding组保存数据直到程序被清除。全局变量不会被M99或M30功能清除。研究同样的实例——这个版本使用宏程序调用和全局变量。

**重新访问例5**　主程序O0017调用宏程序O8005，并将任何定义的变量的返回值传递给宏程序体。这种方式，宏程序的内容不会发生改变，只是通过主程序传递过来的变量数据会改变（G65宏程序调用）。

```
O0017（主程序）
N1 G21
N2 G90 G00 G54 X100.0 Y50.0 S800 M03
```

```
N3 G43 Z5.0 H01 M08
N4 G65 P8005 D15.0 T13.0 A118.0 C1.5          带有自变量的宏程序调用程序段
N5 G99 G81 R2.5 Z- [ABS[#100]] F150.0          （行程是 Z-21.5）
N6 G80 Z5.0 M09
N7 G28 X100.0 Y50.0 Z5.0 M05
N8 M30
%
```

相关的宏程序 O8005 短而简单，只包括公式，这一次使用变量赋值，使之与 G65 宏程序调用中的自变量匹配：

```
O8005 （用于例子 O0017 的宏程序）
#100 = #7/2*TAN[90 - #1/2]+#20+#3
M99
%
```

宏程序中使用的公式与先前例子中使用的公式很相似。改变的唯一之处是在 G65 程序段中调用的参数，即输入值：

D = #7 = 15.0，A = #1 = 118.0 ，T = #20 = 13.0，C= #3 = 1.5

这一方法的优点是宏程序 O8005 可用在任何工作中，如果自变量的定义一致。在上述实例中，用几种方法实现了同一目的，而且其中一些方法相似。

（3）转速和进给速度计算　使用全局变量的另外一个例子是借助公式对主轴转速和切削进给速度的计算。公式用在宏程序中相当常见，因为这种输入很容易被变量代替。以标准机床厂公式为基础，使用宏程序工具，许多相关的值可以被计算出来。

主轴转速（r/min）公制公式：

$$r/min = \frac{m/min \times 1000}{\pi \times D}$$

主轴转速（r/min）英制公式：

$$r/min = \frac{ft/min \times 12}{\pi \times D}$$

公制进给速度（mm/min）公式：

mm/min = r/min×mm/齿数×$N$

英制进给速度（IPM——in/min，英寸/分）公式：

in/min = r/min×in/齿数×$N$

其中：

r/min—每分钟转数（主轴转速）——也写成“rpm”；

m/min 或 ft/min—用米或英尺表示的每分钟圆周速度；

π 一常量 pi(3.14159265359…)；

$D$—钻头直径（公制或英制）；

mm/min—每分钟进给速度（毫米/分，仅用于公制）；

mm/tooth 或 in/tooth—用毫米/齿或英寸/齿表示的每齿切削边缘速率；

$N$—刀具的齿数（切削凹槽数量）。

【例 7】

```
O0017（主程序）
N1 G21
N2 G65 P8006 D12.0 F50.0 C0.15 T2                （宏程序调用）
N3 G90 G00 G54 X100.0 Y50.0 S#101 M03            （由宏程序计算的主轴转速）
N4 G43 Z5.0 H01 M08
N5 G99 G81 R2.5 Z-19.0 F#102                     （由宏程序计算的进给速度）
N6 G80 Z5.0 M09
N7 G28 Z5.0 M05
N8 M01

O8006（用于例 O0017 的宏程序）
#101 = FIX[[#9*1000]/[30141593*#7]]              （主轴转速计算）
#102 = #101*#3*#20                               （进给速度计算）
M99
%
```

在 G65 宏程序调用中，与当前编程工作相关的值必须提供给宏程序。在例子中，D12.0 定义指的是变量#7 存储钻头直径 12.0mm 值，F50.0 指变量#9 存储 50m/min 的圆周速度值，C0.15 指变量#3 存储 0.15mm/r 的刀齿负载值，T2 指变量#20 存储 2 个切削刃（凹槽）。

**注意**：FIX 函数用在 r/min 定义上。如果公式输入准确的话，结果将是 [#9*1000]/[3.141593*#7]

在宏程序中的结果与在计算器上的结果一样

（50.0*1000）/（3.141593*12.0）

精确的返回

1326.291 r/min——每分钟转数

CNC 编程的基本原则是不允许在主轴转速中出现小数点。整数 1326（在程序中为 S1326）是允许的，但实数 1326.291 是不允许的。宏程序 FIX 函数将舍弃计算值的小数部分，只留下整数部分。没有经过任何四舍五入，只是分离整数值——FIX 函数去除了实数的小数部分，留下的只有整数。以主轴转速为例，r/min 在 1 转内是非常精确的。

# 第10章 系统变量

最后一组变量称为系统变量，系统变量定义中的“系统”指的是控制系统变量。这组变量很特别，不同于已经讨论过的变量类型（局部和全局），它们在宏程序中非常重要，而且自成体系。

在宏程序中，这组变量用来为控制内存的寄存器标明地址（也称为寻址内存位置）。在特定情况下（非一般情况），某些系统变量还可以用来改变保存在 CNC 系统中的内部数据（也称为系统数据）。例如，通过改变系统变量（改变一个或多个系统变量）可以改变一个工件坐标系统（工件偏置）。通过这种简单的方法，刀具长度补偿、宏程序报警、参数设定、零件数、G 代码（加上一些其他代码）的模态值，以及许多其他的参量都可以改变。系统变量对自动化环境来说尤其重要，例如探测、无人化敏捷制造、传输系统等。对于每个控制系统来说，都有很多可用的系统变量，而且不同控制系统之间存在很大差异（即使在 FANUC 的各种模式中）。任何一个编程员不可能需要所有的系统变量，控制系统参考手册也很容易得到。

## 10.1 系统变量识别

当使用系统变量时，从最开始就要特别注意两点特征，这两点特征关系到控制器识别系统变量的方式：

◆ 系统变量编号范围为从#1000 起始的四位或五位数；

◆ 系统变量不会显示在控制器屏幕上。

编号系统已经被 FANUC 固定，不可以改变。在这种任意的编号系统中，车间中的每个控制模式都需要一本参考手册。FANUC 会针对用户所购买的特定控制系统提供一本这样的手册。在手册中，会指定大量的系统变量。

因为系统变量不能直接显示在屏幕上（对于大量的控制系统），所以必定存在另外一种寻找当前值的方法，这种方法称为数值转换。在程序中，或在 MDI 模式中，系统变量的值可以转换为局部变量或者全局变量。这一章中也会讨论这个问题。

通过组织，整个工作可以前进一大步。对系统变量来说，更好的组织的第一步，也是很重要的一步，就是把它们分组。

## 10.2 系统变量组

系统变量仅取决于 CNC 系统。这是一个非常重要而且准确的描述，意思是不同的 FANUC 控制器可以采用不同含义的控制系统变量。编程员和维修技术人员必须了解控制器模式支持的变量类型和变量赋值。用户开发的宏程序可能仅对所选择的控制单元适用，更可能的是，对所选择的机床也适用。

经过多年的发展，FANUC 已经为工业领域提供了不同的控制模式，这里只讨论最常见的一些控制模式。它们用 FS（FS 代表 FANUC 系统或 FANUC 系列）的缩写形式列出，即

FS-0，FS-10，FS-11，FS-15，FS-16，FS-18，FS-21（加上变动）

老式的控制系统比较容易了解，但是也需要相关的参考手册。例如，FANUC 3 比 FANUC 0 来说相对简单。FANUC 6 是 FANUC 10/11 的前身。注意模式的编号不直接代表控制水平的高低。在上面这些控制模式中，FANUC 15 是其中最高级的，尽管它的编号并不是最大的。所有的控制模式也适用于铣床（FS-xxM 或 FS-xxMB），例如 FS-15M，同时也适用于车床（FS-xxT），例如 FANUC 16T 或 16TB。这些控制模式也适用于线切割机床、磨床以及其他一些机床类型，但在本书中仅讨论铣床和车床。

（1）可读写变量　变量是指变化的数据，或变量数据。变量按照数据的来源分为两种类型。其中一类变量可以被改写，意思是用户可以通过一段程序或者 MDI 来改变这类变量。这类变量也可以被系统读出，并由系统保存其变量值。这组中的系统变量称为*可读写变量*。

另一组类型的变量可以经过处理，由局部或全局变量的形式显示出来，但是这类变量不能由用户（CNC 编程员，操作员或维修技术人员）修改。它们也被称为*只读* 系统变量。这些是典型加工中最常见的系统变量。

在接下来的列表中，可读写变量用星号标出[ * ]。

（2）系统变量的显示　因为并不是所有的 FANUC 系统都可以直接显示系统变量，所以必须通过转换成局部变量或全局变量的形式来显示。这种方法称为变量的转换，或变量的重定义，或是变量的替代。例如（FANUC 15M）：

```
#101 = #5221        G54 工件偏置的 X 值从#5221 存储为#101
#102 = #5222        G54 工件偏置的 Y 值从#5222 存储为#102
```

局部变量或全局变量可以显示在控制器屏幕上。

（3）FANUC 0 系列系统变量

#1000through#1015,#1032……数据输入（DI）
#1100through#1115,#1132……数据输出（DO）
#2000through#2200……………刀具补偿值（刀具偏置）
#2500……………………………沿 *X* 轴方向的外部工件偏置值
#2600……………………………沿 *Y* 轴方向的外部工件偏置值

#2700……………………沿*Z*轴方向的外部工件偏置值
#2800……………………沿第4轴方向的外部工件偏置值

#2501……………………沿*X*轴方向的G54工件偏置值
#2601……………………沿*Y*轴方向的G54工件偏置值
#2701……………………沿*Z*轴方向的G54工件偏置值
#2801……………………沿第4轴方向的G54工件偏置值

#2502……………………沿*X*轴方向的G55工件偏置值
#2602……………………沿*Y*轴方向的G55工件偏置值
#2702……………………沿Z轴方向的G55工件偏置值
#2802……………………沿第4轴方向的G55工件偏置值

#2503……………………沿*X*轴方向的G56工件偏置值
#2603……………………沿*Y*轴方向的G56工件偏置值
#2703……………………沿*Z*轴方向的G56工件偏置值
#2803……………………沿第4轴方向的G56工件偏置值

#2504……………………沿*X*轴方向的G57工件偏置值
#2604……………………沿*Y*轴方向的G57工件偏置值
#2704……………………沿*Z*轴方向的G57工件偏置值
#2804……………………沿第4轴方向的G57工件偏置值

#2505……………………沿*X*轴方向的G58工件偏置值
#2605……………………沿*Y*轴方向的G58工件偏置值
#2705……………………沿*Z*轴方向的G58工件偏置值
#2805……………………沿第4轴方向的G58工件偏置值

#2506……………………沿*X*轴方向的G59工件偏置值
#2606……………………沿*Y*轴方向的G59工件偏置值
#2706……………………沿*Z*轴方向的G59工件偏置值
#2806……………………沿第4轴方向的G59工件偏置值

#3000……………………用户宏程序产生报警
#3001……………………时钟1——单位1ms
#3002……………………时钟2——单位1h
#3003,#3004……………循环操作控制
#3005……………………设置
#3011……………………时钟信息——年，月，日
#3012……………………时钟信息——时，分，秒
#3901……………………已加工的零件号
#3902……………………待加工的零件号

#4001至#4022……………模态信息*预读程序段*——G *代码组*

#4102至#4130……………模态信息*预读程序段*——B，D，F，H，M，N，O，S，T *代码*
#5001至#5004……………程序段结束位置
#5021至#5024……………机床坐标位置

#5041 至#5046……………工件坐标位置
#5061 至#5064……………跳跃信号位置
#5081 至#5086……………刀具长度补偿值
#5101 至#5104……………伺服系统偏差

（4）FANUC 0 模式同其他模式的比较　本章中的图表描述几种 FANUC 控制模式的不同组别的系统变量。FANUC 0 模式（FS-0）就是其中之一，上面已经介绍过了。同其他控制模式相比，FS-0 是最常用的控制模式，而且可以比更高级的控制模式使用更少的变量。在使用和刀具偏置相关的系统变量时，这一点尤为重要，将在第 11 章中详细介绍。

对特定的控制器和机床单元，总要了解相应的系统变量
在不同的控制器或机床单元之间不能保证有兼容性

本书中的多数例子是针对 FS-15M 和 FS-16/18/21M 控制器及其 B 版本的控制器，可能的话，还可以包括车削部分。这两种控制器对使用宏程序的机床来说，是使用最广泛的两类控制模式。在很多情况下，模式 FS-10 和模式 FS-11 非常类似，但许多参考数字却不相同。

（5）FANUC10/11/15 系列系统变量

#1000through#1035……………………数据输入（DI——来自 PMC）
#1100through#1135……………………数据输出（DO——输出到 PMC）…[ * ]

#2000through#2999……………………刀具补偿值（刀具偏置）………[ * ]
#10001through#13999…………………附加刀具偏置……………………[ * ]

#3000,#3006……………………………用户宏程序产生报警或消息……[ * ]
#3001,#3002……………………………时钟……………………………[ * ]
#3003,#3004……………………………循环操作控制……………………[ * ]
#3007……………………………………镜像
#3011,#3012……………………………时钟信息（时间变量）
#3901,#3902……………………………零件号（零件计数变量）

#4001 至#4130…………………………模态信息*预读程序段*

#4201 至#4330…………………………模态信息*执行程序段*

#5001 至#5006…………………………程序段结束位置
#5021 至#5026…………………………机床坐标位置
#5041 至#5046…………………………工件坐标位置
#5061 至#5066…………………………跳跃信号位置
#5081 至#5086…………………………刀具长度补偿值
#5101 至#5106…………………………伺服系统偏差
#5201 至#5206…………………………工件偏置值（转换或全局）或直到#5215[ * ]
#5221 至#5226…………………………工件偏置值 G54 或直到#5235…………[ * ]
#5241 至#5246…………………………工件偏置值 G55 或直到#5255…………[ * ]
#5261 至#5266…………………………工件偏置值 G56 或直到#5275…………[ * ]

#5281至#5286……………………………工件偏置值 G57 或直到#5295…………[ * ]
#5301至#5306……………………………工件偏置值 G58 或直到#5315…………[ * ]
#5321至#5326……………………………工件偏置值 G59 或直到#5335…………[ * ]
[ * ]标志可读写类型的系统变量

（6）FANUC 16/18/21 系列系统变量

#1000through#1015………………数据输入 DI 从 PMC 向宏程序发送 16 位信号（逐位读取）
#1032………………………………用于一次读取所有 16 位信号
#1100through#1115………………数据输出 DO 从宏程序向 PMC 发送 16 位信号（逐位写入）
#1132………………………………用于一次向 PMC 写入所有 16 位信号

#1133………………………………用于一次向 PMC 写入所有 32 位信号——
–99999999~+99999999 的数值可用于#1133
#2001through#2200………………刀具补偿值（偏置 1~200）
存储类型 A——铣削
#10001through#10999……………刀具补偿值（偏置 1~999）
存储类型 A——铣削
#2001through#2200………………磨损偏置值（偏置 1~200）
存储类型 B——铣削
#2201through#2400………………几何偏置值（偏置 1~200）
存储类型 B——铣削
#10001through#10999……………磨损偏置值（偏置 1~999）
存储类型 B——铣削
#11001through#11999……………几何偏置值（偏置 1~999）
存储类型 B——铣削
#2001through#2200………………H 代码磨损偏置值（偏置 1~200）
存储类型 C——铣削
#2201through#2400………………H 代码几何偏置值（偏置 1~200）
存储类型 C——铣削
#10001through#10999……………H 代码磨损偏置值（偏置 1~999）
存储类型 C——铣削
#11001through#11999……………H 代码几何偏置值（偏置 1~999）
存储类型 C——铣削
#12001through#12999……………D 代码磨损偏置值（偏置 1~999）
存储类型 C——铣削
#13001through#13999……………D 代码几何偏置值（偏置 1~999）
存储类型 C——铣削

#2500………………………………沿 *X* 轴的外部工件偏置值
#2600………………………………沿 *Y* 轴的外部工件偏置值
#2700………………………………沿 *Z* 轴的外部工件偏置值
#2800………………………………沿第 4 轴的外部工件偏置值

#2501………………………………G54 沿 *X* 轴的外部工件偏置值
#2601………………………………G54 沿 *Y* 轴的外部工件偏置值
#2701………………………………G54 沿 *Z* 轴的外部工件偏置值
#2801………………………………G54 沿第 4 轴的外部工件偏置值

#2502……………………………G55 沿 X 轴的外部工件偏置值
#2602……………………………G55 沿 Y 轴的外部工件偏置值
#2702……………………………G55 沿 Z 轴的外部工件偏置值
#2802……………………………G55 沿第 4 轴的外部工件偏置值

#2503……………………………G56 沿 X 轴的外部工件偏置值
#2603……………………………G56 沿 Y 轴的外部工件偏置值
#2703……………………………G56 沿 Z 轴的外部工件偏置值
#2803……………………………G56 沿第 4 轴的外部工件偏置值

#2504……………………………G57 沿 X 轴的外部工件偏置值
#2604……………………………G57 沿 Y 轴的外部工件偏置值
#2704……………………………G57 沿 Z 轴的外部工件偏置值
#2804……………………………G57 沿第 4 轴的外部工件偏置值

#2505……………………………G58 沿 X 轴的外部工件偏置值
#2605……………………………G58 沿 Y 轴的外部工件偏置值
#2705……………………………G58 沿 Z 轴的外部工件偏置值
#2805……………………………G58 沿第 4 轴的外部工件偏置值

#2506……………………………G59 沿 X 轴的外部工件偏置值
#2606……………………………G59 沿 Y 轴的外部工件偏置值
#2706……………………………G59 沿 Z 轴的外部工件偏置值
#2806……………………………G59 沿第 4 轴的外部工件偏置值

#3000……………………………用户宏程序产生报警
#3001……………………………时钟 1——单位 1ms
#3002……………………………时钟 2——单位 1h
#3003……………………………单段控制，等待信号 FIN
#3004……………………………进给保持控制，进给速度倍率控制，准确停止检查控制
#3005……………………………设置
#3011……………………………时钟信息——年，月，日
#3012……………………………时钟信息——时，分，秒
#3901……………………………已加工的零件号
#3902……………………………待加工的零件号
#4001 至#4022…………………模态信息
预读程序段——G 代码组
#4102 至#4130…………………模态信息
预读程序段——B，D，F，H，M，N，O，S，T 代码
#5001 至#5008…………………程序段结束位置
#5021 至#5028…………………机床坐标位置
#5041 至#5048…………………工件坐标位置（绝对位置）
#5061 至#5068…………………跳跃信号位置
#5081 至#5088…………………刀具长度补偿值
#5101 至#5108…………………伺服系统偏差

#5201 至#5208…………………外部工件偏置值（第 1 轴至第 8 轴）
#5221 至#5228…………………G54 工件偏置值（第 1 轴至第 8 轴）

#5241至#5248……………………G55工件偏置值（第1轴至第8轴）
#5261至#5268……………………G56工件偏置值（第1轴至第8轴）
#5281至#5288……………………G57工件偏置值（第1轴至第8轴）
#5301至#5308……………………G58工件偏置值（第1轴至第8轴）
#5321至#5328……………………G59工件偏置值（第1轴至第8轴）

**在#5201至#5328范围内的变量为工件偏置的可选变量。**

#7001至#7008……………………G54.1P1附加工件偏置值（第1轴至第8轴）
#7021至#7028……………………G54.1P2附加工件偏置值（第1轴至第8轴）
#7041至#7048……………………G54.1P3附加工件偏置值（第1轴至第8轴）
#7061至#7068……………………G54.1P4附加工件偏置值（第1轴至第8轴）
#7081至#7088……………………G54.1P5附加工件偏置值（第1轴至第8轴）
#7101至#7108……………………G54.1P6附加工件偏置值（第1轴至第8轴）
#7121至#7128……………………G54.1P7附加工件偏置值（第1轴至第8轴）
#7141至#7148……………………G54.1P8附加工件偏置值（第1轴至第8轴）
#7161至#7168……………………G54.1P9附加工件偏置值（第1轴至第8轴）
#7181至#7188……………………G54.1P10附加工件偏置值（第1轴至第8轴）
#7201至#7208……………………G54.1P11附加工件偏置值（第1轴至第8轴）
#7221至#7228……………………G54.1P12附加工件偏置值（第1轴至第8轴）
#7241至#7248……………………G54.1P13附加工件偏置值（第1轴至第8轴）
#7261至#7268……………………G54.1P14附加工件偏置值（第1轴至第8轴）
#7281至#7288……………………G54.1P15附加工件偏置值（第1轴至第8轴）
#7301至#7308……………………G54.1P16附加工件偏置值（第1轴至第8轴）
#7321至#7328……………………G54.1P17附加工件偏置值（第1轴至第8轴）
#7341至#7348……………………G54.1P18附加工件偏置值（第1轴至第8轴）
#7361至#7368……………………G54.1P19附加工件偏置值（第1轴至第8轴）
#7381至#7388……………………G54.1P20附加工件偏置值（第1轴至第8轴）
#7401至#7408……………………G54.1P21附加工件偏置值（第1轴至第8轴）
#7421至#7428……………………G54.1P22附加工件偏置值（第1轴至第8轴）
#7441至#7448……………………G54.1P23附加工件偏置值（第1轴至第8轴）
#7461至#7468……………………G54.1P24附加工件偏置值（第1轴至第8轴）
#7481至#7488……………………G54.1P25附加工件偏置值（第1轴至第8轴）
#7501至#7508……………………G54.1P26附加工件偏置值（第1轴至第8轴）
#7521至#7528……………………G54.1P27附加工件偏置值（第1轴至第8轴）
#7541至#7548……………………G54.1P28附加工件偏置值（第1轴至第8轴）
#7561至#7568……………………G54.1P29附加工件偏置值（第1轴至第8轴）
#7581至#7588……………………G54.1P30附加工件偏置值（第1轴至第8轴）
#7601至#7608……………………G54.1P31附加工件偏置值（第1轴至第8轴）
#7621至#7628……………………G54.1P32附加工件偏置值（第1轴至第8轴）
#7641至#7648……………………G54.1P33附加工件偏置值（第1轴至第8轴）
#7661至#7668……………………G54.1P34附加工件偏置值（第1轴至第8轴）
#7681至#7688……………………G54.1P35附加工件偏置值（第1轴至第8轴）
#7701至#7708……………………G54.1P36附加工件偏置值（第1轴至第8轴）
#7721至#7728……………………G54.1P37附加工件偏置值（第1轴至第8轴）
#7741至#7748……………………G54.1P38附加工件偏置值（第1轴至第8轴）
#7761至#7768……………………G54.1P39附加工件偏置值（第1轴至第8轴）
#7781至#7788……………………G54.1P40附加工件偏置值（第1轴至第8轴）
#7801至#7808……………………G54.1P41附加工件偏置值（第1轴至第8轴）
#7821至#7828……………………G54.1P42附加工件偏置值（第1轴至第8轴）

#7841 至#7848……………………G54.1P43 附加工件偏置值（第 1 轴至第 8 轴）
#7861 至#7868……………………G54.1P44 附加工件偏置值（第 1 轴至第 8 轴）
#7881 至#7888……………………G54.1P45 附加工件偏置值（第 1 轴至第 8 轴）
#7901 至#7908……………………G54.1P46 附加工件偏置值（第 1 轴至第 8 轴）
#7921 至#7928……………………G54.1P47 附加工件偏置值（第 1 轴至第 8 轴）
#7941 至#7948……………………G54.1P48 附加工件偏置值（第 1 轴至第 8 轴）

在#7001 至#7948 范围内的变量是可选变量，并且仅适用于在 G54.1 P1 至 G54.1 P48（或者 G54 P1 至 G54 P48）范围内的附加工件偏置系统启用的情况。

## 10.3 系统变量的组织

前面列出的许多系统变量仅供参考。由于“仅仅”是一堆数字，所以看起来比较枯燥。然而，如果看得仔细的话，我们会发现这些变量编号的时候采用了特定的模式（至少大部分如此）。很多系统变量编号的时候，被很有逻辑地按组编号，即使每个控制模式的编号都是不同的。

例如，前面所述的工件偏置中有一段，如下所示，其中的编号模式是很明显的：

#5201 至#5208……………………外部工件偏置值（第 1 轴至第 8 轴）
#5221 至#5228……………………G54 工件偏置值（第 1 轴至第 8 轴）
#5241 至#5248……………………G55 工件偏置值（第 1 轴至第 8 轴）
#5261 至#5268……………………G56 工件偏置值（第 1 轴至第 8 轴）
#5281 至#5288……………………G57 工件偏置值（第 1 轴至第 8 轴）
#5301 至#5308……………………G58 工件偏置值（第 1 轴至第 8 轴）
#5321 至#5328……………………G59 工件偏置值（第 1 轴至第 8 轴）

这种模式是什么，更重要的是，为什么这种模式如此重要呢？每组变量（上述七组）包含的变量号间隔都为 20。第一组起始系统变量为#5201，第二组的起始系统变量为#5221，第三组的起始系统变量为#5241，如此类推。这七组变量包含一组外部工件偏置和六组标准工件偏置，即 G54~G59。附加系列（G54.1），在可行的情况下，采用同样的编号逻辑，但是变量编号从#7001 开始。

在宏程序中，通过使用一些逻辑、高效的方法，把这些系统变量有规律地编排地址是很重要的。必要的话，宏程序扩展可以以 1 或 20 为增量，通过计数器来实现这种循环。接下来的这个列表或许可以更好的解释上述的信息，在这里就不加以说明了（见表 10.1）。

毫无疑问，这个表格比上面的列表看上去要明了，然而它更长，而且没有任何说明。哪种方式更好一些是无关紧要的，关键是这种编号的方式带给我们巨大的方便。对编号系统来说，这种方法并不是华而不实的，相反，这种特别的编号系统方法有着很大的吸引力。这种编号系统便于在宏程序中使用带变量的公式，而且允许基于其他地址号来计算所需要的地址号。

例如下面的情况。如果以系统变量#5201 为基准来计算的话，要想获得其他坐标系统，只需要一步乘法：

表 10.1 列表

| 轴 | 外 部 | G54 | G55 | G56 | G57 | G58 | G59 |
|---|---|---|---|---|---|---|---|
| 第 1 轴=*X* | #5201 | #5221 | #5241 | #5261 | #5281 | #5301 | #5321 |
| 第 2 轴=*Y* | #5202 | #5222 | #5242 | #5262 | #5282 | #5302 | #5322 |
| 第 3 轴=*Z* | #5203 | #5223 | #5243 | #5263 | #5283 | #5303 | #5323 |
| 第 4 轴 | #5204 | #5224 | #5244 | #5264 | #5284 | #5204 | #5324 |
| 第 5 轴 | #5205 | #5225 | #5245 | #5265 | #5285 | #5205 | #5325 |
| 第 6 轴 | #5206 | #5226 | #5246 | #5266 | #5286 | #5206 | #5326 |
| 第 7 轴 | #5207 | #5227 | #5247 | #5267 | #5287 | #5207 | #5327 |
| 第 8 轴 | #5208 | #5228 | #5248 | #5268 | #5288 | #5208 | #5328 |

- □ 在宏程序中，加上 1 的 20 倍，就得到 G54 的 *X* 值；
- □ 在宏程序中，加上 2 的 20 倍，就得到 G55 的 *X* 值；
- □ 在宏程序中，加上 3 的 20 倍，就得到 G56 的 *X* 值；
- □ 在宏程序中，加上 4 的 20 倍，就得到 G57 的 *X* 值；
- □ 在宏程序中，加上 5 的 20 倍，就得到 G58 的 *X* 值；
- □ 在宏程序中，加上 6 的 20 倍，就得到 G59 的 *X* 值。

其中的 20 称为转换值。当然，任何其他的变量都可以作为此类计算的基准变量。这种方法通过内置的数字化模式，可以用作很多计算。更进一步考虑，思考一下怎样可以从一个轴转换到另一个轴。这个问题可以作为一个小小的挑战，下一部分我们就要对这个过程作进一步的解释。

## 10.4 重置编程零点

这里有一个实践应用中的小例子。通过这个例子可以说明，在这么一个简单但是很有意义的过程中如何使用系统变量。以后我们会讲到宏程序的扩展，所以在这里做一个小小的复习也是很有好处的。这个工程很简单，而且其中的宏程序代码在日常的 CNC 机床加工中用处非常大。例子中的宏程序只做一件事情——通过使用前面讨论的方法，在当前的刀具位置重置编程零点。这就是我们所知道的*零点转换*或*基准转换*。

在进行初步设置时，为方便起见，我们会把工件偏置设置为零件的一个顶点，这种情况通常会使用这段宏程序，然后通过宏程序将工件偏置设置为一个圆周的中心（例如螺栓的中心），以便于程序执行。也可以通过一些其他的方法来实现，如 G52。我们需要做的是为同一个目的来创建一个宏程序。在 O8007 中，添加的注释解释了每个程序段实现的功能。再看一遍前面的 FANUC 15M 系统变量，你就会明白其中的含义。

```
O8007
（宏程序为当前刀具位置重置程序零点——版本 1）
N101 #1= #4214              保存当前坐标系统号（54~59）
N102 #1= #1-53              保存当前坐标系统组（1~6）
N103 #1= 20*#1              计算当前组的转换值（基准为20）
N104 #1= #1+5201            识别可用的变量号
N105 #[#1]= #5021           保存新变量的当前X轴的机床坐标值
N106 #[#1+1]= #5022         保存新变量的当前Y轴的机床坐标值
N107 M99                    退出宏程序
%
```

在宏程序中的程序段编号仅供参考，而且不是必须的。局部变量使用的是#1，当然也可以用任何其他的局部变量代替，如#33。这只是宏程序的一个版本，可能还有其他的版本。还会有包括嵌套定义或者完全不同的其他方法等的改进。这个例子我们很快还会作为一个实际的工程项目见到。

宏程序 O8007 的特殊“秘诀”在于程序段 N102。注意从当前变量值#1 减去了任意值 53。因为#1 保存的是当前工件偏置号（在 N101 中已做定义），如果从中减去 53，对 G54 会得到返回值 1，对 G55 会得到返回值 2，对 G56 会得到返回值 3，对 G57 会得到返回值 4，对 G58 会得到返回值 5，对 G59 会得到返回值 6。程序段 N103 会取得到的返回值，然后乘以 20——要记得 20 是工件偏置系统变量的转换值。在这个程序中，G54 的转换值为 20，G55 的转换值为 40，G56 的转换值为 60，G57 的转换值为 80，G58 的转换值为 100，G59 的转换值为 120。程序段 N104 把 5021 加上转换后的值，对 G54 变为 5221，对 G55 变为 5241，对 G56 变为 5261，对 G57 变为 5281，对 G58 变为 5301，对 G59 变为 5321。程序段 N105 把当前的值转换为真实的系统变量值，例如 5221 现在就是#5221，依此类推。因为系统变量在左边，所以将使用当前机床的 *X* 轴坐标写入（仍在程序段 N105 中）。程序段 N106 增加了一个值，对 *Y* 轴也要这样考虑。

注意#[#1]的含义：将变量#1 的返回值转换为一个标准的变量值。例如：

```
#1=100             100 赋予变量 1
#100=1200.0        1200.0 赋予变量 100
#2=#[#1]           等价于#2=#100，因此#2 的值为 1200.0
```

# 第11章 刀具偏置变量

第 10 章中列出了常见的系统变量，但主要是针对不同的 FANUC 控制模式。其内容在某种程度上偏重于工件偏置量的控制，主要是标准的 G54 至 G59 系列的准备命令的应用。除了工件偏置以外，还有许多和切削刀具有关的偏置，而且对应这些刀具偏置，同样有很多的系统变量，作为工件偏置的补充。事实上，此类的系统变量是相当繁多的，所以有必要将其作为一个单独章节来讲解。本章主要讨论刀具偏置变量及其相关的系统变量，这是前面章节的系统变量这一主题的延续，但又是完全不同的一个特殊的领域。

## 11.1 系统变量与刀具偏置

在一般的宏程序中，尤其是在机床在线探测（在线测量）过程中，各种偏置变量的当前值总是在频繁地变化，因此要想得到最可靠的、可复验的结果，必须对其实现自动控制。这种自动化控制是通过编制各种各样的宏程序来实现的。在这个范畴中包括两组特殊的偏置（也称为补偿），它们与切削刀具的某种测量值有关：

- 刀具长度偏置　有关的可用的 G 代码，即 G43，G44 和 G49;
- 刀具半径偏置　有关的可用的 G 代码，即 G40，G41 和 G42。

每组偏置变量的数值和设置，可由宏程序直接读取，或者采用 FANUC 控制器的系统变量直接写入。这取决于 FANUC 模式，这些变量的使用可能有点复杂。为便于组织，FANUC 把宏程序中的刀具偏置变量分为三组，称为刀具偏置变量存储组。即使 CNC 机床没有安装或激活宏选项，但了解机床具有的偏置存储类型是个不错的想法。这方面知识对标准 CNC 编程也是很重要的，并且令人吃惊的是，许多 CNC 编程员和操作员并不了解特定 CNC 机床实际具有的刀具偏置存储类型。第 5 章深入阐述了刀具偏置存储类型的主题。本章的核心是阐述这些偏置变量与系统变量之间的关系。

刀具偏置存储组与特定的控制模式有关，并且可通过观看控制屏幕，按下键盘上的“OFFSET”键，非常容易地进行设置。列的序号和列的标题（列的内容）将提供基本信息。但是组不能被列出或识别。用户必须切实了解三组之间的准确区别，这也是本章中要简短阐述的主题。

## 11.2 刀具偏置存储组

保存刀具偏置变量的存储寄存器取决于控制模式和加工种类（铣削或车削）。编程员应了解哪种存储类型在机床车间中的哪个 FANUC 控制器上可用。铣削控制器中有三组，分别用大写字母 A、B、C 来识别。车削控制器有两组，分别用大写字母 A 和 B 来识别。前面的第 5 章讲述的主要内容是数据设置，它描述的是在控制显示屏（CRT）上的每种偏置变量组的外观。复习这三种主要类型在铣削控制器中的应用（通常用于车床的只有一种类型），将会对宏程序中系统变量的考虑有所帮助作用。

（1）刀具偏置存储——A 类 这种最低级的组也称为共有的偏置变量组。由于比较简单，用户可以很容易识别。在控制系统中，只有一列可用于输入刀具长度偏置数值和刀具半径偏置数值。意思是刀具长度偏置变量和刀具半径偏置变量存储在同一个寄存区中。如果特定的刀具要求在同一个程序中有两个偏置变量，那么这两个偏置变量的差别就是它们采用不同的偏移号。同一个寄存区中共有两种类型的偏置变量。例如：

```
(4 号刀具激活状态)
……
G43 Z2.0 H04              使用刀具长度偏置 04 （H04）
……
G01 G41 X50.0 D34         使用刀具半径偏置 34 （D34）
……
```

在某些机床上，不能使用 D 偏置变量，因而 H 偏置变量也必须用于刀具半径：

```
(4 号刀具激活状态)
……
G43 Z2.0 H04              使用刀具长度偏置 04（H04）
……
G01 G41 X50.0 H34         使用刀具半径偏置 34（H34）
……
```

30 个偏置变量号严格说是可选的，某些编程员可能认为 50 更好。这只是一种可能的建议，两种选择都是合理和实用的。任何其他便利的数值只要是在可用的偏置变量数值的范围内，都是可以的。可用的偏置变量值越大，可使用的增量越高。在实际加工中，确定增量不仅取决于可用的偏置号，还取决于它的实际属性。例如，无论是刀具长度偏置变量还是刀具半径偏置变量，对于每把刀具在某种应用中都有几种可选数值。在实际应用中，哪一种更可能具有多个数值？当然是刀具半径偏置变量。也就是说，可以分配给刀具半径偏置变量比刀具长度偏置变量更大的偏置变量值范围。

（2）刀具偏置存储——B 类 下一种刀具偏置存储类型是 B 类。它和 A 类很相似，但是在控制器屏幕上它显示为两列，而不是一列。几何偏置变量与磨损偏置变量是分开的。就像 A 类一样，刀具长度偏置变量和刀具半径偏置变量之间没有区别。

这种存储类型的优点是，名义偏置变量值（也称为几何偏置变量）可在单独一列中输入，并可在单独一列中进行粗调和微调，称为磨损偏置。既然偏置变量数值的微调是在两个单独的偏置寄存器中进行，那么名义偏置变量值（也称为几何偏置变量）通常不被修改。在CNC程序中偏置变量的使用和A类中的例子相同：

```
（4号刀具激活状态）
……
G43 Z2.0 H04              使用刀具长度偏置 04 （H04）
……
G01 G41 X50.0 D34         使用刀具半径偏置 34 （D34）
……
```

在某些机床上，不能使用D偏置变量，因而H偏置变量也必须用于刀具半径：

```
（4号刀具激活状态）
……
G43 Z2.0 H04              使用刀具长度偏置 04（H04）
……
G01 G41 X50.0 H34         使用刀具半径偏置 34 （H34）
……
```

注意上面的程序例子与前面A类的一样。所不同的是偏置变量的输入方法，而且是在机床上输入，是在作业准备过程中而不是在程序中输入。

（3）刀具偏置存储——C类　刀具偏置存储类型C是三种方式中最新的也是最灵活的一种。同B类一样，它的几何偏置与磨损偏置也是分开的。另外，刀具长度偏置和刀具半径偏置也是分开的，每一种都有自己的几何偏置和磨损偏置。因为每种偏置都有自己的寄存区，同一个偏置号可用于H和D偏置：

```
（4号刀具激活状态）
……
G43 Z2.0 H04              使用刀具长度偏置 04（H04）
……
G01 G41 X50.0 D04         使用刀具半径偏置 04（D04）
……
```

为方便起见，C类对于CNC编程员（相同的偏置号可用于程序中的H地址和D地址）和CNC操作员（对刀具长度偏置和刀具半径偏置有截然不同的几何偏置和磨损偏置）都同样宽容。

## 11.3 刀具偏置变量——FANUC 0控制器

由于FANUC 0是最传统的依据特征属性的控制器，因而对严格复杂的宏程序作业而言不是最适合的控制器，与系统变量有关的细节会变少。在CNC加工中心（或铣床）上，FANUC 0对刀具偏置系统变量仅使用两列来表示，这两列分别为偏置号和变量号。

（1）铣削控制器FS-0M　可用的刀具偏置变量的典型数值可高达200个（见表11.1），与系统变量有关的刀具偏置变量的输入反映了这一点。

表 11.1 刀具偏置变量的典型数值

| 刀具偏置号 | 变 量 号 | 刀具偏置号 | 变 量 号 |
|---|---|---|---|
| 1 | #2001 | 9 | #2009 |
| 2 | #2002 | 10 | #2010 |
| 3 | #2003 | 11 | #2011 |
| 4 | #2004 | 12 | #2012 |
| 5 | #2005 | …… | …… |
| 6 | #2006 | …… | …… |
| 7 | #2007 | 199 | #2199 |
| 8 | #2008 | 200 | #2200 |

FANUC 0 控制模式下仅有一列系统变量可用。

（2）车削控制器 FS-0T 可用的刀具偏置号的典型数量是 32 个（见表 11.2），与系统变量有关的刀具偏置变量的输入反映了这一点。

表 11.2 可用的刀具偏置号的典型数量

| 偏 置 寄 存 | 刀具偏置号 | 刀具磨损偏置号 | 刀具几何偏置号 |
|---|---|---|---|
| X 轴 | 1 | #2001 | #2701 |
| | 2 | #2002 | #2702 |
| | 3 | #2003 | #2703 |
| | …… | …… | …… |
| | 32 | #2032 | #2732 |
| Z 轴 | 1 | #2101 | #2801 |
| | 2 | #2102 | #2802 |
| | 3 | #2103 | #2803 |
| | …… | …… | …… |
| | 32 | #2132 | #2832 |
| 半径 | 1 | #2201 | #2901 |
| | 2 | #2202 | #2902 |
| | 3 | #2203 | #2903 |
| | …… | …… | …… |
| | 32 | #2232 | #2932 |
| 刀尖 | 1 | #2301 | #2301 |
| | 2 | #2302 | #2302 |
| | 3 | #2303 | #2303 |
| | …… | …… | …… |
| | 32 | #2332 | #2332 |

在一般的 B 类偏置存储类型中，要求有 4 列系统变量，对每一列可用 32 个变量。注意：刀尖设定数值与几何和磨损相关的变量相同，因为在同一模式下必须相同。例如，如果刀尖的几何偏置号取 3，那么磨损偏置号也必须取 3。一个改变，

另一个也必须跟着改变。

## 11.4 刀具偏置变量——用于铣削的 FS 10/11/15/16/18/21

用于铣削的 FANUC 10/11/15/16/18 控制器中有相当多的关于刀具偏置的系统变量，并列在同样的标题下面。无论如何，对 FANUC 参考手册中的任何最新的改动都要进行双重检查。首先要阐述铣削控制器。

刀具偏置系统变量不仅要根据存储类型（A、B 或 C）来区分，还要根据特定控制系统实际可用的偏置号来区分。从购买的选择来说，偏置号的级别通常分为 200 以下，或 200 以上。下面是常用的系统变量列表。

（1）200 以下偏置量列表——存储类型 A　表 11.3 是 200 及以下刀具偏置的系统变量，存储类型为 A。

**表 11.3　200 及以下刀具偏置的系统变量——存储类型 A**

| 偏 置 号 | 变 量 号 | 偏 置 号 | 变 量 号 |
|---|---|---|---|
| 1 | #2001 | 10 | #2010 |
| 2 | #2002 | 11 | #2011 |
| 3 | #2003 | 12 | #2012 |
| 4 | #2004 | …… | …… |
| 5 | #2005 | …… | …… |
| 6 | #2006 | …… | …… |
| 7 | #2007 | 198 | #2198 |
| 8 | #2008 | 199 | #2199 |
| 9 | #2009 | 200 | #2200 |

（2）200 以下偏置量列表——存储类型 B　表 11.4 是 200 及以下刀具偏置的系统变量，存储类型为 B。

**表 11.4　200 及以下刀具偏置的系统变量——存储类型 B**

| 偏 置 号 | 几何偏置变量号 | 磨损偏置变量号 | 偏 置 号 | 几何偏置变量号 | 磨损偏置变量号 |
|---|---|---|---|---|---|
| 1 | #2001 | #2201 | 10 | #2010 | #2210 |
| 2 | #2002 | #2202 | 11 | #2011 | #2211 |
| 3 | #2003 | #2203 | 12 | #2012 | #2212 |
| 4 | #2004 | #2204 | …… | …… | …… |
| 5 | #2005 | #2205 | …… | …… | …… |
| 6 | #2006 | #2206 | …… | …… | …… |
| 7 | #2007 | #2207 | 198 | #2198 | #2398 |
| 8 | #2008 | #2208 | 199 | #2199 | #2399 |
| 9 | #2009 | #2209 | 200 | #2200 | #2400 |

在刀具偏置的存储类型 B 中，还存在刀具长度和刀具半径的共享入口，但几何

偏置和磨损偏置的划分在很多宏程序应用中非常有用，通常是和程序控制的预设偏置值的改动有关。在这种情况下，预设值将会保存在几何偏置列中（不会被修改），而对此值进行的调整（需要做的改动）会被保存在磨损偏置列中。通过使用专门的预设定设备，可在脱机情况下测得相应的预设偏置值，这种方式在大批量制造，敏捷制造，以及拥有大量同种 CNC 机床的车间中相当常见。

（3）200 以下偏置量列表——存储类型 C 表 11.5 是 200 及以下刀具偏置的系统变量，存储类型为 C，注意有 4 列变量。

**表 11.5 200 及以下刀具偏置的系统变量——存储类型 C**

| 偏置号 | H 偏置 | | D 偏置 | |
|---|---|---|---|---|
| | 几何偏置变量号 | 磨损偏置变量号 | 几何偏置变量号 | 磨损偏置变量号 |
| 1 | #2001 | #2201 | #2401 | #2601 |
| 2 | #2002 | #2202 | #2402 | #2602 |
| 3 | #2003 | #2203 | #2403 | #2603 |
| 4 | #2004 | #2204 | #2404 | #2604 |
| 5 | #2005 | #2205 | #2405 | #2605 |
| 6 | #2006 | #2206 | #2406 | #2606 |
| 7 | #2007 | #2207 | #2407 | #2607 |
| 8 | #2008 | #2208 | #2408 | #2608 |
| 9 | #2009 | #2209 | #2409 | #2609 |
| 10 | #2010 | #2210 | #2410 | #2610 |
| 11 | #2011 | #2211 | #2411 | #2611 |
| 12 | #2012 | #2212 | #2412 | #2612 |
| …… | …… | …… | …… | …… |
| …… | …… | …… | …… | …… |
| …… | …… | …… | …… | …… |
| 198 | #2198 | #2398 | #2598 | #2798 |
| 199 | #2199 | #2399 | #2599 | #2799 |
| 200 | #2200 | #2400 | #2600 | #2800 |

C 类刀具偏置存储的优点和 B 类相同，但是增加了对刀具长度和刀具半径的控制，两者被分开，这样为 CNC 和宏程序带来很大的便利和灵活性。

正如工件偏置与系统变量相关一样，注意对刀具长度偏置变量和刀具半径偏置变量的相同的逻辑识别和编号。

（4）200 以上偏置量列表——存储类型 A 表 11.6 是 200 以上刀具偏置的系统变量列表，存储类型为 A。

表 11.6 列出的偏置量的使用原则和本章前面的 200 以下偏置量列表——存储类型 A 是相同的。唯一的不同就是为编程员和操作员提供的偏置号要大得多。大型的 CNC 机床的偏置号通常都比较大，而且可用于存储的刀具号也很大。

因为最小值为 200，所以有多于 200 个刀具的机床同样可以使用这组刀具偏置系统变量。

表 11.6　200 以上刀具偏置的系统变量——存储类型 A

| 偏置号 | 变量号 | 偏置号 | 变量号 |
|---|---|---|---|
| 1 | #10001 | 10 | #10010 |
| 2 | #10002 | 11 | #10011 |
| 3 | #10003 | 12 | #10012 |
| 4 | #10004 | …… | …… |
| 5 | #10005 | …… | …… |
| 6 | #10006 | …… | …… |
| 7 | #10007 | 997 | #10997 |
| 8 | #10008 | 998 | #10998 |
| 9 | #10009 | 999 | #10999 |

（5）200 以上偏置量列表——存储类型 B　表 11.7 是 200 以上刀具偏置的系统变量，存储类型为 B。

表 11.7　200 以上刀具偏置的系统变量——存储类型 B

| 偏置号 | 几何偏置变量号 | 磨损偏置变量号 |
|---|---|---|
| 1 | #10001 | #11001 |
| 2 | #10002 | #11002 |
| 3 | #10003 | #11003 |
| 4 | #10004 | #11004 |
| 5 | #10005 | #11005 |
| 6 | #10006 | #11006 |
| 7 | #10007 | #11007 |
| 8 | #10008 | #11008 |
| 9 | #10009 | #11009 |
| 10 | #10010 | #11010 |
| 11 | #10011 | #11011 |
| 12 | #10012 | #11012 |
| …… | …… | …… |
| …… | …… | …… |
| …… | …… | …… |
| 997 | #10997 | #11997 |
| 998 | #10998 | #11998 |
| 999 | #10999 | #11999 |

表 11.7 中列出的刀具偏置的使用原则和本章前面的 200 以下偏置量列表——存储类型 B 是相同的。唯一的不同就是偏置号要大得多。

（6）200 以上偏置量列表——存储类型 C　表 11.8 是 200 以上刀具偏置的系统变量，存储类型为 C。

表 11.8　200 以上刀具偏置的系统变量——存储类型 C

| 偏置号 | H 偏置 | | D 偏置 | |
|---|---|---|---|---|
| | 几何偏置变量号 | 磨损偏置变量号 | 几何偏置变量号 | 磨损偏置变量号 |
| 1 | #10001 | #11001 | #12001 | #13001 |
| 2 | #10002 | #11002 | #12002 | #13002 |
| 3 | #10003 | #11003 | #12003 | #13003 |
| 4 | #10004 | #11004 | #12004 | #13004 |
| 5 | #10005 | #11005 | #12005 | #13005 |
| 6 | #10006 | #11006 | #12006 | #13006 |
| 7 | #10007 | #11007 | #12007 | #13007 |
| 8 | #10008 | #11008 | #12008 | #13008 |
| 9 | #10009 | #11009 | #12009 | #13009 |
| 10 | #10010 | #11010 | #12010 | #13010 |
| 11 | #10011 | #11011 | #12011 | #13011 |
| 12 | #10012 | #11012 | #12012 | #13012 |
| …… | …… | …… | …… | …… |
| …… | …… | …… | …… | …… |
| …… | …… | …… | …… | …… |
| 997 | #10997 | #11997 | #12997 | #13997 |
| 998 | #10998 | #11998 | #12998 | #13998 |
| 999 | #10999 | #11999 | #12999 | #13999 |

表 11.8 中偏置量的使用原则和前面的 200 以下偏置量列表——存储类型 C 是相同的，只是可用的偏置号更大。

前面所有的列表为 FANUC 的铣削控制器的几种模式提供了很好的系统变量源。下面的列表将会为车削控制器提供类似的变量源。

## 11.5 刀具偏置变量——用于车削的 FS 10/11/15/16/18/21

FANUC 的车削控制器 FS-10、FS-11、FS-15、FS-16、FS-18 和 FS-21 也有相当多的关于刀具偏置的系统变量，因而也列在相同的标题下面。无论如何，对 FANUC 参考手册中的任何最新的改动都要进行双重检查。接下来将介绍车削控制器。

用于车削控制器的刀具偏置系统变量不仅要根据偏置存储类型（A 或 B）来区分，还要根据特定控制系统实际可用的偏置号来区分。从购买的选择来说，偏置量的级别通常分为 64 以下，或 64 以上。下面是常用系统变量的列表。

（1）刀具设置　这一部分实质上并不属于刀具偏置的章节，但在这里提到主要是作为典型的 CNC 车床编程时使用的刀具偏置的提示。

在典型的 CNC 车床编程中，车削刀具是由后跟四位数字的 T 地址调用，例如 T0101。在车床中没有 M06 功能用于自动换刀，T 地址除了设置偏置值，也可以进行刀具交换（刀具分度）。这个四位数字实际上是由两对两位数字组成。第一对数字称为转塔上的刀具号，第二对数字是偏置号。因此 T0101 意思是 1 号刀具，1 号偏置量。在存储类型 A 中，只有一组变量，表示磨损偏置量。A 类中没有几何偏置量。在程序中常使用 G50 命令来设置几何偏置量（车床中的 G50 相当于铣床中的 G92）。这种设置方法在今天看来是过时的，因此，具有几何偏置量和磨损偏置量的存储类型 B 的使用更加常见和普遍。这种情况下，T0101 中的第一对数字是指选用转塔上的 1 号刀具（包括刀具交换），几何偏置号也为 1。第二对数字是指磨损偏置量，通常和几何偏置量并不相同，尽管多数情况下是相同的。

虽然 CNC 车床操作员在控制器中通常只使用几何偏置量而忽略几何偏置量和磨损偏置量之间的区别，但在宏程序中绝不建议这样做。例如，如果检测到 T0101 的几何偏置量为 Z-375.0，同一刀具的磨损偏置量为 Z1.5，这和把几何偏置设置为 Z-373.5，磨损偏置量设置为 Z0.0 是相同的。尽管这种方法不太恰当，也不推荐使用，但结果却是相同的。

更好的办法是保持几何偏置量不变，只改变磨损偏置量，这是因为几何偏置量通常由原始的，预设定值表示。几何偏置量可能是操作员在线测量得到的，也可能是外部刀具预调节器测得的。这种方法也会为同一刀具使用多个磨损偏置量的情况带来更方便的控制，而且可以保持严格的公差。适当地管理两种偏置类型，将有助于为 CNC 车床提供高质量的宏程序。

（2）64 以下偏置量列表——存储类型 A　在机床车间中通常不会有偏置存储类型 A。表 11.9 是 64 以下刀具偏置的相关系统变量，存储类型为 A。

表 11.9 等同于磨损偏置变量列表。

**表 11.9　64 以下刀具偏置的相关系统变量——存储类型 A**

| 偏 置 寄 存 | 刀具偏置号 | 刀具偏置值 |
|---|---|---|
| *X* 轴 | 1 | #2001 |
| | 2 | #2002 |
| | 3 | #2003 |
| | …… | …… |
| | 64 | #2064 |
| *Z* 轴 | 1 | #2101 |
| | 2 | #2102 |
| | 3 | #2103 |
| | …… | …… |
| | 64 | #2164 |
| 半径 | 1 | #2201 |
| | 2 | #2202 |

续表

| 偏置寄存 | 刀具偏置号 | 刀具偏置值 |
|---|---|---|
| 半径 | 3 | #2203 |
| | …… | …… |
| | 64 | #2264 |
| 刀尖 | 1 | #2301 |
| | 2 | #2302 |
| | 3 | #2303 |
| | …… | …… |
| | 64 | #2364 |

（3）64以下偏置量列表——存储类型B　偏置存储类型B的使用太广泛了，在很多FANUC车床控制器中都可以见到。它可以支持64个刀具偏置，对多数车床应用来讲足够了。

表11.10是64以下刀具偏置的相关系统变量，存储类型为B。

**表11.10　64以下刀具偏置的相关系统变量——存储类型B**

| 偏置寄存 | 刀具偏置号 | 刀具磨损偏置值 | 刀具几何偏置值 |
|---|---|---|---|
| $X$轴 | 1 | #2001 | #2701 |
| | 2 | #2002 | #2702 |
| | 3 | #2003 | #2703 |
| | …… | …… | …… |
| | 64 | #2064 | #2764 |
| $Z$轴 | 1 | #2101 | #2801 |
| | 2 | #2102 | #2802 |
| | 3 | #2103 | #2803 |
| | …… | …… | …… |
| | 64 | #2164 | #2864 |
| 半径 | 1 | #2201 | #2901 |
| | 2 | #2202 | #2902 |
| | 3 | #2203 | #2903 |
| | …… | …… | …… |
| | 64 | #2264 | #2964 |
| 刀尖 | 1 | #2301 | #2301 |
| | 2 | #2302 | #2302 |
| | 3 | #2303 | #2303 |
| | …… | …… | …… |
| | 64 | #2364 | #2364 |

（4）64以上偏置量列表——存储类型A　偏置存储类型A在机床车间中就很少见，偏置多于64的存储类型就更少了。表11.11为64以上偏置的系统变量的相关列表（列出160个，其他数字也是可能的），存储类型为A。

表11.11等同于磨损偏置列表。

**表 11.11　64 以上刀具偏置的相关系统变量——存储类型 A**

| 偏 置 寄 存 | 刀具偏置号 | 刀具偏置值 |
|---|---|---|
| X 轴 | 1 | #10001 |
| | 2 | #10002 |
| | 3 | #10003 |
| | …… | …… |
| | 160 | #10160 |
| Z 轴 | 1 | #11001 |
| | 2 | #11002 |
| | 3 | #11003 |
| | …… | …… |
| | 160 | #11160 |
| 半径 | 1 | #12001 |
| | 2 | #12002 |
| | 3 | #12003 |
| | …… | …… |
| | 160 | #12160 |
| 刀尖 | 1 | #13001 |
| | 2 | #13002 |
| | 3 | #13003 |
| | …… | …… |
| | 160 | #13160 |

（5）64 以上偏置量列表——存储类型 B　64 以上偏置的存储类型 B 是一种相当先进的应用，但并不是很常见。它支持 64 个以上的刀具偏置（列出 160 个，其他数字也是可能的），这对于非常复杂的车床应用也是足够的。

表 11.12 是 64 以上刀具偏置的相关系统变量，存储类型为 B。

**表 11.12　64 以上刀具偏置的相关系统变量——存储类型 B**

| 偏 置 寄 存 | 刀具偏置号 | 刀具磨损偏置值 | 刀具几何偏置值 |
|---|---|---|---|
| X 轴 | 1 | #15001 | #10001 |
| | 2 | #15002 | #10002 |
| | 3 | #15003 | #10003 |
| | …… | …… | …… |
| | 64 | #15160 | #10160 |
| Z 轴 | 1 | #16001 | #11001 |
| | 2 | #16002 | #11002 |
| | 3 | #16003 | #11003 |
| | …… | …… | …… |
| | 64 | #16160 | #11160 |
| 半径 | 1 | #17001 | #12001 |
| | 2 | #17002 | #12002 |
| | 3 | #17003 | #12003 |
| | …… | …… | …… |
| | 64 | #17160 | #12160 |
| 刀尖 | 1 | #13001 | #13001 |
| | 2 | #13002 | #13002 |
| | 3 | #13003 | #13003 |
| | …… | …… | …… |
| | 64 | #13160 | #13160 |

# 第12章 模态数据

在宏程序中使用系统变量的最重要实例之一是关于处理模态数据的问题。所有基础CNC编程课程讲述的CNC程序中的大多数数据是模态数据。这里的“模态”（modal）来源于拉丁文的“modus”，意思是方式。在英语中，我们经常用方式、风格、形式等词汇来描述。当用在CNC模态词汇中其含义也是相同的，例如，进给速度表示为F250.0，意思是指定的进给速度有相同的形式，相同的风格，相同的模式，也意味着是不变化的，或者说是模态的，直到被另外的进给速度数值所替代。同样的逻辑也用于许多其他的CNC程序语句（字），例如主轴转速S、偏置量H和D以及许多其他的代码，包括多数的G代码和M代码。当然，所有轴的数据也是模态数据（*X*、*Y*、*Z*的位置）。

在这一章里，重点将放在用户宏程序由主程序或其他子程序调用前程序模态值的重要性。本章还将重点讨论宏程序如何保存现有的模态值，如何进行临时修改，并在需要的时候如何对原始数据进行恢复。

在宏程序中使用模态命令并不困难，但是要注意避免一些问题。

## 12.1 用于模态命令的系统变量

4000系列的系统变量（适用于FS-0/10/11/15/16/18/21）涵盖了宏程序中模态命令的使用范围。在4000系列中，基于控制模式的不同有两组系统变量。

（1）FANUC 0/16/18/21模态信息　这些控制模式使用两组4000系列变量。

| | | |
|---|---|---|
| **#4001—#4022** | **模态信息** | **（G-代码组）** |
| **#4102—#4130** | **模态信息** | **（B、D、F、H、M、N、O、S和T代码）** |

（2）FANUC 10/11/15模态信息　这些控制模式也使用两组4000系列变量，但范围更广。

| | | |
|---|---|---|
| **#4001—#4130** | **模态信息** | **（预定义程序段）** |
| **#4201—#4130** | **模态信息** | **（执行程序段）** |

（3）预处理程序段和执行程序段　使用4000系列系统变量的目的是给CNC宏编程员提供某一时刻的当前模态信息。通常有两组可用的模态信息，即预处理程序

段和执行程序段。

① 预处理程序段 这一组的模态信息都是已经激活的，该程序段也称为预读程序段。

② 执行程序段 执行当前程序段时，才能激活这一组模态信息。

注意：执行程序段对于 **FANUC** 的 **FS-0**、**FS-16**、**FS-18** 和 **FS-21** 等模式是不可用的

## 12.2 模态 G 代码

除了轴命令外，所有剩下的模态命令中，G 代码在宏程序中的使用最为广泛。对所有 FANUC 控制器来说，第一个系统变量是#4001，末位数字（1）是指模态 G 代码的 01 组，#4002 是指 G 代码的 02 组，依此类推。系统不支持 00 组，因为 4000 系列的系统变量只针对模态信息而言，而 00 组的 G 代码是非模态的。对 FANUC 的 0/16/18/21 控制器来说，各种模态 G 代码的状态总是保存在#4001～#4022 范围内的系统变量中，其他代码的保存范围是#4102～#4130。所有这些变量都是预处理程序段的模态信息。对 FANUC10/11/15 控制器来说，模态系统变量通常在预处理程序段（#4001～#4130 范围内的系统变量）和执行程序段（#4201～#4330 范围内的系统变量）之间划分范围。

对变量的任何范围，尤其是在宏程序中的 G 代码发生变化之前，所有模态组中 G 代码的当前值可以存储到局部变量或全局变量中。保存当前模态 G 代码的主要目的是保证编写宏程序过程的安全性，另外还可以保持较专业的编程环境。比如说，如果在宏程序中使用工件偏置 G56，而且不采取任何动作，则宏程序执行完毕后，G56 就会成为以后任何一段程序的当前坐标系。这样，如果下一段的主程序的执行需要选用 G54 工件偏置量的话，显然会带来一定的麻烦。专业的编程员通常会在宏程序内保存当前模态的 G 代码值，然后将其修改为宏程序体中所需要的值。在宏程序处于激活状态时，这个新的代码值可以在宏程序内部无限制的使用。最后，退出宏程序之前，在主程序或者其他宏程序中使用的原始数值将被恢复，以便在随后的程序运行中使用。

（1）FANUC 0/16/18/21 低级 CNC 控制器（仅对预处理程序段—执行程序段不适用）的典型的 G 代码（准备命令）模态信息见表 12.1。

**表 12.1 低级 CNC 控制器的典型 G 代码模态信息**

| 系统变量号 | G 代码组 | G 代码命令 | |
|---|---|---|---|
| #4001 | 01 | G00 G01 G02 G03 G33 | 注意：G31 属于 00 组 |
| #4002 | 02 | G17 G18 G19 | |
| #4003 | 03 | G90 G91 | |

续表

| 系统变量号 | G代码组 | G代码命令 |
| --- | --- | --- |
| #4004 | 04 | G22 G23 |
| #4005 | 05 | G93 G94 G95 |
| #4006 | 06 | G20 G21 |
| #4007 | 07 | G40 G41 G42 |
| #4008 | 08 | G43 G44 G45 |
| #4009 | 09 | G73 G74 G76 G80 G81 G82 G83 G84 G85 G86 G87 G88 G89 |
| #4010 | 10 | G88 G89 |
| #4011 | 11 | G50 G51 |
| #4012 | 12 | G65 G66 G67 |
| #4013 | 13 | G96 G97 |
| #4014 | 14 | G54 G55 G56 G57 G58 G59 |
| #4015 | 15 | G61 G62 G63 G64 |
| #4016 | 16 | G68 G69 |
| #4017 | 17 | G15 G16 |
| #4018 | 18 | N/A |
| #4019 | 19 | G40.1 G41.1 G42.1 |
| #4020 | 20 | 对FS-M和FS-T控制器的N/A |
| #4021 | 21 | N/A |
| #4022 | 22 | G5.01 G51.1 |

例如，当在宏程序中包含表达式 #1=#4001，而且变量已被定义，则存储在#1中的返回值可能是0、1、2、3或33，这取决于01组中激活的G代码。

（2）FANUC 10/11/15 高级CNC控制系统的典型的G代码（准备命令）模态信息见表12.2。

**表12.2 高级CNC控制系统的典型G代码模态信息**

| 系统变量号<br>预处理程序段 | 系统变量号<br>执行程序段 | G代码组 | G代码命令 |
| --- | --- | --- | --- |
| #4001 | #4201 | 01 | G00 G01 G02 G03 G33 注意：G31属于00组 |
| #4002 | #4202 | 02 | G17 G18 G19 |
| #4003 | #4203 | 03 | G90 G91 |
| #4004 | #4204 | 04 | G22 G23 |
| #4005 | #4205 | 05 | G93 G94 G95 |
| #4006 | #4206 | 06 | G20 G21 |
| #4007 | #4207 | 07 | G40 G41 G42 |
| #4008 | #4208 | 08 | G43 G44 G45 |
| #4009 | #4209 | 09 | G73 G74 G76 G80 G81 G82 G83 G84 G85 G86 G87 G88 G89 |
| #4010 | #4210 | 10 | G88 G89 |

续表

| 系统变量号 | | G代码组 | G代码命令 |
|---|---|---|---|
| 预处理程序段 | 执行程序段 | | |
| #4011 | #4211 | 11 | G50 G51 |
| #4012 | #4212 | 12 | G65 G66 G67 |
| #4013 | #4213 | 13 | G96 G97 |
| #4014 | #4214 | 14 | G54 G55 G56 G57 G58 G59 |
| #4015 | #4215 | 15 | G61 G62 G63 G64 |
| #4016 | #4216 | 16 | G68 G69 |
| #4017 | #4217 | 17 | G15 G16 |
| #4018 | #4218 | 18 | G5.01 G51.1 |
| #4019 | #4219 | 19 | G40.1 G41.1 G42.1 |
| #4020 | #4220 | 20 | 对FS-M和FS-T控制器的N/A |
| #4021 | #4221 | 21 | N/A |
| #4022 | #4222 | 22 | N/A |
| …… | …… | …… | …… |

## 12.3 数据的保存和恢复

编程过程中最基本的两条规则：一是合理的步骤；二是程序的简洁。本书坚持遵循这两条规则，以便能编出高质量的宏程序。我们的目标就是用合理的方法来编写CNC程序和宏程序，较好地进行组织，而不是想当然地去制定操作步骤，一定要讲究方法。当然，这样编写的程序自然是简洁的，一流的。因此，我们得到的程序就更容易理解，更容易存档，如果必要的话，甚至可以由初学者在宏程序扩展中改写。涉及这个范畴，有两个方法可用于宏程序中。

（1）保存模态数据　保存当前的G代码值（或其他模态代码值），是为了方便以后重新使用。当前值存储为变量，可在需要的时候再恢复为原始设置。在典型的宏程序中，会使用大量的G代码，大部分都是模态代码。这种方便的编程方式也带来了一些潜在问题。当退出宏程序时，其中的模态G代码将会继续有效。这样会使得宏程序的开发无组织化，尤其是很难找到问题的所在。虽然任何一个模态G代码组都可以被保存（而且也可以恢复），但在多数宏程序中，通常只有二到三组需要保存和重置（必要的话，可以增加一些组）。

☐ G代码组01　运动命令

　　快速，直线，圆弧　　G00，G01，G02，G03，G33

☐ G代码组03　尺寸模式

　　绝对或增加模式　　G90或G91

☐ G代码组06　测量单位

　　公制或英制　　G21或G20

典型的保存当前G代码的方法是把所选择的系统变量转换为局部变量。当然也可以使用全局变量，但只限于比较特殊的应用场合。下面是保存当前模式为 01 组（运动命令）的一个例子，其尺寸模式为03组：

```
#31=#4201    保存当前运动命令模式    01组 （G00，G01，G02，G03或G33）
#32=#4203    保存当前的尺度模式      03组 （G90或G91）
#33=#4206    保存当前的单位模式      06组 （G20或G21）
```

注意系统变量的末两位数字应该与模态G代码组的数字相匹配，以保证没有冲突。这种逻辑编号系统便于记忆，也可创造性地用在宏程序中，充分利用其优点。调用宏程序时，任一当前模态命令都应该在宏程序的开头进行定义，如果没有问题，就要在宏程序改动之前确定。

（2）恢复模态数据　由于保存原始G代码的目的是便于以后恢复，所以必须在宏程序结束之前进行恢复，通常是在程序的最后，M99功能之前。通过使用前面例子中介绍的两个系统变量，可以展示两个模态值的保存和恢复，这里是宏程序结构的示意图：

```
O0018 （宏程序模态值）
#31=#4201                 保存当前运动命令
#32=#4203                 保存当前尺寸模式
……
  <…宏程序主体…>
……
G#31 G#32                 恢复前面保存的两种模式
M99
%
```

上面实例中，在宏程序开头，变量#31 和#32 就保存了当前运动模式和尺寸模式的值。然后宏程序按照自己的定义继续执行，改变G代码等。在宏程序结束之前（M99之前），前面保存的原始值又被调回，并在程序结束后恢复为模态值。因为前面存储的两个值都表示模态命令，所以程序也回到了在宏程序被调用之前的环境。给系统变量编号的这种逻辑方法也可用于其他的模态代码。

## 12.4 其他的模态功能

除了模态G代码外，在宏程序中还有另外11种模态代码。如同G代码一样，在宏程序计算（或公式）中，这些程序代码不能写到等号的左侧，也就是说它们在程序中不能被赋值。和许多商业编程语言中“只读”变量和“可读写”变量的概念相似，这些内容在前面章节中提到过。在宏程序中可以使用的其他11种模态地址如下：

**B　D　E　F　H　M　N　O　S　T　P**

这些是模态G代码以外的其他代码。下面是两种常见FANUC控制器中和“其他”模态地址相关的系统变量的列表。观察这些变量的编号方法，就会发现与模态G代码中使用的编号方法有些不同。也要注意每个系统变量号的末两位数字。它们与局部变量赋值列表1相关。例如，字母B赋给局部变量#2，也就是#4102系统变量，字母D赋给局部变量#7，即#4107系统变量，依此类推。能带来便利的观察就是很有价值的。

（1）FANUC 0/16/18/21　如同前面模态 G 代码的列表，较低级的控制器只使用预处理程序段的系统变量。和执行程序段相关的系统变量不适用于这组 FANUC 控制器（FS-0/16/18/21）。

表 12.3 给出了在宏程序中经常使用的其他的模态信息（11 种常用地址）以及相应的系统变量。

**表 12.3　在宏程序中经常使用的其他的模态信息以及相应的系统变量**

| 系统变量号 | 程序地址（代码字母） | 系统变量号 | 程序地址（代码字母） |
|---|---|---|---|
| #4102 | B 代码——分度轴位置 | #4114 | N 代码——顺序号 |
| #4107 | D 代码——刀具半径偏置号 | #4115 | O 代码——程序号 |
| #4108 | E 代码——进给速度值(如果可用) | #4119 | S 代码——主轴转速值 |
| #4109 | F 代码——进给速度值 | #4120 | T 代码——刀具号 |
| #4111 | H 代码——刀具长度偏置号 | #4130 | P 代码——附加工件偏置号 |
| #4113 | M 代码——辅助功能 | | |

如表 12.3 中所示，表中唯一的例外是#4130 变量，它在局部变量的赋值列表 1 中没有相关值。它是 FANUC 公司随着 CNC 技术的发展后添加的，是为了适应扩展的工件偏置，也称为附加工件偏置——G54.1 P1 至 G54.1 P48。还有一些变量本来应该加入表中的，例如#4118，倘若特定 CNC 机床的控制系统支持的话，用起来也是合法的。

有两个系统变量号看起来可能很不规则——#4114（字母 N，顺序号地址）和#4115（字母 O，程序号地址）。在赋值列表 1 中，没有列出#14 和#15 这些局部变量。这些变量并没有列在表内，但它们却暗示出一定的含义。

（2）FANUC 10/11/15　表 12.4 是高级 FANUC 控制器的系统变量列表，这些变量既适用于预处理程序段，又适用于执行程序段。

**表 12.4　高级 FANUC 控制器的系统变量**

| 系统变量号 | | 程序地址（代码字母） |
|---|---|---|
| 预处理程序段 | 执行程序段 | |
| #4102 | #4302 | B 代码——分度轴位置 |
| #4107 | #4307 | D 代码——刀具半径偏置号 |
| #4108 | #4308 | E 代码——进给速度值（如果可用） |
| #4109 | #4309 | F 代码——进给速度值 |
| #4111 | #4311 | H 代码——刀具长度偏置号 |
| #4113 | #4313 | M 代码——辅助功能 |
| #4114 | #4314 | N 代码——顺序号 |
| #4115 | #4315 | O 代码——程序号 |
| #4119 | #4319 | S 代码——主轴转速值 |
| #4120 | #4320 | T 代码——刀具号 |
| #4130 | #4330 | P 代码——附加工件偏置号 |

对本章的列表来说，细心的观察很关键。并不是要观察表中有什么，而是要观察缺少了什么。本章对宏程序中的模态命令以及相关的系统变量进行了详细的讨论。另外也对模态G代码组以及其他11种模态地址进行了讨论。现在关心的是，表中缺少了什么呢？

表中缺少的是所有与刀具位置相关的系统变量，如程序段中的终点坐标，工件坐标，机床坐标，不同的刀具偏置位置，和跳跃功能相关的坐标，甚至伺服系统位置偏差等。在第13章中，将会阐述先前提到过的、更多的系统变量。它们与报警、定时器以及各种轴位置信息相关。第13章将会阐述另外一种最重要的宏编程工具——条件检测、分支和循环程序。

# 第13章 分支和循环

本书有一半的内容都在讲述宏程序，现在就要介绍宏程序的某个强大的功能。在宏程序开发的某个阶段，诸如宏命令结构、偏置、存储器以及变量等这些牢固的基础知识是必不可少的。要给变量赋以相应的值，宏程序在值有效时应进行处理，处理完毕后再退出宏程序。这种直接方法简单方便，很常用，但是不能单独使用，还需要一些基于某种决策过程形成的辅助数据操作方法。

## 13.1 宏程序中所做的决策

典型 FANUC 宏程序结构是基于所有计算机语言中最古老、最简单的 Basic™ 语言建立的。在那个时代，Basic 语言简单，但功能强大。Basic 语言的原始形式现在已成为历史，但它的许多规则和结构形式仍然存在。Basic 语言已经发展为现在的 Visual Basic，它是一种现代化的、结构化的高级语言。老的 Basic 语言保留下来的一种功能是 GOTOn 和 GOSUB，今天的用户认为它们是一种非常差的程序结构语言，然而，其他分支功能（IF、IF-THEN 和 WHILE）仍然可以用来控制宏程序的流程。

无论哪种形式的决策，总是基于给定的条件或给定的情况产生的结果。基于这个结果，进一步考虑，至少要有另外两个可用选项。例如在日常英语中等价为，“如果我有钱，我将会买辆车”这句话就由两部分组成。这里的条件是‘如果我有钱’，两个逻辑结果是——“我将会买辆车”和“我不会买辆车”，结果只能选其中之一，但不能两个都选。“如果我有钱，我将会买辆车，但是我没有钱，所以我不会买辆车”。这种逻辑很简单，但应用到宏程序中功能却十分强大。

应用上面例子编写宏程序会更加简洁、更加方便易懂。当然，宏程序的条件和选项通常是不同的，但是逻辑、判定条件、思考过程和决策是相同的。

例如，某个宏程序的判定条件是，检测切削刀具是否在机床的行程范围内移动。对要检测的每个轴，可以生成一个特定的条件。“如果刀具移动的范围比给定的距离大，然后就……”，宏程序会以自己的格式做出相应的决策。如果指定的条件为真，CNC 操作员会收到一条报警信息，或至少是一条程序注释信息。如果条件为假（非真），宏程序将按程序流程继续运行，不会出现中断，操作员甚至可能注意不到判断和决策的过程。根据给定条件和所做判断的复杂程度，本章将阐述条件检测、分支和循环各方面的内容。

在所有例子中，首先介绍 IF 函数。

## 13.2 IF 函数

IF 函数有几个不同的名称，也称为决策函数、分支函数，还常称为条件函数。IF 函数的格式如下：

**IF [条件为真] GOTOn**

n 是分支要转向的程序段号，但只有当判定条件（返回值）为真时，才会转到程序段 n。如果条件为真，程序会跳过 IF 程序段与 GOTOn 程序段之间的所有语句。如果判定条件不为真，即为假，程序继续执行 if 函数后面的程序段。我们可以用一个简单的流程图来表示这个例子，如图 13.1 所示。

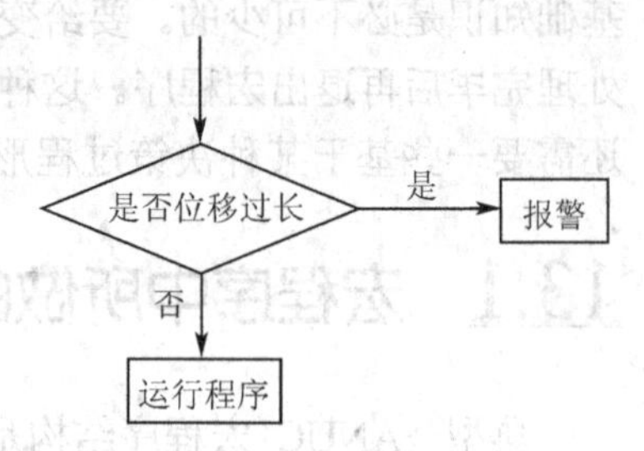


图 13.1 IF 条件分支流程图

流程图 13.1 只给出了决策和结果，并没有给出完整的程序。菱形框中给出了要判定的条件（如机床行程），两个矩形框给出了两个，而且只能是两个可能的结果（是或否），每一个结果将会引发一个动作：

◆ 如果位移过长（超过行程），将产生报警并停止执行程序；
◆ 如果位移没有过长（不超过行程），将正常运行下面的程序。

If 函数是控制程序处理顺序的宏程序表达式之一。

（1）条件分支　从一个程序段跳转到另一个程序段是宏程序所特有的功能，这意味着要跳过一个或多个程序段。跳过程序段的方式必须是可选择的、可控的，否则会出现很多问题。条件函数 IF 是两个选项之间的决策者，在宏程序中的主要表达式是：

**IF [条件为真] GOTOn**

**例如：**

IF[#7 LT 0] GOTO 65　　如果变量#7 的值小于 0，分支转到程序段 N65
……
……　　如果上面的条件为真，将跳过这一段程序，分支转到 N65
……
N65……　　IF 条件表达式的目标程序段

只有当指定的条件为真时（意思是满足条件时），才能产生分支，否则，立即执行 IF 表达式下面的程序段，不会产生分支。

分支的目标程序段，即 GOTOn 表达式中调用的程序段必须与 IF 条件表达式在同一个程序中，而且不能重复存在。如果用户需要，可以用某个变量或前面的运算结果替代 GOTOn 语句中的 n。例如，下面这个例子是完全正确的：

#33=65

```
……
IF [#7 LT 0] GOTO #33    如果变量#7 的值小于 0，分支转到程序段 N65
……
……                       如果上面的条件为真，将跳过这一段程序，分支转到 N65
……
N65……                    IF 条件表达式的目标程序段
```

N 地址程序段不能使用某个变量表达式，如 N#31 是不合法的语句。

（2）非条件分支

在没有 IF 函数的情况下，GOTOn 表达式可以单独使用。此时，宏程序会无条件分支到 GOTOn 指定的 n 号程序段。如果没有 IF 函数，GOTOn 语句就没有条件（这种情况下称为无条件表达式、无条件分支或无条件跳转）。GOTOn 表达式（条件或非条件）被限制在给定控制模式的可用顺序号的最大值范围内：

- 4 位顺序号 n 的范围是 1～9999；
- 5 位顺序号 n 的范围是 1～99999。

| 如果宏程序中包含 **GOTOn** 分支，不要修改程序段号 |
|---|

超出顺序号的范围时（顺序号超范围错误），FANUC 系统会产生报警。程序段标识 N0 不允许使用，否则系统也会报警。在同一个程序中复制 N 地址是可能的，但在宏程序中尤其要禁止使用，而且一定不能存在重复的顺序号（N 顺序号）。

宏程序表达式（某个变量号）也可用作无条件 GOTOn 表达式中指定的程序段号，这一点与条件语句相似。

**例如：**

```
#33=65        变量#33 存储目标程序段号
……
GOTO#33       无条件分支转到程序段 N65
……
……            跳过这一段程序，转到 N65
……
N65……         GOTOn 表达式的目标程序段
```

无论是条件分支还是非条件分支，只有用户需要 GOTOn 功能时，才应该使用。宏程序使用 GOTOn 分支功能有非常合理的原因，但要尽量限制使用分支和循环函数。还存在实现分支、循环的更好的函数，即 WHILE 函数。

（3）IF-THEN 选项

| **IF**[条件为真] **THEN** [语句] |
|---|

只有 FANUC 10/11/15 控制模式支持 IF-THEN 条件测试结构，FANUC 0/16/18 控制模式不支持（FANUC 21 模式也不支持）。IF-THEN 条件结构的主要思想简明扼要，当只有两个选项时，使用 IF-THEN 是一条捷径。在使用和 GOTOn 语句联用的 IF 表达式时，IF-THEN 选项能提供一种快速、简洁的解决办法。比较下面的例子，

两个表达式会产生相同的结果。在当前系统的单位下，它们定义了 $Z$ 轴间隙（英制或公制）。

**【例 1】 不使用 IF-THEN 结构的宏程序控制**

```
#100=#4006                     检查当前单位（英制 G20 或公制 G21）
IF [#100 EQ 20.0] GOTO 20      如果单位是英制，转到程序段 N20
IF [#100 EQ 21.0] TOTO 21      如果单位是公制，转到程序段 N21
N20 #100=0.1                   当前间隙设置为 0.1in（英制）
GOTO 999                       跳过公制设置
N21 #100=2.0                   当前间隙设置为 2.0mm（公制）
N999                           英制和公制都开始执行下面的程序段
……                             <…宏程序继续正常运行…>
```

**【例 2】 使用 IF-THEN 结构的宏程序控制**

```
#100=#4006                          检查当前单位（英制 G20 和公制 G21）
IF [#100 EQ 20.0] THEN #100=0.1     用 G20 命令设置间隙为 0.1in
IF [#100 EQ 21.0] THEN #100=2.0     用 G21 命令设置间隙为 2mm
……                                  <…宏程序继续正常运行…>
```

使用 IF-THEN 结构使程序简短一半，并且更容易理解。

（4）单一条件表达式　宏程序支持所有 6 个可用的条件表达式，也称为布尔运算符，它们比较表达式的两边（见表 13.1）。

**表 13.1　单一条件表达式**

| 数学符号 | 表 达 式 | 宏程序函数 | 格　式 |
|---|---|---|---|
| = | 等于 | EQ | #i EQ #j |
| ≠ | 不等于 | NE | #i NE #j |
| < | 小于 | LT | #i LT #j |
| ≤ | 小于或等于 | LE | #i LE #j |
| > | 大于 | GT | #i GT #j |
| ≥ | 大于或等于 | GE | #i GE #j |

例如，下面的宏程序表达式

**IF　[#1 EQ #2]　GOTO 99**

当且仅当变量#1 的当前值与变量#2 的当前值相等时，条件表达式为真，此时，程序发生分支。如果两个变量的当前值不同，条件为假，宏程序继续执行下面的程序段，不会发生分支。

计算公式可以嵌套使用，要正确使用方括号。

**IF [#1 EQ [#2+#3]] GOTO 99**

此时，变量#2、#3 的当前值先相加，其结果再与变量#1 的当前值进行比较，如果两者相等，则指定的条件为真，发生分支，否则宏程序继续运行下面的程序段。

（5）组合条件表达式　在更复杂的计算中，需要判断（或比较）两个或多个条件，结果经常由组合条件的返回值确定。例如，在英语中，你可以说“如果我有钱、有时间，我就会去度假”。在这句话中，一个条件为真还不够，只有两个条件都为真时，整个表达式的值才会为真。即使我有钱，但我没有时间，我也不能去度假。

另外，你可以说："如果我存够了钱，或买彩票中了大奖，我就会去度假"。这是一个不同的陈述。此时，只要一个表达式为真，我就可以去度假。如果我存够了钱，即使我没有中奖，我仍然可以去度假。如果我确实买彩票中了大奖，那我根本不需要存钱，这样我也可以去度假。这样的语句和表达式在日常生活中随处可见。

编写宏程序时，另外还有两个函数（实际上是三个）可以用，两者结合起来使用，可以逐位对以二进制数给出的条件进行判定，它们是：

**AND　OR**

对任何给定的条件，都可以使用这些宏程序函数：

- **AND　所有给定的条件必须都为真，整个条件才是真；**
- **OR　只要任一给定条件为真，整个条件就是真。**

**XOR**

还有第三个函数——XOR 函数（exclusive OR），此时理解它还比较困难，在通常的宏程序中也很少用到。

当判定某个组合条件表达式时，经常会问这样的问题"所有的条件必须同时都为真吗?"如果答案是肯定的，就使用 AND 函数，否则就使用 OR 函数。前面已经讲述了两者在宏程序中的输入格式。AND 和 OR 函数是典型的二进制函数，因为它们的返回值只有两个状态——真或假。

虽然有时不需要，但在某些情况下，理解二进制数系统可能会非常有帮助。本书也简单介绍了二进制，详见第 4 章——系统参数。

## 13.3　循环的概念

循环是宏程序流程中的另一种决策方法，也是基于某个指定的条件。就像 IF 函数需要真假判断一样，循环条件的返回值也只能是真或假。

单一条件测试（IF）和循环（WHILE）的最大不同点是，包含多个处理过程，一个或多个。

（1）单一处理过程　前面已经介绍过单一处理过程，IF 函数就是单一处理过程。为了理解循环的概念，理解单一的从上到下的程序处理过程至关重要，这主要是针对任何不包含循环的程序。这是标准程序中使用的典型过程，没有条件约束也不用做相应决策，对任何操作都可表示成逐步按顺序执行的过程（这里仅给出一个常见的例子）。

| | |
|---|---|
| 1．程序开始 | 初始化—默认值—取消—单位…… |
| 2．输入数据 | 刀具—主轴—位置—间隙…… |
| 3．处理数据 | 循环—宏程序—进给速度—偏置…… |
| 4．输出结果 | 实际加工—主程序的目标 |
| 5．程序停止 | 清除条件…… |

在一次输入单个数据（单一处理过程）时，这种方法非常好用。例如，上面 5 个简单的步骤可代表在期望的位置钻孔的过程。

现在，用特殊的钻孔操作代替普通术语（与所有 5 个步骤号匹配）。

| | | |
|---|---|---|
| **1. 程序开始** | **等价于** | **1. 程序开始** |
| **2. 输入孔的位置，XYZ** | **等价于** | **2. 输入数据** |
| **3. 移动到新位置** | **等价于** | **3. 处理数据** |
| **4. 钻孔** | **等价于** | **4. 输出结果** |
| **5. 程序停止** | **等价于** | **5. 程序停止** |

虽然只介绍了基本的钻孔过程，但顺序流程能清楚地说明事件的发生过程。那么这个过程的执行结果是什么呢？以钻孔为例，只钻一个孔。单一处理过程不需要使用 IF 函数，大多数标准程序经常使用它，但在宏程序中，IF 函数表示单一处理过程。如果用户要求钻多个孔时，只使用单一处理过程是不够的。

（2）多个处理过程　在下面的讨论中，我们仍然使用同一个例子，此时要求钻多个孔。只使用上面讲到的从上到下的过程，是不够的，必须使用不同的技巧。在考虑技巧之前，先思考一个处理过程，即必须改变什么呢？我们不希望在钻完第一个孔之后总是开始、停止，我们想输入下一个孔的位置（第 2 步），刀具移动到相应的位置（第 3 步），在相应位置钻孔（第 4 步），我们想要重复执行这三个步骤，直到所有的孔加工完毕。希望上面的描述已经够清楚了，但下面使用简单的流程图比较这两种方法，如图 13.2 所示。

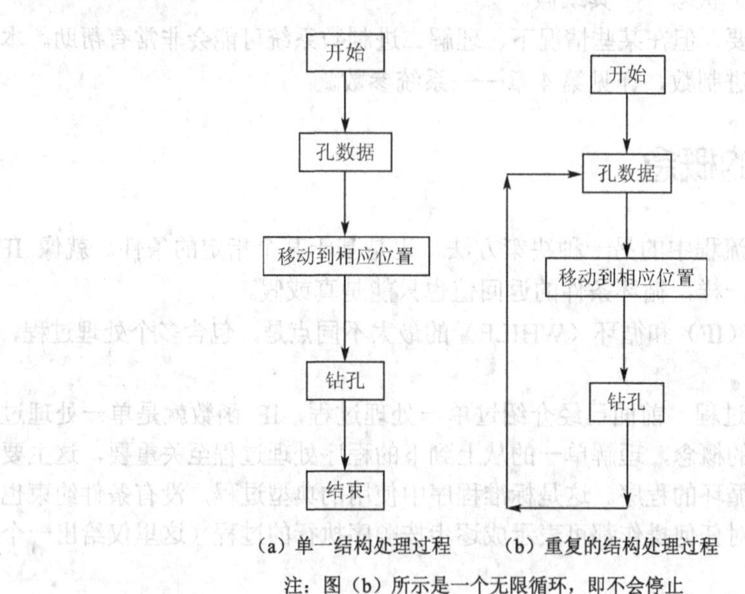


（a）单一结构处理过程　　（b）重复的结构处理过程

注：图（b）所示是一个无限循环，即不会停止

图 13.2　流程图比较

上面的两个流程图从原理上解释了钻孔过程，但是，重复结构中存在一个主要的、严重的问题，即没有跳出语句。重复结构[见图 13.2（b）]没有停止执行程序条件，循环不会结束，是不可控的，从逻辑上讲，它会永远执行下去。

满足某些条件时，例如当钻完最后一个孔时，此时给出退出循环的条件非常重要。如果缺少跳出循环的条件，程序就会无限循环下去，无限循环是宏程序循环中问题的主要原因。终止循环总是由特定的条件决定。基于工作需要，该条件是循环程序的组成部分，当条件变为假时，程序跳出循环。图 13.2 所示的重复流程图必须修改。

图 13.3 给出了钻孔过程的最终流程图，包括条件表达式，而且只有两个可能的结果，继续钻孔或停止执行程序。

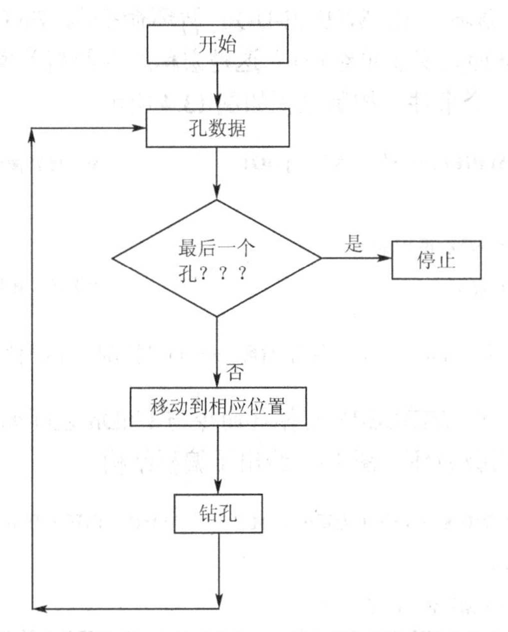


注：停止分支提供了退出循环的出口，是、否分别表示条件的真、假

图 13.3　基于条件决策的结果，给出了循环的逻辑流程图

## 13.4 WHILE 循环结构

在 FANUC 系统的宏编程中，用 WHILE 函数实现程序循环，循环函数 WHILE 的格式包括功能、条件和动作：

| **WHILE　[条件]　DOn** |
|---|

简单地讲，可把 WHILE 函数看成是“只要”函数。在 FANUC 系统的宏程序语言中，循环函数 WHILE [条件]的含义是：只要指定的条件为真，就执行循环体。DOn 动作与循环结束建立了某种联系，这里的 n 与 ENDn 表达式中的 n 相对应。循环使用 ENDn 编程，与 DOn 调用中的一致。例如，DO1 与 END1 对应，DO2 与 END2 对应，DO3 与 END3 对应。程序中最多只能有三级循环深度。

允许编写的三级循环深度，在编程中称为嵌套级，有三个相似的格式：

- □ 单级嵌套；
- □ 两级嵌套；
- □ 三级嵌套。

随着嵌套级数的增加，编程的复杂程度也增加。大多数宏程序应用的循环主要是单级嵌套的，两级嵌套也比较常用。三级嵌套循环功能强大，但只有在适合的应用场合下才使用。

（1）单级嵌套循环　在 WHILE-DOn 循环命令与 ENDn 之间只编写一级 WHILE 循环函数，从而定义了单级循环。这是宏程序中最简单也最常用的循环函数。单级循环处理控制一个事件。控制过程如图 13.4 所示。

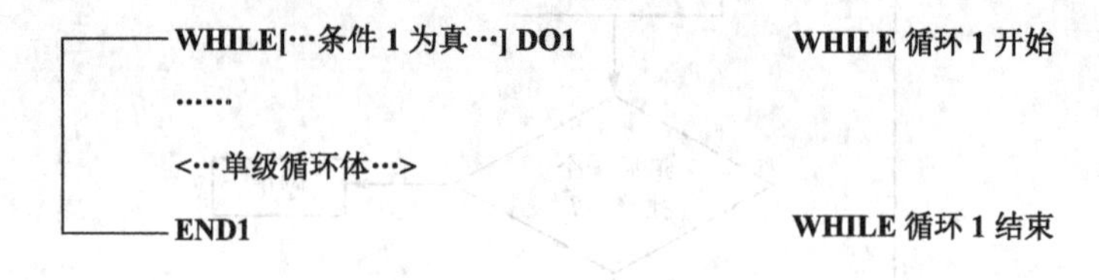


图 13.4　单级宏程序循环——同时控制一个事件

（2）两级循环　在 WHILE-DOn 循环命令与 ENDn 之间编写两级 WHILE 循环函数，从而定义了两级循环。图 13.5 给出了编程结构。

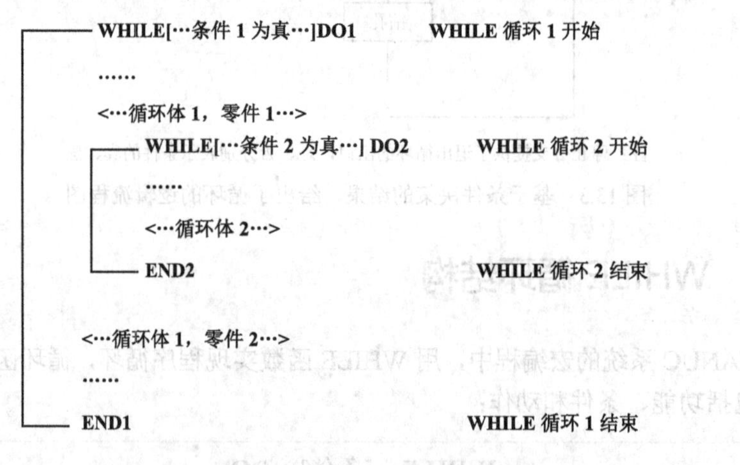


图 13.5　两级宏程序循环——同时控制两个事件

两级循环也相当常见，因为它增加了更多的决策，使宏程序功能更加强大。如果结构布局合理，实现起来就没有任何困难。用户要记住，两级循环同时控制两个事件。

单级循环应该很容易理解，仍然以钻孔为例，要在不同的位置钻孔，但孔分布均匀，适合使用单级宏程序。螺孔（将在第 20 章介绍）循环是一个很好的例子。

理解两级循环有点困难，两级循环定义为同时控制两个事件。例如，均匀分布的孔有两个内部凹槽，它们有相同的 XY 位置，孔位置宏程序是第一级，加工两个凹槽的程序是第二级。

（3）三级循环　在 WHILE-DOn 循环命令与 ENDn 之间编写三级 WHILE 循环函数，从而定义了三级循环。三级循环与单级、两级循环相比不常用，但它带来了更多的决策，使宏程序功能更加强大。使用恰当的结构很重要，循环级数越多，出现结构错误或逻辑错误的可能性就越大。用户还要谨记，控制软件是有意识设计的，它包含的内容比日常工作中需要的更多。

三级循环同时控制三个事件，图 13.6 给出了编程结构。

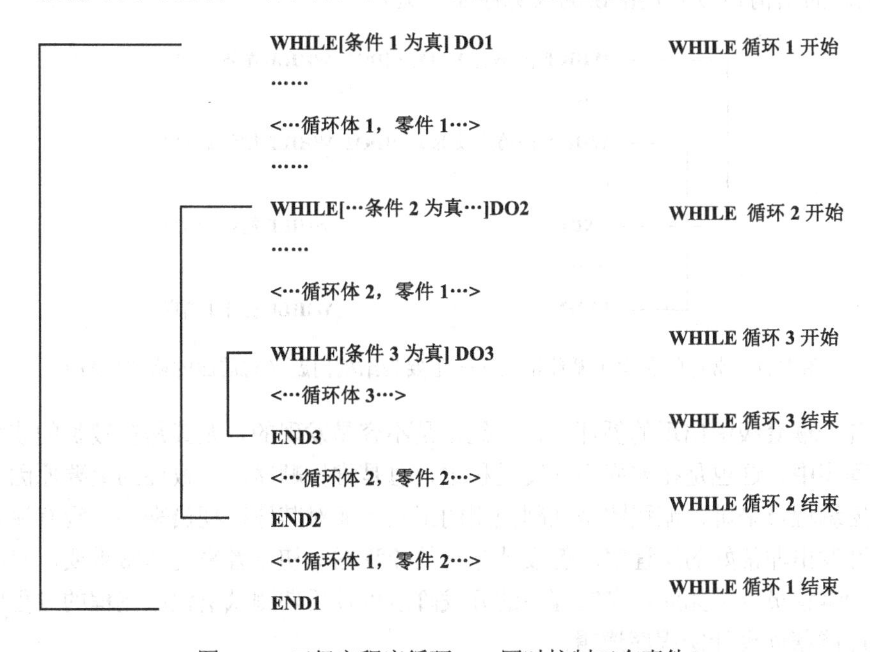


图 13.6　三级宏程序循环——同时控制三个事件

（4）全面的考虑　从 WHILE 函数结构的一些例子中看出，恰当的使用会使程序更清晰。当 WHILE 表达式的<条件>满足时（意思是条件为真），DOn 与对应的 ENDn 之间的程序段，按照它们的编程顺序重复执行。每一次执行该循环时，都要一次一次地判断给定的条件。当条件不满足时，意思是条件不再为真，而为假，循环的宏程序流程会立即转移到 ENDn 表达式后面的程序段。还有些不太常见的情况，没用 WHILE 表达式时，DOn 和 ENDn 仍然可用，但一般不推荐这种编程练习，也不是专业的编程方法。

（5）WHILE 循环的约束　从前面的宏程序循环结构的例子可以看出，在 WHILE 函数的结构嵌套中出现了非常完整的格式。DOn 和 ENDn 在编程时必须成对出现，从最内层的循环开始向外执行。依据嵌套层（1、2、3），正确的宏程序必须遵守格式顺序，这里给出的每级嵌套的顺序都是简化的形式（Sn 是嵌套程序的起始号码，En是对应的嵌套级结束的号码）。

**S1…E1** 单级
**S1…S2…E2…E1** 两级
**S1…S2…S3…E3…E2…E1…** 三级

每一个列出的数字表示当前的嵌套级，数字顺序表示程序流程从一个嵌套级执行到另一个嵌套级的顺序，执行完后再依次返回，这就是嵌套结构。不幸的是，在宏程序循环中肯定会发生错误，最常见的错误发生在编写多级嵌套时各嵌套级之间的交叉。

程序不允许嵌套级之间出现WHILE循环的交叉，例如，下面的WHILE结构（与正确的结构相似）是错误的（见图13.7）。

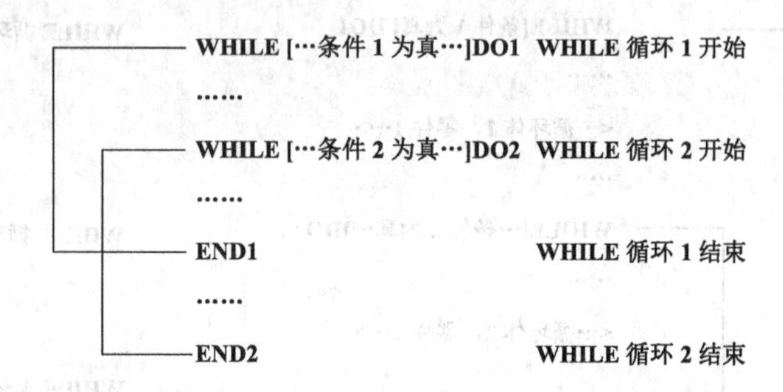


图13.7 常见的宏程序循环错误——主要为结构问题（与前面的格式比较）

任一嵌套级中出现的循环错误，经常是不容易发现的，尤其是在较长的或复杂的宏程序中。这也是在宏程序开发过程中，总是维持顺序、一致性的重要原因。对某些宏编程员来讲，流程图是强制使用的工具，而对其他编程员来讲，没有流程图也能开发出非常好的宏程序。但设计完善的流程图对初学者来说非常重要，对经验丰富的编程员也是如此，在宏程序的开发阶段以及后期测试宏程序流程的过程中，流程图能帮助设计宏程序逻辑。

## 13.5 条件表达式和空变量

在本书前面的章节中，介绍了一个重要的内容，即各种表达式和计算的返回值，其中有一个是空变量（或空白变量）。本节内容将会讲述空变量与条件表达式之间的关系。用户一定要很好地理解这部分内容，在关键时刻能帮助解决很多问题。包含IF、WHILE函数（前面介绍的）的条件表达式，通常使用EQ、NE、GT、LT、GE和IE这些比较运算符比较两个值。如果把空变量与另一个值比较，返回值可能是真或假，可视确切情况而定。下面也给出了例子，进一步介绍了其与零值比较的情况。

空变量与赋值为零的变量不同。IF和WHILE函数的逻辑相同，下面只介绍IF函数，因为WHILE函数的格式与之相同。

（1）比较空变量和空变量

```
#1=#0          定义#1 为空变量（意思是#1 是空白变量）
IF [#1 EQ #0]  返回真
IF [#1 NE #0]  返回假
IF [#1 GT #0]  返回假
IF [#1 GE #0]  返回真
IF [#1 LT #0]  返回假
IF [#1 LE #0]  返回真
```

（2）比较零变量和空变量

```
#1=0           定义#1 为零变量（意思是#1 与零是等价的）
IF [#1 EQ #0]  返回假
IF [#1 NE #0]  返回真
IF [#1 GT #0]  返回假
IF [#1 GE #0]  返回真
IF [#1 LT #0]  返回假
IF [#1 LE #0]  返回真
```

（3）比较空变量和零变量

```
#1=#0          定义#1 为空变量（意思是#1 是空白变量）
IF [#1 EQ 0]   返回假
IF [#1 NE 0]   返回真
IF [#1 GT 0]   返回假
IF [#1 GE 0]   返回真
IF [#1 LT 0]   返回假
IF [#1 LE 0]   返回真
```

（4）比较零变量和零变量

```
#1=0           定义#1 为零变量（意思是#1 与零是等价的）
IF [#1 EQ 0]   返回真
IF [#1 NE 0]   返回假
IF [#1 GT 0]   返回假
IF [#1 GE 0]   返回真
IF [#1 LT 0]   返回假
IF [#1 LE 0]   返回真
```

## 13.6 基于宏程序的公式——正弦曲线

基于指定的加工定义（具有代表性的是数学公式），加工独特的轮廓线时，多数 CNC 控制器不提供直接支持。编写抛物线、双曲线、椭圆、正弦曲线、摆线以及其他曲线的轮廓切削程序时，在标准的 CNC 程序中不可能实现，但却可以在宏程序中进行编程。这一节给出了以正弦曲线作为实际的切削刀具路径的宏程序开发实例。既然控制系统不直接支持正弦曲线插补（或抛物线、双曲线插补等），那么可以利用 G01 代码，通过许多小的线性运动来模拟刀具路径。

正弦曲线是数学曲线之一，在某些应用中使用这些曲线很便利。既然是基于公式的曲线，那么对编写宏程序而言就很适合，这是介绍该例的主要原因。图 13.8 用相关术语阐述了典型的正弦曲线。事实上，正弦曲线是某个完整圆周从 0°～360°的平面表示，起始角和终止角之间的距离称为周期，曲线的高度称为幅值，$X$ 轴上下的曲线形状相同。

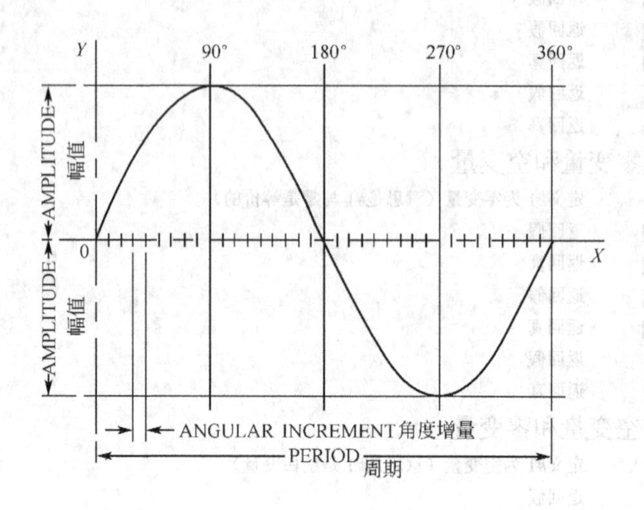


图 13.8 正弦曲线图

根据加工程序，只允许加工直线和圆弧，不允许加工特殊的曲线。当用户需要加工诸如上例所示正弦曲线类的曲线时，通常使用逐次逼近法，用一系列非常短的直线模拟曲线。直线越短，模拟越准确，但要以编写较长的标准程序为代价。宏程序不关心程序的长度，因为循环函数总是有相同的长度。

采取的第一步是定义数学公式，既然是三角正弦曲线，就使用 SIN 函数。从数学上讲，计算 $Y$ 的公式是：

$$Y=\text{幅值}\times\sin X$$

在很多数学书中，正弦曲线公式是 $Y=\sin X$，假设未指定的幅值为 1，它与 $Y=1\times\sin X$ 的含义相同，但大多数情况下，幅值是指定的。曲线已定义的周期为更好地拟合必须分成很多小的角度增量，第一个角度增量用来产生第一个线性运动，第二个增量用来产生第二个线性运动，依此类推，直到 360° 以相同的增量计算完毕。加工的结果就是需要的正弦曲线。

利用宏命令 O8009 给正弦曲线中的变量赋值，非常简单方便：

**幅值　给字母 A 赋值（变量#1）**

**角度增量　给字母 I 赋值（变量#4）**

**切削进给速度　给字母 F 赋值（变量#9）**

宏命令将只包含三个变量：

G65 P8009 A120.0 I5.0 F250.0

注意：必须使用当前的单位（公制），角度增量必须符合最小可编程输入 0.001°。在例子中，要通过线性运动即增量为 5°的一系列直线来加工正弦曲线，增量值越小，精度越高，增量值越大，精度越低。主程序中要用到 Z 轴运动。宏程序是单级循环，把当前增量角度与最终角度进行比较、计算，在例子中使用的最终角度是 360°：

```
O8009（正弦曲线宏程序）
#25=0                       设置角度增量的初始计数器
WHILE [#25 LE 360.0]        对每条直线段进行循环，直到 360°加工完毕
#26=#1* SIN[#25]            计算当前 Y 的位置
G90 G01 X#25 Y#26 F#9       作直线运动到已经计算好的 XY 位置
#25=#25+#4                  通过指定的增量增加计数器
END1                        循环结束
M99                         宏程序结束
%
```

如果系统只需要加工正弦曲线的一部分，也可把起始角和终止角作为变量来输入。正弦曲线向左移动 90°，或 Y 轴向右移动 90°，可把正弦曲线宏程序轻易地转换成余弦曲线宏程序。

## 13.7 清除全局变量

简单 WHILE 循环的一个非常实用的例子是编写宏程序，该程序可以永久存储在控制器的存储单元中，任一程序或通过 MDI 方式均可使用。宏程序清除 500+系列的全局变量，并且仅可使用宏程序功能才可清除。CNC 操作员可在控制器中，或在 MDI 模式下，逐个清除所有的变量。更好的解决方法是，编写一个包括所有范围内的变量的便利程序，该程序通过宏循环，可以把所有变量逐个设置为空（#0）状态：

```
O8010       （逐个清除 500+ 变量）
#500 = #0   清除全局变量#500（设置为空）
#501 = #0   清除全局变量#501（设置为空）
#502 = #0   清除全局变量#502（设置为空）
#503 = #0   清除全局变量#503（设置为空）
……
#999 = #0   清除全局变量#999（设置为空）
```

这样的程序可能很长，而且将占用不必要的存储空间。使用循环，可明显简化程序，使之变短，而且也更加专业化：

```
O8011                       （通过宏循环清除 500+ 变量）
#33 = 500                   初始化计数器为第一个变量（没有#号）
WHILE[#33 LE 999] DO1       变量的循环范围是#500～#999
#[#33] = #0                 设置当前的变量号为空（清除当前变量）
#33 = #33+1                 更新变量号，计数器增加 1
END1                        循环结束，返回到 WHILE 程序段，再次进行判断
M99                         宏程序结束
  %
```

变量**#33** 是局部变量，作为计数器使用。初始值设为 500，即待清除范围内的第一个变量。最大值是由 WHILE 循环控制的，上例中给出的**#999** 作为范围内的最

后一个变量，这个变量号码要与控制系统匹配。宏程序中的G65命令不需要自变量：

```
O0019  主程序号
……
G65 P8011  调用宏程序O8011，清除500+系列的所有变量，没有自变量
……
M30   主程序O0019结束
%
```

只通过改变初始设置（#33）和WHILE循环中的最大值，宏程序O8011可以轻易适应100+系列的变量。

本书中的很多例子使用分支和循环函数，这在日常工作中也能用到，大多数例子包含注释、解释以及实际应用。利用这些资源编写独特的宏程序，在日常加工中也可以应用。

# 第14章 报警与定时器

对许多用户来讲，不管是否有工作经验，在加工操作过程中，由于 CNC 程序引起的报警都会让人感觉不舒服。然而，产生特定的控制系统报警也只是宏程序开发应用中的一个重要工具。即使是在正常的操作条件下，如果发生严重的或者“可探知”的问题，所有的控制系统都会自动地向报警模式转换。这里的关键词是“可探知”。产生宏程序报警意味着在控制系统已存在的报警中加上定制的报警。

对所有通常产生的报警来说，一个基本的适用原则是，他们应该只在一个条件下由宏程序来实现，无论何时这个不利条件是可预测的。所有报警都结束当前的程序活动，并且迫使当前的条件发生改变而不管这些条件是什么。

## 14.1 宏程序中的报警

使用系统变量#3000，宏程序可以包含一个程序报警（也称为人为的错误条件）。变量#3000 必须后跟一个报警号和一条可选信息。

（1）报警号　根据控制系统的不同，报警号可以在一定的范围内：

| | |
|---|---|
| □ 0～200 或多于 200 | 适用于 FS-0/16/18/21 控制器； |
| □ 0～999 | 适用于 FS-10/11/15 控制器； |

报警号的选择取决于控制器说明书，也依赖于编程员的判断力。

（2）报警信息　报警必须有一个报警号，但是报警信息却是随意的。对描述性的信息进行编程可以告知 CNC 操作员关于报警的原因。报警信息必须和报警号在同一个程序段里，并括在一个圆括号中。报警信息可长达 26 个字符（在某些控制器中，可长达 31 个字符），其中包括空格。它的内容应该是清晰的，没有模棱两可的意思，举例如下：

| | |
|---|---|
| （刀具错误） | …是模棱两可的信息 |
| （刀具半径太大） | …是清晰的信息 |

如果信息出现了，报警号和信息都将显示在屏幕上并不断闪烁。如果报警信息没有出现，那么只有报警号出现在屏幕上。

（3）报警格式　宏程序 O8012 展示了检查变量赋值输入的宏程序报警的实际应用（即，自变量 R 赋给#18）。宏程序将检查输入半径是否大于 2.5mm：

| | |
|---|---|
| G65　P9000　R2.5 | 带有一个自变量的宏程序调用（半径值） |
| O8012 | 宏程序开始 |

```
……
IF[#18  GT0.25] GOTO1001          检查报警的条件——真或假？
……                                如果条件为假，则处理所有的程序段
N1001 #3000=118（半径太大）       如果条件为真，则发出报警
```

对操作员来讲，选择的报警号和信息将在屏幕上显示为

**118　半径太大**　　　　　　　　**或者**　　　　　　　　**3118　半径太大**

细微的变化是可以预测的。对错误的可能性预测将由宏程序控制产生报警，这是程序报警的典型应用。

（4）宏程序中的隐藏报警　不管在宏程序中应用哪个报警条件，程序进程和非进程之间的转换必须是平滑的，而不考虑返回值（真或假）。例如，宏程序中可能包含以下三个报警（用“GOTO”转移）：

```
N1001          #3000=101    （孔间距太小）
N1002          #3000=102    （两个孔要求的最小值）
N1003          #3000=103    （不允许有小数点）
```

在宏程序O8013中，这些报警将很可能放置在宏程序结束前。然而，宏程序在报警前面，使用G65 P8013 H8 I12.0 X75.0 Y100.0宏程序调用，如果条件为假（意味着运行程序中没有报警），程序将不间断地进行处理。例如，下面的宏程序结构是不正确的：

```
O8013                                 不正确的程序报警方式
IF[#4  LE 0]GOTO1001                  I=#4变量用来存储孔间距
IF[#11  LT 2]GOTO1002                 H=#11变量用来存储孔的数量
IF[#11 NE  FUP[#11]] GOTO1003         检查#11中是否包含小数点
G90 X#24  Y#25                        先前定义的刀具位置XY
 〈…运行宏程序体…〉
N1001          #3000=101    （孔间距太小）
N1002          #3000=102    （两个孔要求的最小值）
N1003          #3000=103    （不允许有小数点）
M99
%
```

宏程序中的G65程序段包含所有的正确输入——8个孔，12mm间距。这意味着所有的IF检验都为假，因而宏程序接着往下执行，程序继续运行直到到达第一个报警信息为止。此时产生报警而宏程序进程停止。具有讽刺意味的是，如果自变量被不正确输入，宏程序将发出适当的报警，在所有自变量输入正确的情况下，程序将总是发出报警。那意味着没有错误的宏程序将产生报警3101或者101（孔间距太小），这就表明是错误的数据输入。其实没有任何错误输入，那么究竟是什么原因呢？如果分支是基于某个条件，那么宏程序的真与假部分必须被分开，而在程序O8013的例子中不是这样的。如果所有的数据输入是正确的，那么报警信息将不产生旁路。为产生旁路，无条件的GOTOn功能必须包含在同一个程序段中，n是要产生分支的程序段号。在无条件的分支中，没有IF，没有WHILE，只有GOTOn。

程序 O8014 纠正了先前的宏程序：

```
O8014                                      正确的程序报警方式
IF[#4  LE 0]GOTO1001                       I=#4 变量用来存储孔间距
IF[#11  LT 2]GOTO1002                      H=#11 变量用来存储孔的数量
IF[#11 NE  FUP[#11]] GOTO1003              检查#11 中是否包含小数点
G90 X#24  Y#25                             先前定义的刀具位置 XY
 〈…运行宏程序体…〉
GOTO9999                                   增加的无条件旁路
N1001        #3000=101      （孔间距太小）
N1002        #3000=102      （两个孔要求的最小值）
N1003        #3000=103      （不允许有小数点）
N9999  M99                                 要分支的程序段号
%
```

比较前面的两个版本（在 O8014 的版本中可看成所做的修改)。宏程序结构更好的唯一增加是对当前模态值的存储和稍后恢复。这样的改进和报警没有什么关系，在这里主要是展示运用人为报警的完整的程序部分。下面的例子展示了在宏程序开始 G 代码（组 3）当前状态的存储以及在程序结束时的恢复：

```
O8015
#10 =  #4003                               存储当前的 G90 或 G91
IF[#4  LE 0]   GOTO1001
IF[#11  LT 2]  GOTO1002
IF[#11 NE  FUP[#11]] GOTO1003
G90 X#24  Y#25
 〈…运行宏程序体…〉
GOTO9999                                   报警清单中的无条件旁路
N1001        #3000=101      （孔间距太小）
N1002        #3000=102      （两个孔要求的最小值）
N1003        #3000=103      （不允许有小数点）
N9999        G#10                          恢复先前存储的 G90 或 G91
M99
%
```

很多的宏编程员根本不使用报警或者很少使用报警。当编写宏程序时，首先编写没有报警的情况。当实际运行宏程序时，所有的程序已经起作用，再预测什么类型的错误可能发生。然后加上包含这些情况的所有报警。

（5）报警复位　当产生宏程序报警时，它和控制系统在其它程序中产生的报警十分相似。典型事件发生的顺序如下。

① 循环启动指示灯灭。

② “ALARM”（报警）字在屏幕上闪烁。

③ 报警号和信息（如果有的话）将出现在屏幕上。

在这种情况下，控制系统已停止了所有的操作。为排除报警，可按下 RESET（复位）键。必须消除产生报警的源头（原因)，因此要确保所有刀具位置的正确性，然后按下循环启动键，再次运行宏程序，此时报警消失。

（6）信息变量——警告而不是报警　系统变量#3006 仅在 FS-10/11/15 控制器中可用，它允许编程员在宏程序中发出信息，而不需要创建报警条件。要考虑清楚信息变量是用来发出警告，而不是报警。对当操作员来说当需要被警告或被告知一个重要的后果时，在出错前可以使用警告来替代报警。

例如，下面的程序使用自变量 D（#7）作为间隙值

G65 P8016 D1.5　　　　　　宏程序调用（D=#7 为间隙值）

在宏程序体内，系统变量#3006 在编程时格式与报警变量十分相似，但使用不同的变量号：

```
O8016
……
IF [ #7 LT 2.0 ]   GOTO101
……
……
N100 GOTO9999
N101  #3006 = 1 （推荐最小间隙值为 2mm ）
……
N9999 M99
%
```

当程序信息被激活时，控制系统的循环启动指示灯就会灭，而且信息会显示在屏幕上。当 CNC 操作员再次按下循环启动键时，程序就会继续执行。在这种情况下不复位是必要的，也不必按下复位键，因为它取消程序的执行，因而实际上达不到预期效果。观察这里的宏程序流程，程序可能是结构化的，因而不需要旁路程序段这种结构，即使条件为真。

要保守地使用信息变量。这是编程员放弃使用某种程序控制，而由 CNC 机床操作员控制的例子。

## 14.2 宏程序中的定时器

在这一章的最后部分，主要阐述了严格的可编程定时器，而不是指维修中与硬件设置相关的定时器。在 FANUC 控制器中有几个系统变量与定时器有关。从基本上讲，这些变量包含了与日期和时间有关的信息，其它的几个选项是为不同的事件定时。

（1）时间信息　系统变量#3001、#3002、#3011 和#3012 与各种时间数据相关。时间信息（表 14.1）是可读写的（或 R/W）。

**表 14.1　时间信息**

| 变量号 | 描　述 |
|---|---|
| #3001 | 这是一个毫秒定时变量，每次计数 1ms。当通电时，从 0 开始计数，当计数至 65535.0ms 时，再次从 0 开始计数，一直持续下去 |
| #3002 | 这是一个小时定时变量，每次计数 1h，当按下循环启动键时，从 0 开始计数，当计数至 114534.612h，再次从 0 开始计数，定时器仅在循环启动指示灯亮时（仅在循环启动模式）进行更新 |
| #3011 | 这个变量用来保持当前日期，按年，月，日（YYYYMMDD）格式。一个给定的日期，例如 12，7，2005 将会显示为 20051207 |
| #3012 | 这个变量用来指示当前时间，以时、分、秒（HHMMSS）的格式，一个时间，例如 8：36：17pm 将会按 24h 格式显示为：203617 |

（2）定时事件 使用变量#3001 或#3002 可以为一个事件定时。下面的例子在实际应用中并不十分常见，但设计成这个格式可用来计算期望的结果。

对注释进行评价或试图在控制器中查看定时器是如何精确的工作的：

```
O8017（定时事件）
（第一部分 使用变量#3001）
#3001=0                        复位清零（从 0 开始计数）
G91 G01 X-100.0  F200.0        这个运动持续时间是 30s
X100.0  F400.0                 这个运动持续时间是 15s
N999（这必须是空程序段）         空程序段来防止向前计算
#101=#3001                     计数返回值 45632.000ms
#102 =#3001/1000               计数返回值 00045.632s
M00                            暂停来检查变量
（第二部分 使用变量#3002）
#103 = #3002                   复位清零（从 0 开始计数）
G91 G01 X-100.0  F200.0        这个运动持续时间是 30s
X100.0  F400.0                 这个运动持续时间是 15s
N999（这必须是空程序段）         空程序段来防止向前计算
#104=[ #3001-#101]*3600        计数返回值 45.631993s
M00                            暂停来检查变量
M30                            程序结束
%
```

注意程序段 N999 与附加的注释，既然控制器设置为向前计算模式，它就会提前计算最终值。空程序段用来保证计算值的精确性。

（3）宏程序暂停 尽管在大多数程序中使用暂停命令 G04 更加高效，但使用系统变量#3001，也可用宏程序来实现暂停命令。例如，G04 P5000（暂停 5s）等价于下面的宏程序（及调用）：

◆ 宏程序调用

```
……
G65 P8018 T5000          T = #20 可以是任何的局部变量（T 单位是 ms）
……
```

◆ 宏程序定义

```
O8018 （定时器用于暂停）
#3001 = 0                          设置定时器的系统变量为 0
WHILE [ #3001 LE #20 ]  DO1        循环直到#3001 达到设定的延时
END1                               循环结束
M99                                宏程序结束
%
```

注意尽管 WHILE 循环有效，但没有必要对计数器进行编程，因为系统变量#3001 是一直在计数的。

# 第15章 轴位置数据

在机床加工过程中，切削刀具的位置连续发生变化。通过观看控制器位置显示屏幕，用户可以随时观察到当前的刀具位置。有几种方式观看显示的数据，例如，可以显示刀具当前的绝对位置（以程序零点为参考点），或显示刀具的加工位置（以机床零点为参考点），只有这两种可能的选项。控制系统跟踪所有与刀具数据相关的位置，称为轴位置信息，本章将介绍有关的知识。

## 15.1 轴位置术语

FANUC 系统的参考手册使用了一些缩写词，从事轴位置编程的宏编程员应该熟悉这些词。用户起初看见这些词可能会觉得陌生，但它们是符合逻辑的，也很容易掌握。下面是与轴位置信息有关的四个变量：

◆ ABSIO　已编程的前面程序段的终点坐标，＃5001～＃5015 分别对应第 1 轴～第 15 轴；

◆ ABSMT　机床位置，通常指当前的机床坐标，＃5021～＃5035 分别对应第 1 轴～第 15 轴；

◆ ABSOT　绝对位置，通常指当前的绝对位置，＃5041～＃5055 分别对应第 1 轴～第 15 轴；

◆ ABSKP　在 G31 程序段中执行跳跃运动时存储的相应位置，＃5061～＃5075 分别对应第 1 轴～第 15 轴。

此外，系统提供了两组与刀具长度偏置值、伺服系统偏差错误相关的系统变量。

在 CNC 机床的常规操作中，存储的机床坐标和绝对坐标是相同的。在宏程序中，意味着在激活的程序段执行完毕前，用户不能保存（存储）当前的轴位置数值。在应用 G31 命令探测的程序段跳跃模式下，这一点非常有用，但在其它情况下不需要这样做。＃5001～＃5015 范围内的系统变量存储宏程序声明之前的上一程序段的编程终点坐标（XYZ...），尽管刀具实际上并没有加工到这些坐标。这样在执行下一个程序段之前，可以执行程序并计算，结果改进了加工速度。

G31 跳跃运动命令将在第 23 章末进行介绍。

## 15.2 位置信息

变量＃5001～＃5115 是只读变量，不能写入（见表 15.1）。

表 15.1 #5001～#5115 的位置信息

<table>
<tr><th>变量号(1)</th><th>位 置 信 息</th><th>坐 标 系</th><th>刀具偏置值</th><th>运动过程中的读操作</th></tr>
<tr><td>#5001～#5015ABSIO</td><td>先前程序段的终点</td><td>工件偏置(G54+)</td><td>不包括</td><td>允许</td></tr>
<tr><td>#5021～#5035ABSMT</td><td>当前轴的位置</td><td>机床坐标系</td><td rowspan="3">包括</td><td rowspan="2">禁止</td></tr>
<tr><td>#5041～#5055ABSOT</td><td>当前轴的位置</td><td rowspan="2">工件偏置（G54+）</td></tr>
<tr><td>#5061～#5075ABSKP</td><td>跳跃信号的位置(2)</td><td>允许</td></tr>
<tr><td>#5081～#5095</td><td>当前刀具偏置值(3)</td><td></td><td></td><td rowspan="2">禁止</td></tr>
<tr><td>#5101～#5115</td><td>伺服位置偏差量</td><td></td><td></td></tr>
</table>

根据表 15.1 有以下四点说明。

① 变量号的每个范围对应 1～15 轴，第一个号码对应 *X* 轴，第二个号码对应 *Y* 轴，第三个号码对应 *Z* 轴，第四个号码对应第四轴，依此类推直到第 15 个轴。

② 在执行 G31 跳跃功能过程中，当开始执行跳跃功能时，变量范围＃5061～＃5075 保持跳跃功能被激活的刀具位置。如果跳跃功能不被激活，变量范围保持的是指定程序段的终点。

③ 刀具偏置值范围#5081～#5095 表示当前刀具偏置值，而不是上一个值。

④ 刀具运动过程中的读操作可以允许，也可以禁止。禁止模式下，会发生缓冲，不能读取到期望的数值。

# 第16章 自动操作模式

AUTO（自动）模式下的CNC加工过程中，操作员决定是否使用、什么时候使用机床操作面板上的各种倍率。倍率包括进给速度倍率、进给保持、主轴转速倍率和单段。除主轴转速倍率外，所有其它功能都可以通过宏程序来控制并设为有效或无效。此外，宏程序还可以控制准确停止检查模式，以及某些等待代码信号。

## 16.1 自动操作控制

系统变量#3003、#3004和#3005用于控制各种自动操作的状态。所有这些变量使用以不同方式组合的二进制格式（0或1输入）。基于实际加工的需要，可通过一系列的系统变量改变上面的设置，这些变量是：

**#3003　单段控制，等待结束信号（FIN）；**

**#3004　进给保持控制、进给速度倍率控制、准确停止检查控制；**

**#3005　设置（系统设置）。**

#3003和#3004的默认设置是0，意思是禁止使用任何特征。

（1）单段控制　系统变量#3003用于单段开关的自动操作控制，在某些加工操作中可能不期望单段控制，例如螺纹加工、攻丝以及其它一些特殊操作。

变量#3003可有四种设置，当打开（激活或启动）机床和控制电源时，默认设置是0（见表16.1）。

**表16.1　变量#3003的四种设置**

| 系统变量#3003 | 单段模式 | 完成M-S-T功能 |
|---|---|---|
| 0 | 允许 | 等待完成 |
| 1 | 禁止 | 等待完成 |
| 2 | 允许 | 不等待完成 |
| 3 | 禁止 | 不等待完成 |

单段模式可以允许在宏程序中使用系统变量#3003，也可以禁止使用。如果禁止使用该变量，那么机床控制面板单段开关的设置不影响加工结果。无论单段开关是打开还是关闭（建议开关放到关闭位置 ），机床的单段操作将禁止使用。按下复位按钮或关闭电源开关，将会清除系统变量#3003和#3004。

（2）M-S-T 功能控制　当用于单段控制、尤其是 M 代码（辅助功能）时，变量#3003 的另一特征是完成辅助功能。FANUC CNC 系统有三种可用的辅助功能，常称为 M-S-T 或 MST 功能（见表 16.2）。

**表 16.2　三种可用的辅助功能**

| | |
|---|---|
| M | 辅助功能，也称为 M 代码（最常用）<br>用地址 M 编程，例如：M08 |
| S | 主轴功能，也称为 S 代码<br>用地址 S 编程，例如：S1250 |
| T | 刀具功能，也称为 T 代码<br>用地址 T 编程，例如：T05 用于铣削或 T0202 用于车削 |

① 如果 M-S-T 完成设置成“等待完成（Wait for completion）” 直到 M-S-T 功能启动完成，程序才会执行下面的程序段。

② 如果 M-S-T 完成设置成“不需要等待完成（Do not wait for completion）” 程序不需要等待 M-S-T 功能启动，会接着向下执行。

例如，如果系统变量#3003 设置为 1，意味着禁止使用单段模式，执行下一程序段之前，必须先执行完毕 M-S-T 功能。这是在 G81 钻孔循环中建立的典型模式。其它的 M-S-T 功能不需要编程，除非前面的程序段已经执行完毕，变量#3003 就是为此种情况设定的。宏程序输入比较简单，注意需要的代码在编程时必须总是成对使用，如开/关或关/开。G81 的等效设置是：

```
O8019
#3003=1      禁止使用单段模式，等待 M-S-T 功能完成
……
        <…刀具运动…>
……
#3003=0      允许使用单段模式，等待 M-S-T 功能完成
M99
%
```

大多数 CNC 车床要比加工中心从这些功能中获益更多。

不考虑应用（铣削或车削），要提醒用户重要的一点：

| 激活 M-S-T 功能时一定要小心 |
|---|

（3）进给保持、进给速度以及准确检查控制　系统变量#3004 与#3003 相似，但用于进给保持开关、进给速度倍率开关以及准确停止检查控制的自动操作控制。该变量有 8 种设置，当打开机床和控制电源时对上述三种功能而言，系统默认的设置都是 0。0 设置意味着激活功能，按下复位按钮或关断电源，将会清除系统变量#3004 和#3003（见表 16.3）。

表 16.3 系统变量#3004

| 系统变量#3004 | 进给保持 | 进给速度倍率 | 准确停止检查 |
| --- | --- | --- | --- |
| 0 | 允许 | 允许 | 允许 |
| 1 | 禁止 | 允许 | 允许 |
| 2 | 允许 | 禁止 | 允许 |
| 3 | 禁止 | 禁止 | 允许 |
| 4 | 允许 | 允许 | 禁止 |
| 5 | 禁止 | 允许 | 禁止 |
| 6 | 允许 | 禁止 | 禁止 |
| 7 | 禁止 | 禁止 | 禁止 |

变量#3004 控制三种操作状态：

□ 进给保持；

□ 进给速度倍率；

□ 准确停止检查模式。

用户试图在宏程序中使用它们之前，一定要理解这些操作如何工作。

① 操作状态 1——进给保持　当在宏程序中禁止使用进给保持时，使用变量#3004，并按下控制器操作面板上的进给保持按钮，在单段模式下机床会停止运转。如果系统变量#3003（前面讲述的）禁止使用单段模式，那么系统中就没有可行的单段操作了。

② 操作状态 2——进给速度倍率　当在宏程序中禁止使用进给速度倍率时，使用变量#3004，那么不管控制面板上的进给速度倍率开关的设置如何，所有的加工都在 100%的进给速度下进行。100%的进给速度定义为由 CNC 程序或宏程序使用 F 地址指定的进给速度值，同样适用于每分钟进给速度和每转进给速度。对英制单位和公制单位的进给速度数据输入也是相同的。

③ 操作状态 3——准确停止检查　当在宏程序中禁止使用准确停止检查时，使用变量#3004，甚至在没有切削运动的程序段中，系统也不会执行该功能。结合使用程序命令 G09（非模态程序段）或 G61（模态程序段），准确停止检查为系统提供了特殊的检测刀具位置的方法，FANUC 0 系统中没有此状态。

（4）特殊的攻丝操作例子　第 8 章（宏程序 O8004）介绍了一种特殊的攻丝宏程序（或循环的攻丝宏程序），尽管从原理上来讲是正确的，但没有提供内置的安全特征。宏程序要求加工过程中控制系统所有的倍率都要设置成 100%，这个条件很难实现，并有可能产生严重的加工问题。使用变量设置的多种模式将禁止使用进给保持、进给速度倍率和单段模式。如果允许使用准确停止检查功能，两个变量的宏程序定义是#3003=1 和#3004=3，否则，两个变量的宏程序定义将是#3003=1 和#3004=7，细节可参见前面的表格。

由于系统变量#3003 和#3004 经常用于特殊的循环，例如，定制攻丝循环（本书后面会介绍）。在此例中，除了进刀时的切削进给速度是给定值的 80%，退刀时的进给速度是给定值的120%外，我们想模仿G84固定循环的功能。将用当前的X、Y刀具位置调用攻丝宏程序。

（5）宏程序调用（英制单位） G65 程序段必须定义系统需要的所有自变量及赋值：

**G65 P8020 R0.35 Z1.15 S750 T36**

其中

R=（#18） 等价于R级间隙

Z=（#26） *Z*深度

S=（#19） 主轴转速（r/min）

T=（#20） 每英寸的螺纹数（TPI）

还可以增加其它的自变量，例如，攻丝深度的计算、顶端间隙的自动计算（在G84循环中也称为R级）等。客观地讲，使宏程序复杂化并没有好处， Z0是零件的顶面，注意Z深度为正值（在宏程序中强制为负值）。

（6）特殊的攻丝宏程序设计

```
O8020  （特殊的攻丝宏程序）
#3003=1                                禁止使用单段设置
G00 Z[ABS[#18]] S#19 M03               快速运动到正R级，主轴正转
#3004=7                                禁止使用进给保持、进给速度倍率以及准确停止检查
G01 Z-[ABS[#26]]  F[#19/#20*0.8]       M05 以80%的进给速度切削到指定深度，主轴停转
Z#18 F[#16/#20*1.2]  M04               以120%的进给速度，退回到R级，主轴反转
#3004=0                                允许使用进给保持、进给速度倍率以及准确停止检查
M05                                    主轴停止转动
M03                                    恢复正常的主轴正转
#3003=0                                允许使用单段设置
M99                                    宏程序结束
%
```

注意，变量#3003 和#3004 都使用了两次。如果某个设置的特殊状态是因宏程序而改变，那么在退出宏程序时就应该修改回原来的状态，这一点很重要。尽管有些加工中心在M03和M04或M04和M03之间，不要求主轴停止转动，但无论如何在宏程序中使用M05是安全措施，目的是保护主轴。

（7）系统设置 系统设置由变量#3005 表示，该变量与某些基本系统配置的当前值有关。在FANUC 10/11/15控制系统中，系统变量#3005可能无效。

典型系统设置包括：

- 控制器之间的兼容性（例如FS-15和FS-16/18/21）；
- 程序段号的自动插入（顺序号，使用N地址）；
- 尺寸值的英制或公制输入（分别使用G20和G21）；
- 输出代码的EIA或ISO模式选择；
- TV（定点检测）检查执行或不执行，TV检查只应用在穿孔纸带设备中。

二进制数值自动转换成十进制数值。

## 16.2 镜像状态检查

镜像通常是大多数 CNC 加工中心、甚至某些 CNC 车床的基本特征之一，主要目的是实现指定轴，例如：CNC 加工中心的 *X* 轴、*Y* 轴或 *XY* 轴，CNC 车床的 *X* 轴的定向符号的翻转。此外，轴的翻转不仅会引起轴运动方向的改变，还会引起圆弧方向（顺时针或逆时针）以及刀具半径偏置的改变。刀具半径偏置是最关键的特征，零件的可加工性（顺铣或逆铣）也会受到影响。

在宏程序中，系统单独监测每个轴的镜像状态，该特征也称为镜像检查信号。在宏程序处理过程中的任一时刻，宏程序可以查询镜像当前设置的状态，查询结果是某个二进制数值，然后转换成十进制数值。

在大多数 FANUC 控制器中，存储镜像相关信息的系统变量是#3007（位型），注意位计算的细节。

表 16.4 中给出了 8 个轴的典型状态，但在实际应用中，CNC 加工中心使用最多的只有前两个轴，即 *X* 轴和 *Y* 轴（常称为第 1 轴和第 2 轴）。一些老式控制器的变量#3007 下面可能少于 8 个轴。表 16.4 中的第一行给出了各轴的名称，第二行是轴的标识，第三行包含每一位的二进制等价值（记住，“二进制”的意思是基于“两个选择”，是从右到左，从 0 开始计数，而不是从 1 开始）。

**表 16.4　8 个轴的典型状态**

| 第 8 轴 | 第 7 轴 | 第 6 轴 | 第 5 轴 | 第 4 轴 | 第 3 轴 | 第 2 轴 | 第 1 轴 |
|---|---|---|---|---|---|---|---|
| $2^7$ | $2^6$ | $2^5$ | $2^4$ | $2^3$ | $2^2$ | $2^1$ | $2^0$ |
| 128 | 64 | 32 | 16 | 8 | 4 | 2 | 1 |

根据当前是否允许使用镜像，每个有效位可以设置成 0 或 1：

◆ 0=禁止选定的轴使用镜像功能；

◆ 1=允许选定的轴使用镜像功能。

| 变量#3007 是只读变量，不能写入 |
|---|

和这种类型的变量一样，是由当前状态的逻辑和（各位和）决定所有轴的状态，因此即为系统变量#3007 的返回值。变量#3007 的返回值是所有位的和，知道如何正确的解释它，这点很重要。顺便讲一下，位的和在编程过程中相当常见，用户需要具备二进制数系统的基础知识（参见第 4 章）。

**解释系统变量#3007。**

例如，加工车间应用中经常使用镜像设置，该设置仅用于典型的 CNC 加工中心的前两个轴（即 *X* 轴和 *Y* 轴）。为查明当前镜像设置的状态，请研究下面的例子，多读两遍会有帮助。

例如：变量#3007 存储值是 3，即镜像在 *X* 轴和 *Y* 轴起作用。

为何会这样解释呢？当系统变量#3007 与 3 相等时（返回值是#3007=3），当前的镜像轴是图表中的前两个轴，即 X 轴和 Y 轴。通过对存储在系统变量#3007 中的返回值进行解释仅能知道这个结果。为了解释返回值，要逐步进行分析，第一步是用变量#3007 中存储的值减去可能的最大位值。这种情况下，从 3 中减去的最大位值是 2，数字 2 定义为 Y 轴，因此，Y 轴是当前的镜像轴。第二步用变量#3007 中存储的值（在例子中为 3）减去新值（例中计算的 2）。

**3–2=1**

由于计算结果 1 和 X 轴有关，意思是 X 轴也是镜像轴。但是还要进行第三步，检查一下其它需要计算的轴。用上面的计算结果减去 1，即 1–1=0，因此不需要再考虑其它的轴。上述计算中，如果#3007=3，两个轴都是镜像轴。三个简化的步骤使用了同样的方法：

- 给定值：#3007=3　　用 3 可减去的最大位值是 2
- 第 1 步：……………　数字 2 定义为 Y 轴，因此 Y 轴是镜像轴
- 第 2 步：3–2=1　　数字 1 定义为 X 轴，因此 X 轴是镜像轴
- 第 3 步：1–1=0　　没有其它镜像轴

例如：变量#3007 存储值是 2，即镜像只在 Y 轴起作用。

此种情况下，系统变量#3007 与 2 相等（返回值是#3007=2），当前的镜像轴是 Y 轴，解释方法与前面相同：

- 给定值：　#3007=2　　用 2 可减去的最大位值是 2
- 第 1 步：……………　数字 2 定义为 Y 轴，因此 Y 轴是镜像轴
- 第 2 步：2–2=0　　没有其它镜像轴

例如：变量#3007 存储值是 1，即镜像只在 X 轴起作用。

在最后一种情况中，系统变量#3007 与 1 相等（返回值是#3007=1），当前的镜像轴是 X 轴，解释方法与前面相同：

- 给定值：　#3007=1　　用 1 可减去的最大位值是 1
- 第 1 步：……………　数字 1 定义为 X 轴，因此 X 轴是镜像轴
- 第 2 步：1–1=0　　没有其它镜像轴

如果#3007=0，此时就没有镜像轴。从这些例子中可看出，只要具备一点二进制数的基础知识，读懂和解释系统变量#3007 的其它返回值应该没有问题。

## 16.3 已加工零件数量的控制

还有两个与自动操作模式相关的系统变量，即#3901 和#3902，它们控制自动操作中的已加工零件的计数功能。

**#3901**　已完成（已加工）的零件数

**#3902**　需要加工的零件数

系统变量#3901 表示已加工的零件数，该变量存储的值是已完成的零件数。

系统变量#3902 表示需要加工的零件数，该变量存储的值是需要加工的零件数（目标数）。

这两个变量既可以读出，又可以写入（读/写类型）。它们在宏程序中不能使用负值（考虑使用 ABS 功能）。

# 第17章 编辑宏程序

用户宏程序文件经常是由外部的计算机传送到 CNC 系统内存中，因为当宏程序长而复杂时，在计算机上编辑会更加方便，接着再重新载入到控制系统中。但也有很多场合使用这种方式不太方便，例如当宏程序较短或编辑控制系统中已载入的宏程序时。在这种情况下，常通过 CNC 机床右边控制面板上的键盘来完成操作。编辑宏程序与编辑传统的 CNC 程序没什么区别，都是按字编辑，例如，要将字 X-123.456 改为 X123.456，必须修改整个字而不仅仅是字符（对大多数控制器而言，编辑单个字符通常是不可能的），宏程序是通过特殊的编辑单元实现录入和修改的。

## 17.1 编辑单元

对存储在控制器内存中的宏程序，可通过移动光标到下面的字符或符号开头进行编辑：

◆ 地址（字的第一个字符，如 X ，Y， Z）；

◆ “=”号左边的“#”号标志；

◆ 以 IF，WHILE，GOTO，END，DO，POPEN，BPRNT，DPRNT 和 PCLOS 开头的第一个字符；

◆ “/”，“（”，“=”和“；”。

## 17.2 程序注释

在程序中，注释、信息和针对机床操作员的报警提示，要使用圆括号（而不是方括号）放在程序体内部。例如，对辅助功能 M00 的说明信息如下：

**N34 M00 （检查槽深）**

用户生成报警的例子可能为：

**N1001 #3000 = 118 （半径太大）**

当通过控制键盘输入注释或信息时，要注意看键盘上的控制输出字符“(”和控制输入字符“)”是否可用 。

并不是所有的 FANUC 模式在键盘上都有这些字符。例如，FANUC 16 这种早期产品的键盘上并没有这两个字符，但是它的软键选择是有效的。如果控制系统支持各种说明语句，那么，可在外部计算机上输入程序，再用电缆输入到 CNC 单元中，这样可能会更方便一些。

## 17.3 宏程序函数的缩写

宏程序函数是由二个或三个以上字符组成的专用词（称为函数）。在用键盘输入这些字符的过程中，经常要频繁使用 SHIFT 键，要输入整个字需要很长时间。FANUC 系统提供了两字符的快捷方法，可以通过这种方法完成大部分函数的输入，从而提高了手工输入的速度。我们在输入和编辑时都可以用这种快捷的方法（见表17.1）。

表 17.1　两字符的快捷方法

| 宏程序函数 | 简化字符 | 宏程序函数 | 简化字符 | 宏程序函数 | 简化字符 |
|---|---|---|---|---|---|
| ABS | AB | BPRNT | BP | PCLOS | PC |
| ACOS① | AC | COS | CO | POPEN | PO |
| ADP | AD | DPRNT | DP | ROUND | RO |
| AND | AN | END | EN | SIN | SI |
| ASIN① | AS | EXP① | EX | SQPT | SQ |
| ATAN | AT | FIX | FI | WHILE | WH |
| BCD | BC | FUP | FU | TAN | TA |
| BIN | BI | GOTO | GO | XOR | XO |

① 此函数不能在 FANUC 0/16/18/21 模式控制器中使用。

宏程序函数的简写形式，将完全显示在控制器屏幕上。下面的例子对比了宏程序缩写的两种方式：

□ 简化输入的例子：

**WH[AB[#1] LE　RO[#2]]**　　简化输入格式

□ 完整输入的例子：和上面的例子是一样的

**WHILE [ABS[#1] LE ROUND [#2]]**　完整输入格式

# 第18章 参数化编程

这一章介绍本书的基本的关键部分，即介绍在典型的机床车间环境中用于宏程序的与实际应用相关的各种 FANUC 控制器特征。也阐述了期望的优点。前面几章已经提供了许多必要的“行业工具”。那并不是意味着没有更多的工具可用，相反有足够的工具可用来开发实际的宏程序。在讨论实际开发之前某些背景可能会有所帮助。

## 18.1 什么是参数化编程

自从基于 NC 和 CNC 编程语言出现以来，参数化编程方法一直在发展之中。参数化编程需要的设备相当昂贵，因为用户必须拥有功能强大的主机计算机（通常按月租借）和功能同样强大的软件。另外，购买设备的高花费，各种线时费用，甚至是租借费用等都是障碍。科技发展到今天，需要的唯一计算机是机床的 CNC 系统，并配备相对低廉的 FANUC 用户宏程序 B 版本。个人计算机或便携式计算机确实方便，但不是绝对必要的。

参数化编程也称为零件类编程，顾名思义，是属于同一类的一组相似零件，可通过使用变量而不是特定的尺寸数据和加工数据来进行编程。在这种类型的编程中，包含着决策，基于已知数据并带有某种约束。当然，比那些标准的 CNC 编程需要更强大的编程工具。宏程序可提供这些工具。参数化程序一定是宏程序，但宏程序在相似零件类的意义上并不一定是参数化程序。

下面两章将提供针对相似零件类和相似操作类方面的宏程序实际开发中的细节。

**变量数据。**

什么样的数据可以是变量类型的数据呢？程序中的任何数据都可以是变量数据。加工条件随不同的材料（软的或硬的）而改变，各种切削刀具材料的类型（HSS 或硬质合金）、使用的机床（轻型或重型）、尺寸数据、表面光洁度要求、公差等也发生改变。当基本特征不变时，切削的深度、宽度、数量、主轴转速、进给速度等也会发生改变。

简单来说，拿一个必须加工成一定长度和宽度的矩形为例。如果要加工许多矩形，那么这两个尺寸特征就是变量特征。传统的方法是对每个矩形都要编一个单独的程序。最有效的方法，即宏程序方法，则是编一个适用于任何矩形的宏程序。通过替代长度变量和宽度变量，就可以重新使用这个程序。其优点也就显而易见了。

## 18.2 参数化编程的优势

生产中的快速转换是宏程序中零件类的最大优点。开发宏程序比开发标准程序常常需要更多的时间，但花费这些时间往往是明智的投资，尤其是如果经常使用宏程序的话。了解参数化编程具备的优点，有助于更好地判断何时开发参数化程序以及何时开发标准程序更合适。参数化编程的优点体现在下面的改进中。

◆ 整体优点：

□ 零件间的快速转换；

□ 缩短了程序检查的时间；

□ 改进了产品质量；

□ 降低了整体生产成本。

个别来讲，在生产和编程领域更能体现出其优点：

◆ 在生产领域的优点：

□ 减少了废品零件；

□ 提高了加工零件的质量；

□ 由于加工标准化，降低了加工成本；

□ 提高了 CNC 机床的生产率；

□ 减少了维修费用。

◆ 在编程领域的优点：

□ 编程时间急剧减少；

□ 编程错误减少或消除；

□ 所有相似零件的一致性；

□ 更容易的转变工作量。

为从参数化编程方法中获益，采取的第一步是识别合适的零件。并不是每个编程作业都适合在时间上进行额外的投资。

**何时进行参数化编程？**

在决定参数化编程能否带来好处方面，前面提到的几个领域也是很重要的：

□ 很多形状相同而尺寸不同的零件；

□ 很多形状相似的零件；

□ 包含刀具路径重复的零件；

□ 不同的加工型式。

参数化编程绝不是要代替其它的方法——只是其它方法的提高。在参数化的宏程序开发上花费时间是明智的投资。为使经济高效，参数化编程带来的益处必须是可预测和可测量的。

## 18.3 进行宏程序开发的方法

当涉及实际编写参数化程序或任何其它宏程序时，编程员可根据个人偏好从中选择。宏程序通常都是由经验丰富的编程员编写，他们已经形成了自己的某种编程风格。而且，大多数编程员的某些方法都在实际工作中经过检验。首要考虑的而且最重要的是要有一个目标。那么宏程序应该达到什么样的目标呢？

接下来的这一章是一个简单的但相当全面的根据计划开发宏程序的例子。这部分的技术和考虑的问题将会应用于下面的实例中。我们必须很好的理解它们，这很重要。列出的清单仅作为建议，它的目的是通过这些步骤来指导我们如何成功的开发一个宏程序。

（1）首先确定主要目标 很多编程员可能把目标定得太高，并且想要在一个宏程序中来实现。这样可能会产生很严重的错误。应首先决定宏程序所要完成的目标，然后估计其它的可能性，再放弃不切实际的部分目标。通常用两个短的宏程序要比用一个长的宏程序好得多。

（2）提前制定好的计划 好的计划是成功的关键。首先由图纸开始，为参数化程序研究类似的图纸。确定哪些特征不变，哪些特征可能发生改变。不要忘记零件的材料、装夹方法、使用的机床和刀具。试图预测哪些特征可能会在后面的相似图纸中存在。尽量想在前面，估计尽可能多的选择。跟适当的人员请教他们的看法。尽管设定的目标正确，但较差的计划也会产生较差的宏程序，要建立严格的标准。

（3）做一个大体的规划 看到的才是可信的，画出示意性的草图来展示宏程序的全部特征。如果有必要使用细节，确定关键的位置，例如程序零点、间隙、刀具的起始点、偏置量、换刀点（如果需要）等。如果宏程序要求使用数学公式，那就应该包括所有的公式，如草图里的几何公式和用作测试特征点的测试公式。这样的工作草图，无论有没有计算，都应该记录到最近的日期，然后存档作为以后的参考。

（4）确定刀具路径方法 确定刀具如何靠近工件，切削工件，切削完成后离开的方法。考虑现在的零件还有以后的零件。是使用一把刀具还是有必要使用多把刀具？刀具路径是否唯一？起始点是否安全？计算深度、宽度、步距宽度、走刀次数、钻孔间隙、粗加工和精加工，以及其它的考虑因素都是怎样的？收集能收集到的一切信息，包括加工条件，例如主轴转速和进给速度。记住，包括的变量数据越多，参数化程序或宏程序的功能就越强大。但这样将会使开发和校验的过程更长。

（5）识别和组织变量数据 一旦收集了信息，识别和组织数据就是密不可分的。确定哪些局部变量将会在G65命令程序段中定义为自变量。不包括可以计算的数据，但包括可以从图纸中读出的数据，即使不直接用到它们。例如：宏程序可能需要在计算中用到圆弧半径，可图纸中给出的是直径值。提供直径，再在宏程序体中除以2 作为自变量要比输入半径作为自变量好。注意要求输入的是小数还是负数。如果可能就用相关的助记符变量赋值，例如：A（#1）用于输入角度，R（#18）用于输入半径等。这并不总能实现，但是有总比没有好。总是要在文件中注明所有变量的含义，以免以后容易忘记。

（6）设计程序流程 清晰的流程图在宏程序开发阶段是很有帮助的。很多编程员把流程图看作程序开发的必经阶段，甚至坚持使用。在宏程序中所有的编程目的都是可行的，例如循环，条件测试，分支，做决策等，在流程图中可以用图表表达。一旦流程图设计好，就要使用不同的输入条件和结果反复进行测试。宏程序应该可以在任何场合下工作。不要担心测试中出现的不可能或不可测的状况。如果流程图逻辑失败而且流程图是正确的，那么宏程序需要重新设计和测试，这种错误在草案设计中经常出现。随着经验的增长，就会建立另一种设计程序流程的方法，称为伪代码设计，这是软件工程师常用的方法。伪代码设计是非常严格和细致的过程，通常用正规语言书写，并需依次列出所有步骤要完成的工作。它不如流程图方便，但是很实用。

（7）不对缺省值计数 在标准的CNC编程中，许多编程员记录控制系统缺省值的个数，但不包括一些程序代码，尤其是一些准备G代码，例如他们记录缺省的系统单元，但不包括程序中的G20和G21命令。同样的也不包括G90和G91命令，和其它的一些代码。总要记住所有的决策必须反映到宏程序中，不要想当然，也不要记录系统缺省值的数目。

（8）编写宏程序 这个阶段要求将宏程序代码书写在纸张上、控制器中或计算机文件中，其目的是为了开发实际的加工程序。以相同的顺序和逻辑使用在流程图中或在伪代码中的数据，并将它们转换成FANUC宏程序代码。把宏程序编写成文件非常重要，但仅仅是好还是不够的，只有编写得最好的宏程序文件才能使用。将宏程序编写成文件不仅仅是为了CNC操作员，对于任何使用宏程序的编程员来讲是永久可用的文件。非常明显的程序在今天将在很短的时间内消失，文件可以以注释的形式做成内部文件，或以无格式的语言描述成外部文件。同样重要和迫切的是，必须在宏程序执行前保存所有当前的程序设置，按需要在宏程序内改变设置，并在宏程序退出前恢复原始设置。这种方法是一种专业水平的标志，能使程序更加完美，实践性更强。

# 第19章 相似零件类

第 18 章大体介绍了参数化编程的基本知识。这一章介绍完整的实际应用，即应用于相似零件类的实际宏程序开发。第 20 章将根据相同的概念并提供一个加工相似零件类的宏程序的开发实例。

## 19.1 深入开发宏程序——定位销

这部分是学习的最重要的主题之一，它包含了全面理解宏程序开发的方法。例子中的方案是为 CNC 车床设计的定位销。和很多宏程序特征一样，这里给出的逻辑方法和程序同样可以应用在两类机床上。和 CNC 编程标准一样，提供的工程图是设计过程中的第一要素。在这个例子中，这个系列的所有零件在一张图中全部列出了，因此图本身就是参数化的。在其它的案例中，编程员必须从几张不同的图中获得信息。

提供给编程员的定位销数据如图 19.1 所示。第一步是研究和分析图纸及其给出的信息。

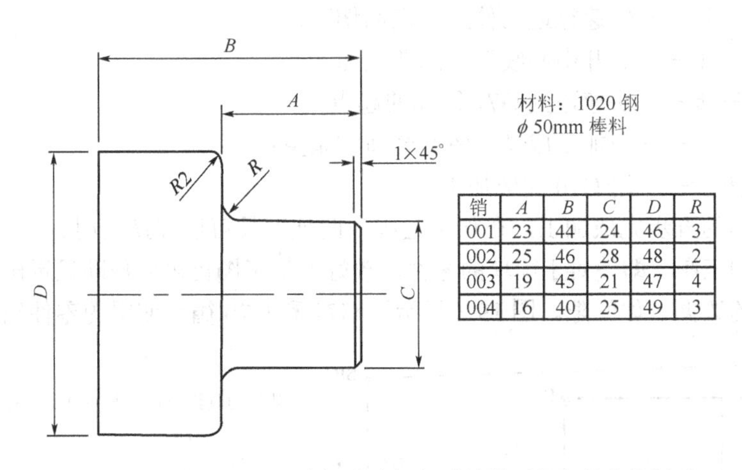


| 销 | A | B | C | D | R |
|---|---|---|---|---|---|
| 001 | 23 | 44 | 24 | 46 | 3 |
| 002 | 25 | 46 | 28 | 48 | 2 |
| 003 | 19 | 45 | 21 | 47 | 4 |
| 004 | 16 | 40 | 25 | 49 | 3 |

图 19.1　定位销——用来阐述为相似零件类开发宏程序的例子

（1）图纸分析　即使随便看一下这张图纸也知道它不仅仅是单个零件的图纸。它要求加工四个销，所有的尺寸和材料都已给出。零件的设计者选择了一张图纸而不是四张单独的图纸来描述。从某种意义上来讲，设计者已经把这个方案看作一类零件，这和编程员一样。所有 4 个销相似，它们有几个共同的特征。图 19.1 中总共标注出了 7 个尺寸。其中 2 个尺寸是固定的，其它 5 个是变量。所有的尺寸必须正确的给出，然后才能加工出如图 19.1 所示的零件。例如，在两个半径之间有一个平的台肩面。在开始编写宏程序前看出这点相似也是很重要的。

（2）宏程序目标　宏程序的最重要目标是设计出能够用一个程序加工出这个系列中的所有 4 个销（也可能是其它的）的程序，因此只通过改变主程序中 G65 自变量（变量）就可完成加工。在达到这个目标之前，必须做一些技术性的工作。第一个销决定了零件的装卡和加工方法。

（3）零件的装卡、刀具的装卡和加工方法　工件的安装方式必须同零件的加工方法一起考虑。选择一种方法经常会影响另一种方法。加工方法影响刀具的选择。图纸上标明对所有零件给出的是相同直径的低碳钢棒料（$\phi$50mm）。为开发宏程序，必须建立以下条件：

- □ 工件零点在已加工表面的前方　　X0=强制中心线
- □ 最小切削量(<0.5mm)　　单独切削量
- □ 仅使用一把刀具，T1 用于磨损偏置 1　　程序可容易地修改为两把刀具
- □ 主轴转速和进给速度不变　　所有的零件是相同的材料
- □ 使用多次重复循环 G71 和 G70 命令　　两个程序段格式
- □ 不包括返回操作　　离开工件和第二次操作
- □ 使用冷却液

每次安装均可被改进，这仅是一种建议和说明方法。方案仅集中在宏程序开发本身。

实际的刀具路径也可详细定义如下：

- □ 第一步——快速靠近工件进行表面切削；
- □ 第二步——离开中心线以下的前端面；
- □ 第三步——快速退到 G71 循环的起点；
- □ 第四步——粗加工成型，留有合适的余量；
- □ 第五步——用 G70 完成加工。

用简单的五步完成加工，在加工过程中两把刀具可以互换使用。

（4）加工图　即使对于简单的零件，较好的加工图仍可以帮助显示出刀具路径及其相关的数据，如间隙。图 19.2 显示了 G71 和 G70 循环使用的零件轮廓。

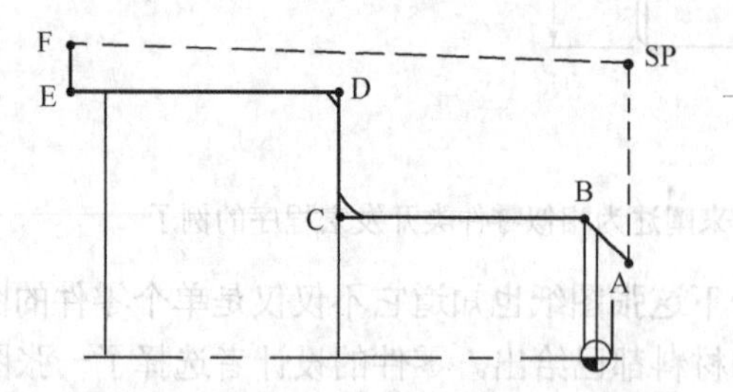


图 19.2　对同一类的所有零件的常见刀具路径，使用 G71 与 G70 切削循环

（5）标准程序　选择相似零件类中的一个零件（显示为销-001），并使用前面的选择为其编写标准程序。这是和经验增长没有帮助但是和开发有一致性的步骤。为销-001 编写的带相关注释的标准程序列出如下：

|  |  |
| --- | --- |
| （销-001 标准程序） | （仅对销-001 的标准程序） |
| （X0Z0-中心线和前端面） | |
| （距卡盘端面的棒料伸出端=零件长度+5mm） | |
| N1 G21 T0100 | 公制单位和 1 号刀具，没有磨损偏置 |
| N2 G96 S100 M03 | CSS 的速度为 100m/min，主轴顺时针旋转 |
| N3 G00 X53.0 Z0 T0101 M08 | 切削面的起始位置+磨损偏置+冷却液 |
| N4 G01 X-1.8 F0.1 | 以 0.1mm/r 的进给速度加工中心线下方的表面 |
| N5 G00 Z3.0 | 仅针对 *Z* 轴，离开表面的距离，对 *Z* 轴有 3mm “A” |
| N6 G42 X51.0 | 对 G71 循环的 X 起点和对 X 的刀具半径偏置 “A” |
| N7 G71 U2.5 R1.0 | G71——切削深度为 2.5mm，退刀量 1.0 |
| N8 G71 P9 Q14 U1.5 W0.125 F0.3 | G71——N9 到 N14 的轮廓线——XZ 余量——0.3mm/r |
| N9 G00 X16.0 | 计算出倒角的 *X* 轴直径——‘1’ |
| N10 G01 X24.0 Z-1.0 F0.1 | 以 0.1mm/r 车削前倒角——’2’ |
| N11 Z-23.0 R3.0 F0.15 | 以 0.15 mm/r 车削小径和内径——‘3’ |
| N12 X46.0 R-2.0 | 车削表面和外径——‘4’ |
| N13 Z-47.0 | 通过零件切削大径为 3mm——‘5’ |
| N14 X54.0 F0.3 | 切削余量直径，对 *X* 轴仅为 2mm——‘6’ |
| N15 G70 P9 Q14 S125 | 以 125m/min 的速度完成 G70 轮廓精加工 |
| N16 G00 X100.0 Z50.0 T0100 M09 | 快速移动到换刀位置并取消 |
| N17 M01 | 程序结束（选择下一把刀具） |

一旦这个标准程序经确定是正确的，就只需指定剩下三个销的所有改变的参数即可。

（6）确定变量数据　确定从零件到零件的变化的数值意味着确定变量数据。变化的数据将有助于确定宏程序变量，或作为直接输入或为了以后计算。在下面的列表中，给出了同样的标准程序，这次所有的变量数据用下划线标出。

|  |  |
| --- | --- |
| （销-001 标准程序） | 变量数据加下划线 |
| （X0Z0-中心线和前端面） | |
| （距卡盘端面的棒料伸出端=零件长度+5mm） | |
| N1 G21 T0100 | 公制单位和 1 号刀具，没有磨损偏置 |
| N2 G96 S100 M03 | CSS 的速度为 100m/min，主轴顺时针旋转 |
| N3 G00 X53.0 Z0 T0101 M08 | 切削面的起始位置+磨损偏置+冷却液 |
| N4 G01 X-1.8 F0.1 | 以 0.1mm/r 的进给速度加工中心线下方的表面 |
| N5 G00 Z3.0 | 仅针对 *Z* 轴，离开表面的距离，对 *Z* 轴有 3mm |
| N6 G42 X51.0 | 对 G71 循环的 *X* 起点和刀具半径偏置 |
| N7 G71 U2.5 R1.0 | G71——切削深度为 2.5mm，退刀量 1.0 |
| N8 G71 P9 Q14 U1.5 W0.125 F0.3 | G71——N9 到 N14 的轮廓线——XZ 余量——0.3mm/r |
| N9 G00 <u>X16.0</u> | 计算出倒角的 *X* 轴直径——‘1’ |
| N10 G01 <u>X24.0</u> Z-1.0 F0.1 | 以 0.1mm/r 车削前倒角——’2’ |
| N11 <u>Z-23.0</u> <u>R3.0</u> F0.15 | 以 0.15 mm/r 车削小径和内径——‘3’ |
| N12 <u>X46.0</u> R-2.0 | 车削表面和外径——‘4’ |
| N13 <u>Z-47.0</u> | 通过零件切削大径为 3mm——‘5’ |
| N14 X54.0 F0.3 | 切削余量直径，对 *X* 轴仅为 2mm——‘6’ |
| N15 G70 P9 Q14 S125 | 以 125m/min 的速度完成 G70 轮廓精加工 |

N16 G00 G40 X100.0 Z50.0 T0100 M09　　快速移动到换刀位置并取消
N17 M01　　程序结束（选择下一把刀具）

这是一个简单的例子，标出（加下划线）6 个程序输入。仔细并单独的研究它们，这些数值将在宏程序中成为变量。下面逐段分析所选择的数据：

**N9 G00 X16.0**　　**计算出倒角的 X 直径——'1'**

N9 程序段代表轮廓“1”的第一点。也是接下来进行切削的倒角的 X 点。直径没有在图纸上标出，是基于倒角尺寸（1mm 45°）根据较小直径和当前 Z 轴间隙（程序段 N5 中为 3mm），通过计算得到的。加工 45° 的倒角很容易并且不用进行三角运算。较小的直径为 24 mm，倒角为 1 mm，Z 轴间隙为 3 mm。

计算相应的 X 轴方向直径很容易，只要仔细的看懂程序并确定用于直径计算的所有数值，而不是每边的数值（半径）：

**X=24–2×1–2×3=16mm=X16.0**

这个计算公式是宏程序的一部分，其它要用的变量仍需要定义。

**N10 G01 X24.0 Z-1.0 F0.1**　　**以 0.1mm/r 切削前倒角——'2'**

两个直径中较小的直径有两个特征，它的起点在 1mm 倒角的末端（Z-1.0），尽管在每个零件中不同，但总在图纸中直接给出。而且它可自动的生成变量定义。图纸中的字母 C 也可用在宏程序中。C 赋值对应于赋值列表 1 中的局部变量#3（参见第 8 章）（见表 19.1）。

因此，对应分配给每个零件的数值可以确定第一个定义。

**N11 Z-23.0 R3.0 F0.15**　　**以 0.15 mm/r 切削小径和内径——'3'**

在程序段 N11 中，有两个变量数据，而且两个都是在图纸中直接定义的。Z 轴位置表示小径的长度（图纸中的“A”尺寸，在前端面和轴肩面之间）。R 值表示图纸中内圆角半径尺寸。实际上所有的 FANUC 车床控制器对 90° 的倒角或半径支持自动拐角中断，在表面和轴肩之间或轴肩和表面之间。如果自动拐角中断在系统中不能用，那么每个圆弧的起点和终点都必须计算出来。在那种情况下，将要用到圆弧插补命令 G02 或 G03。

图纸中的两个字母也可用于变量赋值，在赋值列表 1 中，字母 A 对应变量#1 和字母 R 对应变量#18（见表 19.2）。

**表 19.1　#3 变量的赋值**

| 零件号 | #3 变量的赋值 |
|---|---|
| 销-001 | #3=24.0 |
| 销-002 | #3=28.0 |
| 销-003 | #3=21.0 |
| 销-004 | #3=25.0 |

**表 19.2　#1 和#18 变量的赋值**

| 零件号 | #1 变量的赋值 | #18 变量的赋值 |
|---|---|---|
| 销-001 | #1=23.0 | #18=3.0 |
| 销-002 | #1=25.0 | #18=2.0 |
| 销-003 | #1=19.0 | #18=4.0 |
| 销-004 | #1=16.0 | #18=3.0 |

记住车刀不能切削尖角。控制系统要检测半径和切削起点的合适位置。同样的车削方法适用于外径加工。

随着程序的运行，在车削内圆角后车削表面。

**N12 X46.0 R-2.0** **车削表面和外径——‘4’**

在程序段 N11 中，使用自动拐角中断特征，在直径和轴肩之间有过渡。在程序段 N12 中轴肩和直径之间也存在同样的过渡。在这个程序段中，对这一系列的所有零件外径都为 2mm，因此没有必要定义变量。所有零件间变动的是大径，在图中用字母 D 标明。

字母 D 对应赋值列表 1 中的变量#7，因此可以做出另一个表格（见表 19.3）。

仍然需要有一个切削余量，用零件长度 B 表示。

**N13 Z-47.0** **通过零件切削大径为 3mm——‘5’**

四个零件说明书的表中用字母 B 表示出了零件的全长，那是所有加工完成后的最终长度。

字母 B 也可用于变量赋值（# 2），并定义为销的总长，如每张图纸中指定的数值（表 19.4）。

**表 19.3 #7 变量的赋值**

| 零件号 | #7 变量的赋值 |
|---|---|
| 销-001 | #7＝46.0 |
| 销-002 | #7＝48.0 |
| 销-003 | #7＝47.0 |
| 销-004 | #7＝49.0 |

**表 19.4 #2 变量的赋值**

| 零件号 | #2 变量的赋值 |
|---|---|
| 销-001 | #2＝44.0 |
| 销-002 | #2＝46.0 |
| 销-003 | #2＝45.0 |
| 销-004 | #2＝40.0 |

到目前为止，所有的赋值都跟图纸要求的尺寸匹配了。销-001 实例的 *Z* 轴位置在程序段 N13 中为 Z-47.0，而不是 Z-44.0。3mm 的余量是故意留出的，它提供了后续刀具加工的加工尺寸，允许车刀平滑的切入材料。它也包括接下来的二次加工的加工余量。在程序中 3mm 的余量是固定的。这带来了一些问题。

问题 1——变量#2 应该修改为 3mm 吗？问题 2——3mm 应该是一个新变量吗？问题 3——3mm 应该是宏程序的一部分吗？三个问题中的每个问题回答都是肯定的，但是只能用其中一个，只能做一个决定。

作为宏程序开发的一部分，这个问题再现的可能性会增加。每个问题同等重要且都值得进行判断。

### ◆ 问题 1——变量#2 应该修改为 3mm 吗？

答案是一定不能。这是一个很糟糕的尝试。是的，虽然能用，但有经验的编程员都认为这种类型的输入是有害的。因为不能遵循某一定义的赋值不是一个好的赋值。变量#2 定义为 B-47.0 或 B47.0，不是提供了图纸需要的衔接。事实上，如果零件的实际长度为 47mm，它可能引起混淆。要避免这种类型的变量。

### ◆ 问题 2——3mm 应该是一个新变量吗？

答案是可能的。这取决于车刀从一个零件到另一个零件后是否有多余的切削余量。这种情况有可能发生，例如，如果切断刀对每个零件采用不同宽度的切削刀片或其表面有二次加工余量将发生这种情况（不是指该例中的零件）。

### ◆ 问题 3——3mm 应该是宏程序的一部分吗？

如果问题 2 的回答是肯定的，那么问题 3 的回答一定是否定的，反之亦然。没有其它的选择。

对例子中的四个销，从一个零件到另一个零件没有理由改变 3mm 的长度，因此问题 2 的回答是否定的，而问题 3 的回答是肯定的。3mm 的刀具延伸长度在宏程序中是个固定的数值。当然，也可以有任何其它的合理的长度选择，但总要考虑对零件安装是否有影响。

（7）引进自变量　一旦对每个变量进行赋值，并做出相关的决定，就是为调用宏程序 G65 把所有的信息组合到一块引进自变量的最佳时机。表 19.5 综合了所有四个零件的自变量和变量赋值，如图 19.3 所示。

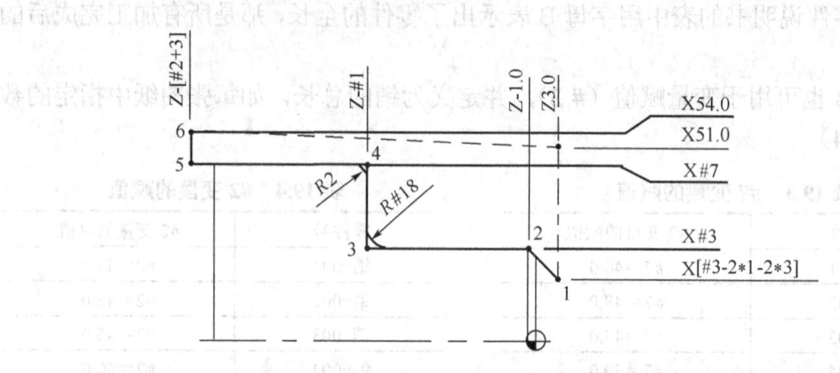


图 19.3　常见刀具路径——固定值与变量赋值

**表 19.5　四个零件的自变量和变量赋值**

| 零件号 | 尺寸 *A* | 尺寸 *B* | 尺寸 *C* | 尺寸 *D* | 尺寸 *R* |
|---|---|---|---|---|---|
| | *A* = #1 | *B* = #2 | *C* = #3 | *D* = #4 | *R* = #5 |
| 销-001 | A23.0 | B44.0 | C24.0 | D46.0 | R3.0 |
| 销-002 | A25.0 | B46.0 | C28.0 | D48.0 | R2.0 |
| 销-003 | A19.0 | B45.0 | C21.0 | D47.0 | R4.0 |
| 销-004 | A16.0 | B40.0 | C25.0 | D49.0 | R3.0 |

**注意**：选择的自变量并不总是与参数化图纸上的尺寸相匹配。只要是赋值列表 1 中的任何合法自变量都可使用。

（8）使用变量　一旦指定了自变量，就可用如图 19.3 所示作为参考开发宏程序。宏程序结构必须包括零件类中的每一个零件。在第 1 个版本中，程序采用了宏程序的许多特征。带下划线的字不需要计算，需要转换成变量，其它的需要计算的将产生组合变量输入。

所有的受到变化影响的字也加上下划线以示强调：

```
（销-XXX 宏程序）              变量数据加下划线——零件 1
（X0Z0-中心线和前端面）
（距卡盘端面的棒料伸出端=零件长度+5mm）
N1 G21 T0100                  公制单位和 1 号刀具，没有磨损偏置
N2 G96 S100 M03               CSS 的速度为 100m/min，主轴顺时针旋转
```

| | |
|---|---|
| N3 G00 X53.0 Z0 T0101 M08 | 切削面的起始位置+磨损偏置+冷却液 |
| N4 G01 X-1.8 F0.1 | 以0.1mm/r的进给速度加工中心线下方的表面 |
| N5 G00 Z3.0 | 仅针对Z轴，离开表面的距离，对Z轴有3mm |
| N6 G42 X51.0 | 对 G71 循环的X起点和刀具半径偏置 |
| N7 G71 U2.5 R1.0 | G71——切削深度为2.5mm，退刀量1.0 |
| N8 G71 P9 Q14 U1.5 W0.125 F0.3 | G71——N9到N14的轮廓线——XZ余量——0.3mm/r |
| N9 G00 X[#3-2*1-2*3] | 计算出倒角的X轴直径——'1' |
| N10 G01 X#3 Z-1.0 F0.1 | 以0.1mm/r车削前倒角——'2' |
| N11 Z-#1 R#18 F0.15 | 以0.15 mm/r车削小径和内径——'3' |
| N12 X#7R-2.0 | 车削表面和外径——'4' |
| N13 Z-[#2+3.0] | 通过零件切削大径为3mm——'5' |
| N14 X54.0 F0.3 | 切削余量直径，对X轴仅为2mm——'6' |
| N15 G70 P9 Q14 S125 | 以125m/min的速度完成轮廓精加工 |
| N16 G00 G40 X100.0 Z50.0 T0100 M09 | 快速移动到换刀位置并取消 |
| N17 M01 | 程序结束（选择下一把刀具） |

程序段N9是组合变量输入，它包含相应的计算。在宏程序内部可以定义一个单独变量或者嵌入到刀具运动地址中形成组合变量输入。任何定义为赋值的变量都占据控制系统的内存空间，而组合计算却不占据内存空间。该实例中提供一个内部计算，如销-001所示：

*X*=#3–2×倒角值–(2×*Z*轴间隙)=#3–2×1–2×3=24–2–6=16=X16.0

图19.4表示了程序段N9中有关*X*尺寸的计算（G71/G70循环中的P地址），也在前一页的图19.3中表示出了。

程序段N9也可以用变量形式写出（常见计算）：

**N9 G00 X[#3-2*1-2*3]**　　　**计算出倒角的*X*轴直径（变量）**

类似于程序段N9中的计算，程序段N13表示刀具运动沿*Z*轴延伸3mm，注意3mm的距离如何用变量#2: N13 Z-[#2+3.0]组合到运动中。和程序段N9中一样，如果算术表达式括在方括号中，控制系统将首先计算组合的返回值，然后再加工，不需要定义单独的变量。

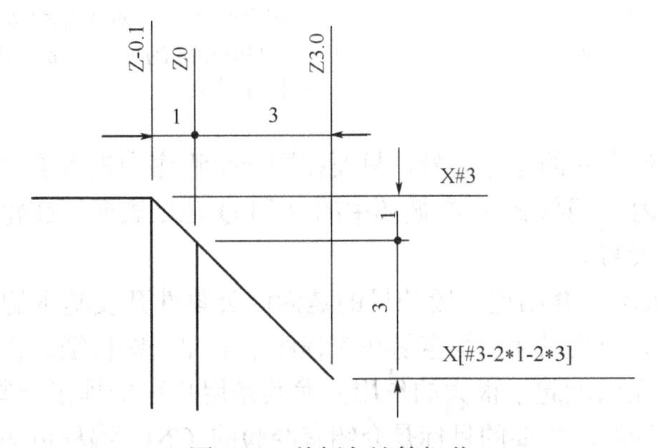


图19.4　前倒角计算细节

（9）书写宏程序　最后的步骤就是运用带有宏程序特征的标准程序编写出真正

的宏程序。宏程序应该只包括从一个零件转变成另一个零件的程序段。对例子中的4个销，粗加工循环（及数据）是程序中唯一改变的地方，宏程序只包含G71粗车循环，由程序段N7～N14表示，以及G70精车循环，由程序段N15表示。尽管只是实际轮廓改变，最好也包括G71和G70循环。

为写出宏程序，上面给出的例子可分为两部分：

- □ **第一部分——将包括含有G65宏程序调用和自变量的主程序；**
- □ **第二部分——将用G71和G70加工循环加工定义的刀具路径。**

注意下面程序中程序段号的变化：

```
(销-001 主程序)
(X0Z0-中心线和前端面)
(距卡盘端面的棒料伸出端=零件长度+5mm)
N1 G21 T0100                           公制单位和1号刀具，没有磨损偏置
N2 G96 S100 M03                        CSS的速度为100m/min，主轴顺时针旋转
N3 G00 X53.0 Z0 T0101 M08              切削面的起始位置+磨损偏置+冷却液
N4 G01 X-1.8 F0.1                      以0.1mm/r的进给速度加工中心线下方的表面
N5 G00 Z3.0                            仅针对Z轴，离开表面的距离，对Z轴有3mm
N6 G42 X51.0                           对G71循环的X起点和刀具半径偏置
N7 G65 P8021   A23.0 B44.0   C24.0   D46.0   R3.0（销-001  宏程序自变量）
N8 G00 G40 X100.0 Z50.0 T0100 M09      快速移动到换刀位置并取消
N9 M01                                 程序结束（选择下一把刀具）
……                                     其它刀具可继续加工

08021 (销-XXX  宏程序)                  可加工4个销的宏程序
N101 G71 U2.5 R1.0                     G71——切削深度为2.5mm，退刀量1.0
N102 G71 P103 Q108 U1.5 W0.125 F0.3    G71——N103至N108轮廓加工——XZ余量——
                                       0.3mm/r
N103 G00 X[#3-2*1-2*3]                 计算倒角的X轴直径——'A'
N104 G01 X#3 Z-1.0 F0.1                以0.1mm/r车削前倒角——'B'
N105 Z-#1 R#18 F0.15                   以0.15 mm/r车削小径和内径——'C'
N106 X#7 R-2.0                         车削表面和外径——'D'
N107 Z-[#2+3.0]                        通过零件切削大径为3mm——'E'
N108 X54.0 F0.3                        切削余量直径，对X轴仅为2mm——'F'
N109 G70 P103 Q108 S125                以125m/min的速度完成轮廓精加工
N110 M99                               宏程序结束
%
```

允许使用任何合法的程序段号，只要在同一个程序中没有重复的号码（包括子程序和宏程序在内）。要记住：在循环中的P和Q地址表明了在轮廓加工程序中的实际使用的程序段号。

（10）最终版本　介绍这一段的目的是为同类零件开发基本的宏程序。毫无疑问，依赖于现有的一些属性，很容易在宏程序中增加一些特征。在程序的开发过程中，公差和表面光洁度起了很大的作用，尤其是用户可能提出一些特殊需求。这些都是很容易执行的。主要的目标是介绍有经验的CNC编程员加入到宏程序的编制中来。

可做的一个最重要的变化，以及可展示的宏程序的灵活性就是使得从一个零件

到另一个零件之间修改加工操作更容易。

在宏程序 O8021 中，对不同的销，修改变量赋值的唯一方法是在程序段 N7 中的 G65 命令。这是一种很常见的方法，但不是最好的方法。更好的方法是将四种定义变量都包括在一个主程序当中，然后只通过修改一个变量号（在程序的开头）来选择要加工的零件（销），这个目标可通过在主程序中使用 IF 函数包含 4 个定义来达到：

```
（销-001 至销-004 主程序）
（X0Z0-中心线和前端面）
（距卡盘端面的棒料伸出端=零件长度+5mm）
(----------------------------------------------------------------------------------)
N1   #33 = 1                      选择零件:1=001 2=002 3=003 4=004
(----------------------------------------------------------------------------------)
N2 #30 = #4006                        保存当前尺寸单位（G20 或 G21）
N3 IF [#33 GT 4] GOTO991              如果零件号大于 004 即发出报警
N4 IF [#33 LT 1] GOTO992              如果零件号小于 001 即发出报警
N5 G21 T0100                          公制单位输入，1 号刀具——没有磨损偏置
N6 G96 S100 M03                       CSS 为 100m/min，主轴顺时针旋转
N7 G00 X53.0 Z0 T0101 M08             切削初始位置+磨损偏置+冷却液
N8 G01 X-1.8   F0.1                   以 0.1mm/r 的进给速度加工中心线下方的表面
N9 G00 Z3.0                           仅针对 Z 轴，离开表面的距离，对 Z 轴有 3mm
N10 G42 X51.0                         对 G71 循环的 X 起点和刀具半径偏置
N11 IF [#33 EQ 1] GOTO15              #33=1   … 选择销-001
N12 IF [#33 EQ 2] GOTO17              #33=2   … 选择销-002
N13 IF [#33 EQ 3] GOTO19              #33=3   … 选择销-003
N14 IF [#33 EQ 4] GOTO21              #33=4   … 选择销-004
N15 G65 P8021 A23.0 B44.0 C24.0 D46.0 R3.0    （销-001 宏程序自变量）
N16 GOTO22                                     旁路下面的三个宏程序调用
N17 G65 P8021 A25.0 B46.0 C28.0 D48.0 R2.0    （销-002 宏程序自变量）
N18 GOTO22                                     旁路下面的两个宏程序调用
N19 G65 P8021 A19.0 B45.0 C21.0 D47.0 R4.0    （销-003 宏程序自变量）
N20 GOTO22                                     旁路下面的一个宏程序调用
N21 G65 P8021 A16.0 B40.0 C25.0 D49.0 R3.0    （销-004 宏程序自变量）
N22 G00 G40 X100.0 Z50.0 T0100 M09             快速移动到换刀位置并取消
N23 GOTO998                                    如果结束则不显示错误信息
(-------------------------------------------------------------------------------------------)
N991 #3000 = 991 (零件号太大)
N992 #3000 = 991 (零件号太小)
N998 G#30                                 恢复先前的尺寸单位（G20 或 G21）
N999 M01                                  程序结束（选择下一把刀具）
……                                        其它刀具可继续加工

08021 (销-XXX   宏程序)                   可加工 4 个销的宏程序
N101 G71 U2.5 R1.0                        G71——切削深度为 2.5mm，退刀量 1.0
N102 G71 P103 Q108 U1.5 W0.125 F0.3       G71——N103 至 N108 轮廓加工——XZ 余量——
                                          0.3mm/r
N103 G00 X[#3-2*1-2*3]                    计算倒角的 X 轴直径——'A'
N104 G01 X#3 Z-1.0 F0.1                   以 0.1mm/r 车削前倒角——'B'
```

```
N105 Z-#1 R#18 F0.15                以0.15 mm/r车削小径和内径——'C'
N106 X#7 R-2.0                      车削表面和外径——'D'
N107 Z-[#2+3.0]                     通过零件切削大径为3mm——'E'
N108 X54.0 F0.3                     切削余量直径，对X轴仅为2mm——'F'
N109 G70 P103 Q108 S125             以125m/min的速度完成G70轮廓精加工
N110 M99                            宏程序结束
%
```

变量#33的定义实际上已经加强了，将选择激活的零件。

（11）宏程序的改进　每个宏程序都可以使用某些附加的改进和变化，以此来使得自身的功能更强大和更可靠。某些改变还可以标准化，另外的则依赖于实际操作。这一章的宏程序开发实例是各种角度的宏程序的全面演示。它也不能被称之为最好的例子，或者可能是唯一的例子。但是我们希望，在任何的特定的条件下能够自由地对宏程序加以改变。

对这个宏程序或任何一个宏程序能做的改进是什么？没必要再进行宏程序演示，下面是典型的宏程序特征的概要，应该对宏程序开发有些帮助：

① 需要考虑的安全事项；

② 仔细选择变量赋值；

③ 使用内部计算而不是定义变量；

④ 包含的信息和报警；

⑤ 量化存档。

对任何应用程序来讲，用计算机编程有一条规则，其首要的和主要的目的是开发基本的程序核心。要尽可能运用最短的程序代码来实现目标。忽略“铃声和汽笛声”，忽略程序的“美化”。所有这些都可能或者应该在主要目的被满足之后再考虑。

# 第20章 用于加工的宏程序

宏程序有很多不同的用途。前面章节讲述了相似零件类的宏程序的编写，本章节对其进行了扩充，对一般加工操作的宏程序的编写进行了说明。参数化程序的一个最常见的应用就是进行可重复和可预见的加工操作。与经常在各种网站或论坛上看到的宏程序相比，本章介绍的参数化程序有更多的特点。

本章讲述的每一个宏程序都代表一种新的技术，而且这些程序可以用在其它的宏程序编写中。在一个宏程序中使用的特殊技巧同样可用于另外一个宏程序，这样就可以提高宏程序的实用性和灵活性。

事实上参数化宏程序是有很多种应用的可能性的，在这里我们只是选择了很小的一部分例子的应用提供给大家。这些例子的目的是给出几种实用的宏程序代码加工样本。通过研究每个宏程序的逻辑来掌握编程技巧并将它应用到完整的程序设计中去。不管宏程序的最终用途是什么，每个程序的说明都将为宏程序开发提供指导作用。

| 提供的所有宏程序只是用于训练而没有任何保证 |
| --- |

## 20.1 斜线上的孔型——版本1

宏程序的一个最常见应用也是最简单的应用就是在直线上加工一排等距的孔。这种类型参数化宏程序的作用就是为钻孔操作生成刀具路径，可用于加工在直线上排列的任何孔型。如图20.1所示就是这种孔型的一个例子。程序原点在零件上方的左下角。

当考虑加工相似图形的零件时，这个例子提供了编写宏程序框架所需的所有数据。它包含了加工条件和约束，只有提供了这些条件的宏程序才能被有效的应用。由于本程序用于教学的目的，所以第一个程序相对简单（但很有用）。这个宏程序中使用的许多编程技巧以及附加的特征将在下面的例子中反复出现。首先，为设计目标的各种附加条件和约束进行评价。

| | |
| --- | --- |
| ● 图形中所有的孔等间距 | EQSP孔 |
| ● 可以加工任何数量的孔——最小值为两个孔 | 在机床的加工能力范围内 |
| ● 孔中心距必须是已知的 | 孔间距 |
| ● 可以加工任何间距的孔 | 在机床的加工能力范围内 |
| ● 第一个孔的位置必须已知 | *X*，*Y*坐标 |

- 第一个孔和最后一个孔间的角度必须已知　　确定方向

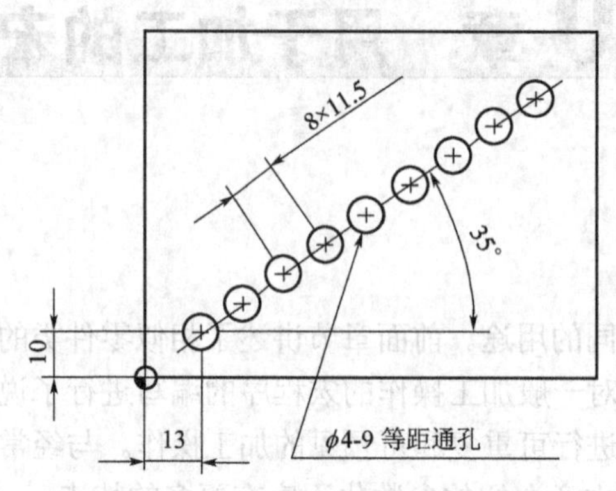


材料：铝板　100mm×75mm×12mm

在这个应用中，给出第一个孔的坐标与倾斜角

图 20.1　典型的斜线孔型的图示——版本 1

一旦条件确定并应用于一个例子，如图 20.1 所示，最重要的第一步已经完成。当加工单张图纸时，常常要考虑是否在相似图纸中存在所有其它的可能性。举例来说，孔的位置是水平的还是垂直的？是对称的围绕圆周分布？现成的宏程序是否还能够处理这种孔型？从逻辑上说，在两个方向之间没什么本质区别。常要考虑所有的特征，包括角度，即使角度为零。零度被定义为第一个孔向右的水平方向（东向）。180 度定义为第一个孔向左的水平方向（西向）。在宏程序中，常用角度来定义直线孔型的方向。基于所有这些考虑，包括附加约束与其它决策，必须有常见的宏程序细节图，适用于所有的相似图形，如图 20.2 所示。

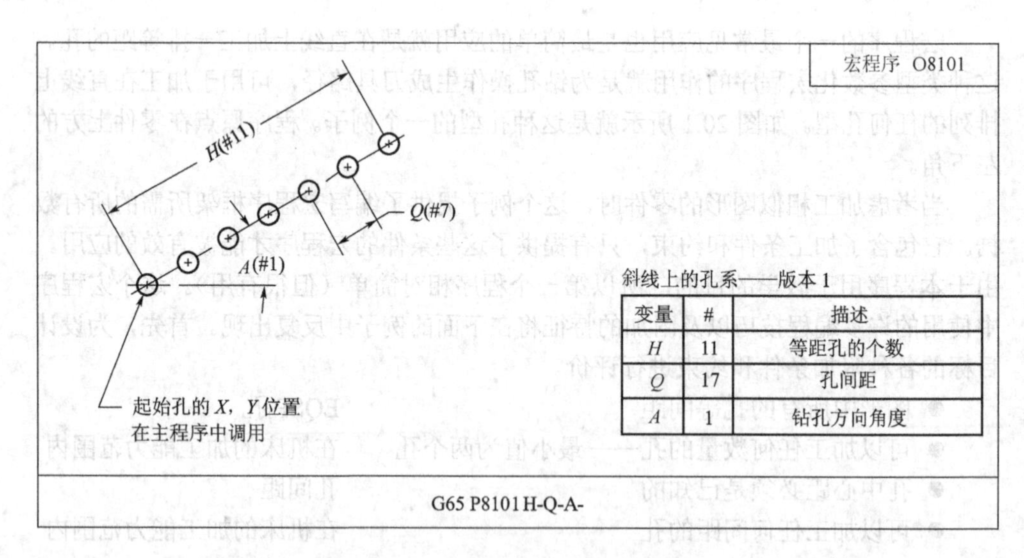


斜线上的孔系——版本 1

| 变量 | # | 描述 |
| --- | --- | --- |
| H | 11 | 等距孔的个数 |
| Q | 17 | 孔间距 |
| A | 1 | 钻孔方向角度 |

图 20.2　斜线孔型的变量数据——版本 1——宏程序 O8101

**斜线孔型的变量数据。**

从给定的条件，很容易确定要求的变量数据，并为它们定义方便的自变量赋值，如图20.2所示。由于第一个宏程序比较简单，起始孔的*X*、*Y*绝对位置已经被给出。在以后的例子中，如果需要，这种位置也可定义为宏程序的一部分。

- EQSP孔个数 …赋给字母H（变量赋值#11）
- 孔中心距（倾斜量） …赋给字母Q（变量赋值#17）
- 切屑角度方向 …赋给字母A（变量赋值#1）

在主程序中，其调用子程序的过程与任何标准程序调用子程序的过程都十分相似，将使用固定循环并根据第一个孔的绝对位置来加工第一个孔，然后改为增量模式重复该循环来加工其余的孔。

```
O00021（主程序）
N1 G21                                 公制模式
N2 G90 G00 G54 X13.0 Y10.0 S800 M03    带有主轴转速的第一个运动程序段
N3 G43 Z25.0 H01 M08                   上方留有间隙的刀具长度偏置
N4 G99 G81 R2.5 Z-14.7 F150.0          在当前位置加工孔#1
N5 G65 P8101 A35.0 H9 Q11.5            带变量赋值的宏程序调用
N6 G90 G80 Z25.0 M09                   退回到工件上方
N7 G28 Z25.0 M05                       返回到机床零点
N8 M01                                 当前刀具停止加工

O8101（斜线孔型宏程序——版本1）
#11=#11-1                              把孔数改为间距数
#24=#17*COS[#1]                        计算X轴增量
#25=#17*SIN[#1]                        计算Y轴增量
G91 X#24 Y#25 L#11                     增量L次（对FANUC16/18/21为K次）
M99                                    宏程序结束
%
```

这个宏程序占用两个未在宏调用中定义的变量（#24和#25）。尽管是正确的，但存储到单独变量的任何值都会占用内存单元。这里并没有必要定义单独的变量，因为它们在计算中仅用到了一次。作为O8101宏程序更好的替换——这种方法中没有单独定义这两个变量：

```
O8101（斜线孔型宏程序——版本1）
#11=#11-1                                  把孔数改为间距数
G91 X[#17*COS[#1] Y[#17*SIN[#1]] L#11      新的位置与增量（L或K）
M99                                        宏程序结束
%
```

现在总结编写的第一个应用于加工操作的宏程序，这是一个简单通用的宏程序。用这个宏程序，只要给定角度，根据给定的第一个孔的位置和定义的角度，就可以轻松加工任何方向的一排等距孔。如前所示，这个宏程序还有许多需要改进的地方，也同样会在后面的几个宏程序里出现。

## 20.2 斜线上的孔型——版本 2

尽管“角度”出现在定义中，但这并不意味着实际角度在图纸中总是被定义。实际上，还有另一种标注角度的方法，它不是利用第一个孔的坐标与某一特定角度，而是利用第一个孔的坐标和第一个孔距最后一个孔之间的距离进行定义，而没有角度定义。即使图纸给出的是第二个孔的绝对坐标，也很容易找出两个孔之间的距离。使用的设计方法取决于工程目标，即设计意图。当然，任何有经验的 CNC 编程员能够将一种方法改为另外一种方法，但是常常会有明显的舍入误差。如何解决呢？只能使用另一个宏程序。典型的零件图如图 20.3 所示。

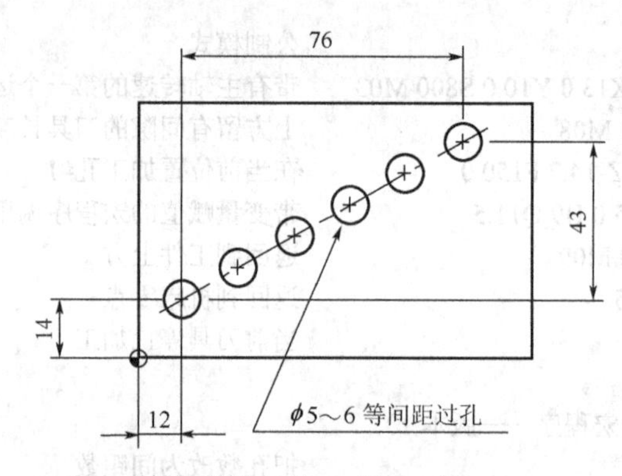


图 20.3　典型的斜线孔型的图示——版本 2

就像这些例子一样，当编写差别较少的宏程序时，保留尽可能多的变量赋值是一个不错的想法。例如，孔的数目仍然用 H（#11）来表示。

注意到图纸中版本 1 与版本 2 之间的差异，这里给出两个长度而没有给出角度或两孔间距。给出的数据必须是变量赋值的一部分，但相邻两孔间距必须在宏程序内部计算。在这个版本中，第一孔的位置将在主程序中定义，但不同的是两个变量将定义为 *X* 长度和 *Y* 长度的形式：

- 沿 *X* 轴方向长度　…赋给字母 U（变量赋值#21）
- 沿 *Y* 轴方向长度　…赋给字母 V（变量赋值#22）
- EQSP 孔个数　…赋给字母 H（变量赋值#11）

宏程序的改进可以有好几种方法。例子中只给出了一把刀具，对二把或三把刀具重复执行宏程序可能不是很便利。尽管在编程时，依靠准确的条件可以在宏程序中编写钻孔循环。这个宏程序与前一个十分相似，但同样包括一些额外的特征，可以很轻松地应用到其它宏程序中，变量定义如图 20.4 所示。

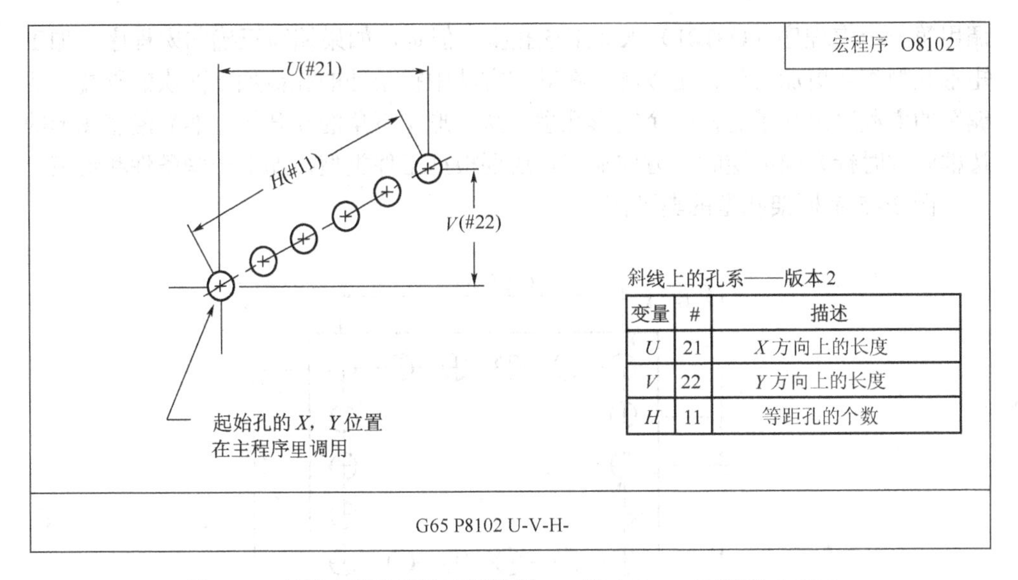


斜线上的孔系——版本 2

| 变量 | # | 描述 |
|---|---|---|
| U | 21 | X 方向上的长度 |
| V | 22 | Y 方向上的长度 |
| H | 11 | 等距孔的个数 |

图 20.4 斜线上的孔型的变量数据——版本 2——宏程序 O8102

```
O0022（主程序）
N1 G21                                   公制模式
N2 G90 G00 G54 X12.0 Y14.0 S755 M03      带有主轴转速的第一个运动程序段
N3 G43 Z25.0 H01 M08                     上方留有间隙的刀具长度偏置
N4 G99 G81 R2.5 Z-15.0 F150.0            在当前位置加工孔#1
N5 G65 P8102 U76.0 V43.0 H6              带变量赋值的宏程序调用（U±V±）
N6 G90 G80 Z25.0 M09                     退回工件上方
N7 G28 Z25.0 M05                         返回机床零点
N8 M01                                   当前刀具停止加工

O8102（斜线孔型宏程序——版本 2）
#11=#11-1                                把孔数改为间距数
#24=#21/#11                              计算 X 方向增量
#25=#22/#11                              计算 Y 方向增量
G91 X#24 Y#25 L#11                       增量 L 次（对 FANUC16/18/21 为 K 次）
M99                                      宏程序结束
%
```

在典型加工中，在钻孔之前先由点钻或中心钻进行钻孔操作，但是宏程序的定义与调用仍然保持不变。

这两个宏程序证实使用现有的宏程序，过去用手动编程需要花一段时间才能完成的工作，现在只要花很短的时间就可以完成。后面的例子将会添加一些额外的特征，这些特征也可以应用到前两个宏程序。

## 20.3 框架孔型

框架孔型在许多机床车间中十分常见，是由一系列等距孔组成的矩形孔系。事实上，这个图形可以看成是由四组以一定角度排列的斜线孔型组成，因此可以四次调用第一个宏程序（O8101）来加工该孔型。但是，如果编写正确的宏程序，加工矩形孔型将会更加有效，可以防止在其它方法中拐角处的孔被加工两次的弊端。要编写的宏程序定义了这样一个矩形孔型，从矩形左下角的孔开始，然后沿着图形的边框向顺时针方向或逆时针方向加工。还要根据工件类型，加上一些条件和约束。

图 20.5 是框架孔型的典型图。

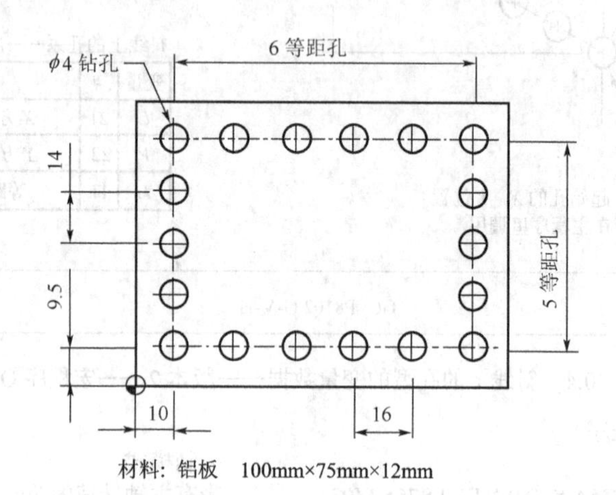


图 20.5 框架孔型的定义

基于给出的典型图形，仔细研究其特征，看有没有我们以前加工过的特征。注意 *X* 轴与 *Y* 轴方向上均匀分布的孔的距离是否相等。这是必须要考虑的。基于例子中的图形，经过仔细地分析思考，这里给出了编写宏程序要使用的一些特征：

- 图形中所有的孔的距离相等　　*X* 轴方向与 *Y* 轴方向比较，孔间距可能不同
- 可以加工任何数目的孔　　机床允许的每行或每列的最小值为 2
- 孔间距必须为已知　　包括沿 *X* 方向与 *Y* 方向的孔间距（全为正）
- 必须可接受任何孔间距　　只要在机床的加工能力范围内
- 第一个待加工孔的位置必须已知　　*XY* 坐标
- 第一个待加工孔在图形的左下角　　必须为已知
- 加工方向为逆时针方向　　*X*+*Y*+*X*–*Y*–

在宏程序中，关键是如何防止拐角处的孔加工两次。这可以通过在固定循环调用中编写 L0 或 K0 来实现。根据这些条件，就可以定义 G65 宏程序调用中的变量赋值。

图 20.6 给出了所有变量的形象定义。

在这个例子中，增加了 *X* 轴与 *Y* 轴的绝对值坐标，因此增加了用户的输入工作量，但是这样得到的宏程序更加灵活。正确理解起始位置如何用在宏程序中，就有可能改进先前的斜线孔型宏程序（如果能带来好处的话）。沿着图形外围的加工方向是完全任意的，并且对加工没有任何实质影响。在这点上，利用一些合乎逻辑和

方便的方法，可以对变量进行赋值。

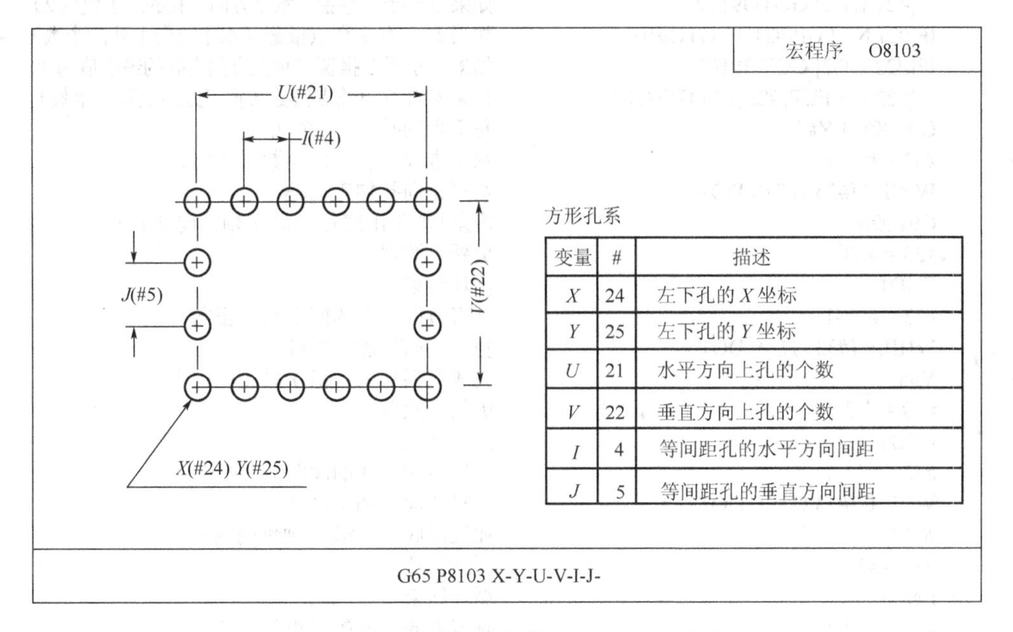


| 变量 | # | 描述 |
|---|---|---|
| *X* | 24 | 左下孔的 *X* 坐标 |
| *Y* | 25 | 左下孔的 *Y* 坐标 |
| *U* | 21 | 水平方向上孔的个数 |
| *V* | 22 | 垂直方向上孔的个数 |
| *I* | 4 | 等间距孔的水平方向间距 |
| *J* | 5 | 等间距孔的垂直方向间距 |

图 20.6　框架孔型的变量数据——O8103 宏程序

（1）框架孔型的变量数据　定义以下图形特征：

- 左下角孔的 *X* 轴绝对坐标　…赋给字母 X（变量#24）
- 左下角孔的 *Y* 轴绝对坐标　…赋给字母 Y（变量#25）
- 沿 *X* 轴方向孔的个数　…赋给字母 U（变量#21）
- 沿 *Y* 轴方向孔的个数　…赋给字母 V（变量#22）
- *X* 向孔间距　…赋给字母 I（变量#4）
- *Y* 向孔间距　…赋给字母 J（变量#5）

合适的固定循环和一些必要的数据（*X* 和 *Y* 可以省略）必须在主程序中调用，但是必须使用 L0 或 K0 模式编程（由控制系统决定）。程序的编写基于零件顶面左下角的编程零点。

```
O0023 (主程序)
N1 G21                                    公制模式
N2 G90 G00 G54 X0 Y0 S800 M03             可能包括任何 X 或 Y 方向运动
N3 G43 Z25.0 H01 M08                      上方留有间隙的刀具长度偏置
N4 G99 G81 R2.5 Z-14.7 F150.0 L0          不进行加工，只是存储循环数据
N5 G65 P8103 X10.0 Y9.5 U6 V5 I16.0 J14.0 带赋值的宏程序调用
N6 G80 Z25.0 M09                          故意忽略 G90（参见宏程序）
N7 G28 Z25.0 M05                          返回机床零点
N8 M01                                    当前刀具停止加工

O8103 (矩形孔型宏程序)
#10 = #4003                               存储当前设置 G90 或 G91
IF[#4 LE 0] GOTO9101                      如果 I 没定义报警（X 轴方向上的孔间距）
```

```
IF[#5 LE 0] GOTO9101                        如果J没定义报警（Y轴方向上的孔间距）
IF[#21 LT 2] GOTO9102                       如果U小于2报警（水平方向上孔的最小值为2）
IF[#21 NE FUP[#21]] GOTO9103                如果U含有小数点报警（水平方向上孔的个数）
IF[#22 LT 2] GOTO9102                       如果V小于2报警（垂直方向上孔的最小值为2）
IF[#22 NE FUP[#22]] GOTO9103                如果V含有小数点报警（垂直方向上孔的个数）
G90 X#24 Y#25                               左下角的孔=第一个孔
#33 = #21-1                                 水平方向上孔的间距数（正向）
WHILE [#33 GT 0] DO1                        水平正向孔加工循环
G91 X#4                                     增量+加工出底行（沿X轴正向向右）
#33 = #33-1                                 更新计数器
END1                                        循环结束
#33 = #22-1                                 垂直方向上孔的间距数（正向）
WHILE [#33 GT 0] DO1                        垂直正向孔加工循环
Y#5                                         完成右列加工（沿Y轴正向向上）
#33 = #33-1                                 更新计数器
END1                                        循环结束
#33 = #21-1                                 水平方向上孔的间距数（负向）
WHILE [#33 GT 0] DO1                        水平负向孔加工循环
X-#4                                        加工出底行（沿X轴负向向左）
#33 = #33-1                                 更新计数器
END1                                        循环结束
#33 = #22-1                                 垂直方向上孔的间距数（负向）
WHILE [#33 GT 1] DO1                        垂直负向孔加工循环——判断条件——没有第
                                            一个孔！
Y-#5                                        完成左列（沿Y轴负向向下）
#33 = #33-1                                 更新计数器
END1                                        结束循环
GOTO9999                                    如果G65宏程序调用中的数据输入是正确的，
                                            则旁路所有的报警
N9101 #3000 = 101 (孔间距太小)               产生报警号101或3101
N9102 #3000 = 102 (要求的最小值为2个孔)       产生报警号102或3102
N9103 #3000 = 103 (不允许使用小数点)          产生报警号103或3103
N9999 G#10                                  恢复G90或G91的起始设置
M99                                         宏程序结束
%
```

研究G65宏程序语句，输入的值来自图20.5中：

N5 G65 P8103 X10.0 Y9.5 U6 V5 I16.0 J14.0

在宏程序调用语句中，有些变量的输入使用了小数点，有些却没用。这里有两种变量选择。既然变量U6或V5只用来表示孔的个数（这种变量在宏程序中称为计数器），它们在编程时不能含小数点，使用整数输入。变量X10.0 Y9.5 I16.0和 J14.0都是尺寸变量，它们在编程时必须含小数点，使用实数输入。否则，X10就可以认为是X0.010，Y9.5是Y0.095，I16是I0.016，J14是J0.014，这些都是CNC训练里所讲的基础知识。

（2）参考提示　整数输入意味着小数不可用/或没必要，例如在宏程序里用来计算某一加工的循环次数。实数输入意味着在G65语句里定义的变量值需要使用小数点，或者如果必要的话，至少其中一个变量需要用小数点。在这种情况下，小数输入是非常重要的，例如，在十进制格式下表达的小数。实数通常不用来作为计数值。

## 20.4 螺栓孔圆周分布的孔型

前面两个例子给出了相对简单的宏程序的流程是怎样建立的。这些基本概念十分重要，因为他们几乎在每个宏程序中以一种或另外一种格式使用。事实上，它们是成功地编写更加复杂宏程序的基础。目前编写螺栓孔圆周分布的宏程序例子在某个方面来说十分简单，但从另外一些方面来说它也许又很特殊，这仅仅因为一个原因，即它具有较大的灵活性。后面圆弧分布孔型加工程序也相似。使用手工方法编写圆周分布的孔型宏程序不是一个困难的工作，但是却要花费一定时间，还可能产生一定的误差。某些编程员使用独立的功能，其他人员为圆周分布的孔型开发了电子制表软件程序。在 CNC 中，使用一个合适的宏程序不仅使任务更加便利，而且在生产方面也更加经济。

图 20.7 给出了一种典型的圆周分布的孔型，在 360° 圆周上分布有 6 个等间距孔，以给定的角度定位第一个孔。

圆周分布的孔型很可能在各种宏程序指南里都是最常见的实例，这也是很有根据的。几乎所有的 CNC 编程员，甚至是初学者，当在 CNC 铣床和加工中心上编程时，也迟早会遇到圆周分布的孔型。每个 CNC 操作员进行铣削加工时，就可能有机会至少使用一次圆周分布的孔。究竟是什么使圆周分布的孔如此特殊？在深入阅读这本书之前，我们来评价一下圆周分布的孔型的图例，如图 20.7 所示。

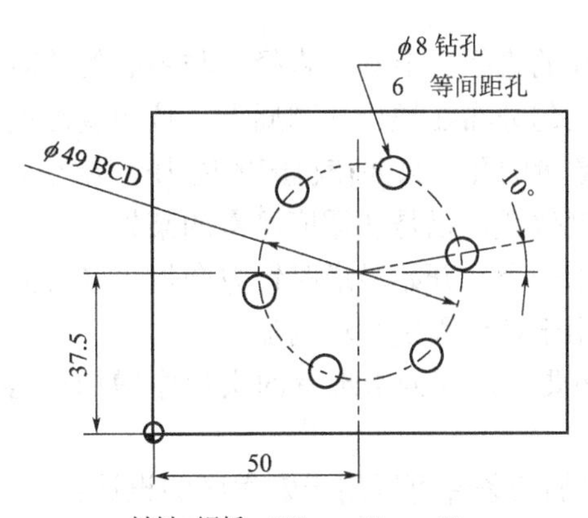


材料：铝板 100mm×75mm×12mm

图 20.7 典型的圆周孔型的图例

真正的孔型必须包含在这种类型零件组中每个图形中都出现的几个关键特征。对圆周分布的孔型，每张图纸中至少有三个关键特征，但图与图之间又互不相同，这主要取决于工程设计：

□ 螺栓孔的中心位置……在例子中为 X50.0 Y37.5

□ 螺栓孔分布的圆周直径= 节圆直径（BCD 或 PCD）……在例子中为 49mm

□ 等距孔的个数……用 EQSP 缩写

宏程序设计的另一个重要特征是第一个待加工孔的角坐标。大多数的该类孔型的第一个待加工孔排列在“3 点钟”的位置，它自身也是一个角度位置——零度位置。圆周分布孔型的宏程序可以按照这样来设计，把第一个待加工孔的位置假定为零度位置。这种设计可以使宏程序的编写简单一些，但是其应用也相对受到一些限制。在宏程序调用中包含了第一个待加工孔的角度，即使该坐标是零度，也大大提高了宏程序的灵活性和实用性。

这种设计的基本概念应该很容易理解，即实际开发遵循最初的逻辑思考。宏程序的设计要求越多，其编程过程不可避免更加棘手更加复杂，并且需要严格的控制。该设计方法的最大好处就是，产生的宏程序能够应用于加工多变的圆周分布孔型。当宏程序应用得当的时候可以节省很多编程时间。

从对该宏程序方法的详细描述，至少可以定义两种螺栓孔圆周分布宏程序的设计方法。

□ 用于加工固定圆周孔型的宏程序　　……简单的方法

□ 灵活加工圆周分布孔型的宏程序　　……更先进的方法

这两种方法中的任何一种方法，都总是要做和所有基本条件、限制及其它设计要求相关的必要的决策。编程员总是在编写宏程序之前就做这些决策。利用圆周分布孔型宏程序举例说明，其相应的宏程序需要根据以下的基本条件、限制和决策来进行设计：

□ 必须已知螺栓孔的直径（节圆的直径）与中心的绝对坐标；

□ 所有的孔必须均匀分布在螺栓孔圆周上（按角度测量）；

□ 可以加工任何数量的孔（只要在机床的能力范围之内）——最少为 2 个孔；

□ 第一个孔的角度位置可以是从零度测量的某处（3 点钟的位置）；

□ 加工方向是从第一个孔开始沿逆时针方向加工（方向可以任意确定）；

□ 宏程序必须能用于任何固定循环的加工。

整个前期计划是必要的，因为给现有的宏程序增加一两个特征可能是很困难的，甚至是不可能的。

如果需要的话，附加的条件可以用于宏程序的设计：

□ 可以加工任何数量的孔（只要在机床的能力范围之内）——包括最少只加工一个孔；

□ 第一个孔可不予考虑，这样就形成了圆弧分布孔型，而不是完整的圆周分布孔型。

**参考提示：**

圆弧分布孔型可以作为圆周分布孔型的一部分。典型的方法是，先定义第一个待加工孔的位置，然后根据该孔的位置，依次增加相应的角坐标。可以比较螺栓孔圆周分布（这一节）和圆弧孔分布（下一节），以了解它们之间的差异。

**螺栓孔圆周分布的变量数据**

下面将定义螺栓孔圆周分布的特征，如图 20.8 所示。

- ☐ 螺栓孔圆周直径　　赋给字母 W（变量#23）
- ☐ 圆心的 *X* 轴绝对位置　　赋给字母 X（变量#24）
- ☐ 圆心的 *Y* 轴绝对位置　　赋给字母 Y（变量#25）
- ☐ EQSP 孔的数目　　赋给字母 H（变量#11）
- ☐ 第一个孔的角度　　赋给字母 A（变量#1）
- ☐ 起始孔的序号　　赋给字母 S（变量#19）

尽管彻底理解宏程序的概念需要花费一些时间，但这里有几点经验有助于理解。首先，注意 BCD（bolt circle diameter，螺栓孔圆弧直径）的输入，在宏程序中，直径值是无关的，需要计算的是半径值。然而，通常在工程图中标注的是直径值，因此，应当是直径值输入到 G65 的变量定义中。为节省控制系统的内存单元，图 20.8 中的变量 *R* 实际上没有用到，而是重新定义了变量 *W*。只有从图 20.8 中可以识别出另外一个需要计算的变量 *B*（但没有作为变量赋值来定义），并且直接嵌入宏程序内部进行计算。

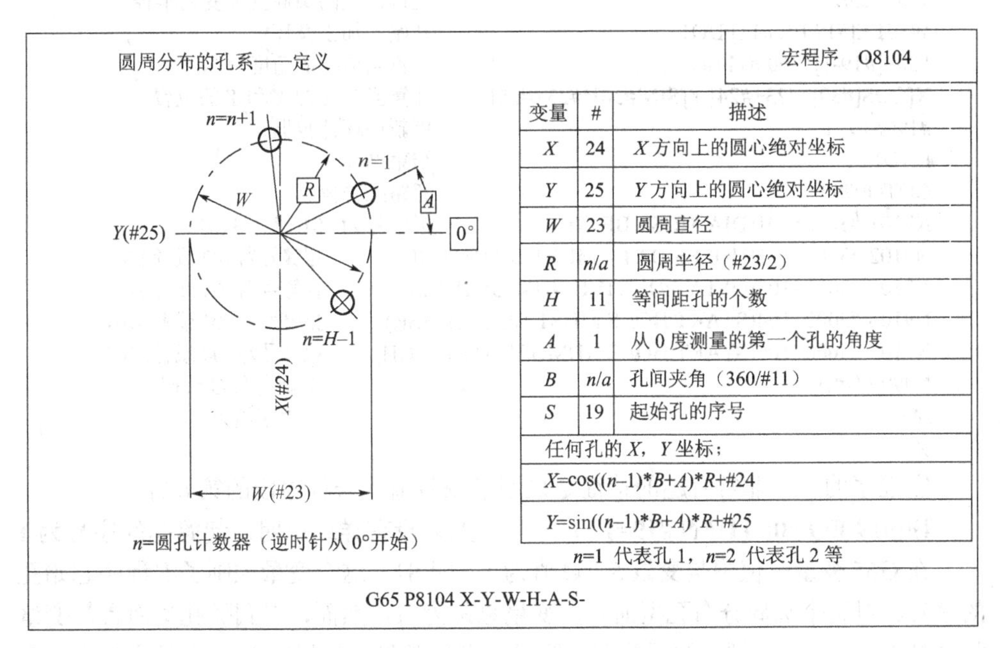


| 变量 | # | 描述 |
|---|---|---|
| *X* | 24 | *X* 方向上的圆心绝对坐标 |
| *Y* | 25 | *Y* 方向上的圆心绝对坐标 |
| *W* | 23 | 圆周直径 |
| *R* | *n/a* | 圆周半径（#23/2） |
| *H* | 11 | 等间距孔的个数 |
| *A* | 1 | 从 0 度测量的第一个孔的角度 |
| *B* | *n/a* | 孔间夹角（360/#11） |
| *S* | 19 | 起始孔的序号 |
| 任何孔的 *X*，*Y* 坐标： | | |
| *X*=cos((*n*−1)**B*+*A*)**R*+#24 | | |
| *Y*=sin((*n*−1)**B*+*A*)**R*+#25 | | |

图 20.8　典型的圆周分布孔型的变量赋值——宏程序 O8104

为便于参考，零件的已加工顶面定义为 *Z* 轴的编程零点（Z0），X0Y0 位于左下角（可能是某个位置）。下面的主程序反映了图 20.7 所示的螺栓孔圆周分布的工程图。

```
O0024（主程序）
N1 G21                                         公制模式
N2 G90 G00 G54 X0 Y0 S1200 M03                 带有主轴转速的第一个运动程序段
N3 G43 Z10.0 H01 M08                           上方留有间隙的刀具长度偏置
N4 G99 G82 R1.0 Z-15.9 P300 F225.0 L0          固定的圆周调用数据，没有加工（或K0）
N5 G65 P8104 X50.0 Y37.5 W49.0 H6 A1.0 S1      带赋值的宏程序调用，整个圆
N6 G80 Z10.0 M09                               退回到工件上方
N7 G28 Z10.0 M05                               返回机床零点
N8 M01                                         当前刀具停止加工
.....
%

O8104(螺栓孔圆周分布宏程序)                    宏程序的编号及其描述
#10=#4003                                      存储当前设置为G90或G91
IF[#23 LE 0] GOTO9101                          螺栓孔圆周直径要大于0
IF[#11 NE FUP[#11]] GOTO9102                   孔的数目不允许为小数
IF[#11 LE 0] GOTO9103                          孔的最小数量为1
IF[#19 EQ #0] THEN #19=1                       如果没有特指，起始孔的编号为1
IF[#19 NE FUP[#19]] GOTO9102                   起始孔的编号不允许为小数
IF[#19 LT 1] GOTO9104                          起始孔的编号为大于或者等于1
IF[#19 GT #11] GOTO9105                        起始孔的编号必须小于孔的总数
#23=#23/2                                      把螺栓孔的圆周直径变为半径
WHILE[#19 LE #11] DO1                          开始孔加工循环
#30=[#19-1]*360/#11+#1                         计算当前孔的角度
X[COS[#30]*#23+#24] Y[SIN[#30]*#23+#25]        计算当前孔的X和Y的位置
#19=#19+1                                      更新循环计数器
END1                                           结束循环
GOTO9999                                       旁路报警信息
N9101 #3000=101(DIA MUST BE GT 0)              报警号为101或者3101
N9102 #3000=102(HOLES DATA MUST BE INTEGER)    报警号为102或者3102
N9103 #3000=103(ONLY POSITIVE NUM OF HOLES)    报警号为103或者3103
N9104 #3000=104(START HOLE MUST BE INTEGER)    报警号为104或者3104
N9105 #3000=105(START HOLE NUMBER TOO HIGH)    报警号为104或者3105
N9999 G#10                                     恢复模态G代码
M99                                            宏程序结束
%
```

宏程序的一个非常有趣的特征是采用了缺省值（宏程序段的第6行）

**IF[#19 EQ #0] THEN #19=1　　　如果没有详细说明，起始孔的序号为1**

在G65变量赋值中是变量*S*，赋值为1，即S1。这个变量控制了宏程序起始孔的序号。对整个圆周分布孔型而言，变量总是为1，然而，对圆弧孔型而言，变量将总是大于1。因为螺栓圆周孔型比圆弧孔型更常见，如果在G65宏程序调用中变量*S*没有进行详细的说明，宏程序将提供一个为1的缺省值，这个值是由上面提到的宏程序自动提供的。需要注意的是并非所有的控制器都采用IF-THEN声明，有时必须采用较麻烦的IF和GOTOn联合语句。

为总结这个缺省特征，下面的两行G65语句都从第一个孔开始完成整个的螺栓

圆周孔的加工。

N5 G65 P8104 X50.0 Y37.5 W49.0 H6 A1.0 S1　　带赋值的宏程序调用，整个圆

N5 G65 P8104 X50.0 Y37.5 W49.0 H6 A1.0　　带赋值的宏程序调用，整个圆

宏程序本身也可以非常灵活地使用。创造性地使用变量 *H*、*A* 和 *S*，可以把任何一个孔作为第一个孔，也可以指定任何数目的孔，只要它们位于螺栓孔圆周上。具有偶数等距孔的螺栓圆比具有奇数等距孔的螺栓圆拥有更大的灵活性。

## 20.5 圆弧分布的孔型

一些孔的加工应用需要的不是完整的圆周分布的孔型，而是它的一部分。沿着一条圆弧等距分布的孔型和圆周分布的孔型非常相似，只不过是圆弧分布孔型覆盖角度没有达到 360°。图 20.9 中给出了孔间的角度增量，其必须总是宏程序调用赋值的一部分。

图 20.9 说明了一个典型的圆弧分布孔型。

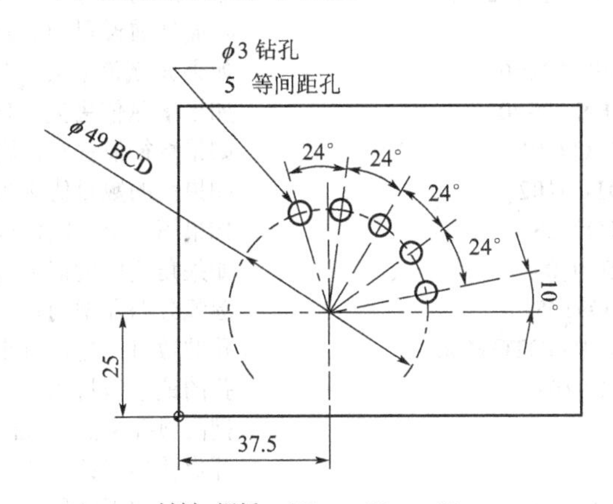


材料：铝板　100mm×75mm×12mm

图 20.9　典型的圆弧孔型的图示

相比而言，上一节所讨论的圆周分布的宏程序可以忽略一些孔，这是基于“起始的孔号”（赋值 S=#19）。开始时总是会忽略一些孔。然而，他们对许多实际的加工应用还是非常有用的，在控制实际的孔型时，宏程序结构不允许增加灵活性。圆弧分布孔型的宏程序特别为一种加工模型所设计，在这种模型中，圆孔角度增量是给定的，形成了范围小于 360°的孔系模型。

**圆弧分布孔型的变量数据**。下面将定义圆弧分布孔型的特征：

- ☐ 部分螺栓孔圆周直径　　赋给字母 W（变量#23）
- ☐ 圆心的 *X* 轴绝对位置　　赋给字母 X（变量#24）
- ☐ 圆心的 *Y* 轴绝对位置　　赋给字母 Y（变量#25）

□ EQSP 孔的数目　　赋给字母 H（变量#11）
□ 第一个孔的角度　　赋给字母 A（变量#1）
□ 孔间的增量角度　　赋给字母 L（变量#4）

建议：针对上面的细节研究宏程序 O8104 和 O8105。

典型的圆弧分布孔型的变量赋值——宏程序 O8105 见图 20.10。

```
O0025（主程序）
N1 G21                                         公制模式
N2 G90 G00 G54 X0 Y0 S1200 M03                 带有主轴转速的第一个运动程序段
N3 G43 Z10.0 H01 M08                           刀具长度偏置
N4 G99 G82 R1.0 Z-14.4 P300 F225.0 L0          固定的圆周调用数据，没有加工（或K0）
N5 G65 P8105 X37.5 Y25.0 W49.0 H5 A10.0 I24.0  带赋值的宏程序调用，ARC
N6 G80 Z10.0 M09                               退回到工件上方
N7 G28 Z10.0 M05                               返回机床零点
N8 M01                                         当前刀具停止加工
….
O8105(圆弧分布孔型的宏程序)                    宏程序的编号及其描述
#10=#4003                                      存储当前设置为 G90 或 G91
IF[#24 EQ #0] THEN #24=0                       如果 X 赋值丢失，X=0.0
IF[#25 EQ #0] THEN #25=0                       如果 Y 赋值丢失，Y=0.0
IF[#23 EQ #0] GOTO9101                         如果直径值丢失，则会出错
IF[#11 EQ #0] GOTO9102                         如果孔的数目值丢失，则会出错
IF[#1 EQ #0] GOTO9103                          如果第一个孔的角度值丢失，则会出错
IF[#4 EQ #0] GOTO9104                          如果角度增量值丢失，则会出错
IF[#23 LE 0] GOTO9105                          圆弧分布孔型的直径要大于 0
IF[#11 NE FUP[#11]] GOTO9106                   孔的数目不允许有小数
IF[#11 LE 0] GOTO9107                          孔的最小数目为 1
#23=#23/2                                      把圆弧孔型的直径改为半径
#19=1                                          开启孔加工计数器
WHILE[#19 LE #11] DO1                          开始孔加工循环
#30 = [#19-1]*#4+#1                            计算当前孔的角度
X[COS[#30]*#23+#24] Y[SIN[#30]*#23+#25]        计算圆孔当前的 X 轴和 Y 轴位置
#19=#19+1                                      更新循环计数器
END1                                           结束循环
GOTO9999                                       旁路报警信息
N9101 #3000=101 (没有直径)                     BCD 没有详细说明
N9102 #3000=102 (没有孔的数目)                 圆孔的数目没有详细说明
N9103 #3000=103 (没有第一个孔的角度)           第一个孔的角度没有详细说明
N9104 #3000=104 (没有角度增量)                 增量角度没有详细说明
N9105 #3000=105 (直径必须大于 0)               BCD 必须大于零
N9106 #3000=106 (要求输入整数)                 孔的数目不能有小数点
N9107 #3000=107 (仅为正数)                     孔的数目必须为 1 或大于 1
N9999 G#10                                     存储 G 代码
M99                                            结束宏程序
%
```

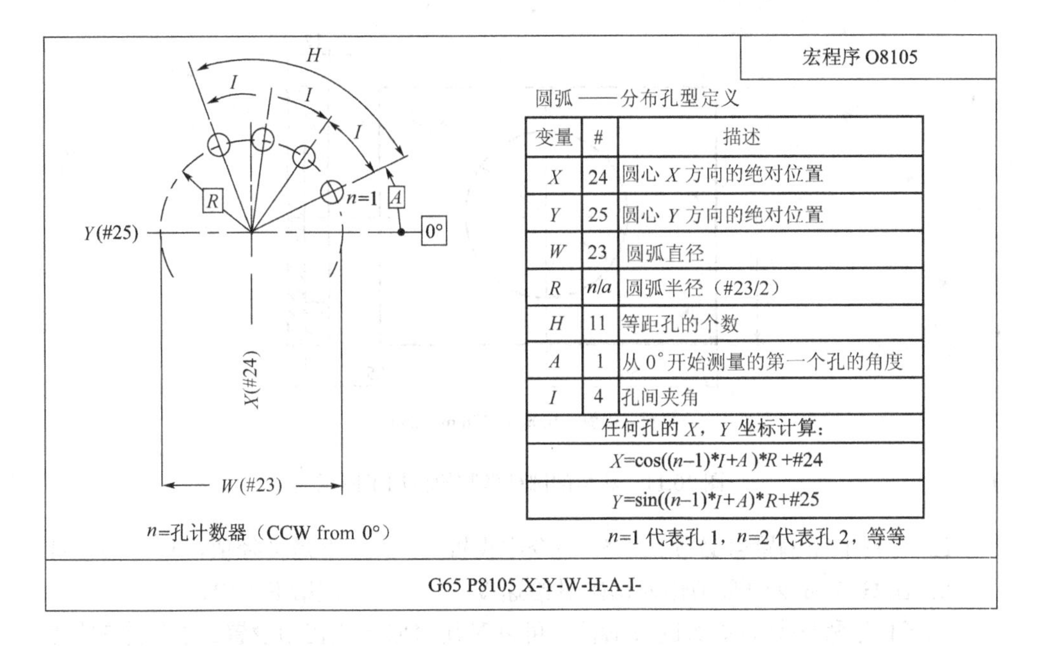


| 变量 | # | 描述 |
|---|---|---|
| X | 24 | 圆心 X 方向的绝对位置 |
| Y | 25 | 圆心 Y 方向的绝对位置 |
| W | 23 | 圆弧直径 |
| R | n/a | 圆弧半径（#23/2） |
| H | 11 | 等距孔的个数 |
| A | 1 | 从 0°开始测量的第一个孔的角度 |
| I | 4 | 孔间夹角 |
| 任何孔的 X，Y 坐标计算: | | |
| X=cos((n–1)*I+A)*R+#24 | | |
| Y=sin((n–1)*I+A)*R+#25 | | |

图 20.10　典型的圆弧分布孔型的变量赋值——宏程序 O8105

在宏程序中有一个新的特征，即检查是否有输入。如果在宏程序调用赋值中缺少一个或多个变量，宏程序就不可能正确的执行。在一些例子中，虽然宏程序可以被执行，但得到的不是想要的结果。为了避免这些可能的危险情形，出现的每一个赋值都要进行核对。在宏程序中，任何没有定义的变量都是空变量或无效变量（早期的描述）。空变量被定义为# 0。这里说明的变量赋值的核查方法可以增加到任何一个宏程序中。上面的宏程序也标明圆弧孔型的中心在 X0Y0 的位置。如果 X 或 Y 的值没有指定，可通过宏程序定义为 X0 或 Y0。

## 20.6　圆柱型腔的粗加工

用去除材料的方法加工圆柱型腔的宏程序可以有很多变化。下面这个例子的目的是阐述粗加工，而圆柱直径定义为粗加工直径。如图 20.11 所示为调用宏程序加工圆柱型腔的实例。

和前面所有的例子一样，必须给出加工的具体要求和限制条件：

- □ 待加工的腔体直径必须为已知　　在 G65 命令中指定的是粗加工直径
- □ 使用单一的 Z 深度　　加工的底部没有阶梯
- □ 腔体中心的位置必须为已知　　X、Y 坐标
- □ 必须选择每次切削的宽度　　也称为步距宽度
- □ 加工方向　　从中心到正 X 的方向，然后是整个圆

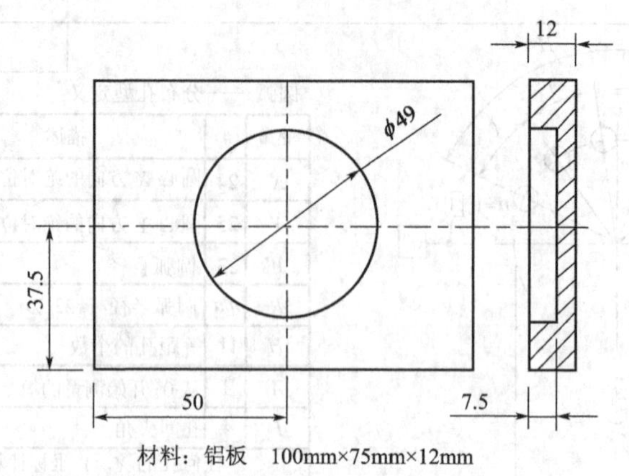


图 20.11 典型的圆柱型腔的粗加工图示

- □ 刀具半径偏置号必须在 G65 命令中设置　　不是半径值，只是偏置号
- □ 在 G65 命令中必须输入切削进给速度　　赋给 F（#9）

为了使宏程序具有更大的灵活性，可以对其增加一些初始设置。宏程序的最重要的改进是增加了每层切削深度。这个改进使宏程序加工深孔的功能更加强大，可以在加工过程中一段段地加工到所需要的深度，而不是一次加工到需要的位置。然而，宏程序并不需要详细说明每次切削（变量赋值）的深度，在宏程序开始，刀具就可达到整个切割深度。

宏程序另外一个新增加的特征是可以用于公制和英制两种单位的工程图。这个特征只会影响零件上方的间隙，这一点在 G65 宏程序赋值中并没有说明。其它的工程图尺寸也以各自的单位在 G65 宏程序调用中输入。当然，其它的宏程序可以采用相同的或者更优的技术。那些已经提到过的技术也可以很好地被应用。编写程序要以零件已加工顶面和左下角的编程零点为依据。

考虑这些问题以后，那些必须被定义的变量就可以进行赋值。

（1）圆柱型腔粗加工的变量数据　圆柱型腔的粗加工包括可在各个零件间变化的很多设置。一个好的加工计划是非常重要的，在编写好加工计划以后，就可以定义针对圆柱型腔粗加工开发的宏程序刀具路径：

- □ 圆柱型腔中心的 *X* 轴绝对坐标　　给字母 X 赋值（变量#24）
- □ 圆柱型腔中心的 *Y* 轴绝对坐标　　给字母 Y 赋值（变量#25）
- □ 圆柱型腔的最终加工深度　　给字母 Z 赋值（变量#26）
- □ 圆柱型腔的最终直径　　给字母 D 赋值（变量#7）
- □ 每次切削深度　　给字母 K 赋值（变量#6）
- □ 每次切削宽度　　给字母 W 赋值（变量#23）
- □ 刀具偏置号　　给字母 T 赋值（变量#20）
- □ 切削进给速度　　给字母 F 赋值（变量#9）

如果不对 K(#6)赋值，宏程序将切削到整个深度，该深度在 Z（#26）赋值中指明。该宏程序也是一个同时使用两个循环进行加工的很好例子，即一个循环嵌套在另一个循环里面。

图 20.12 所示为利用变量粗加工圆柱型腔的宏程序。注意到常见的变量#120 在宏程序中定义为计算值，是根据存储在变量 T（#20）偏置号中的刀具半径值计算的。

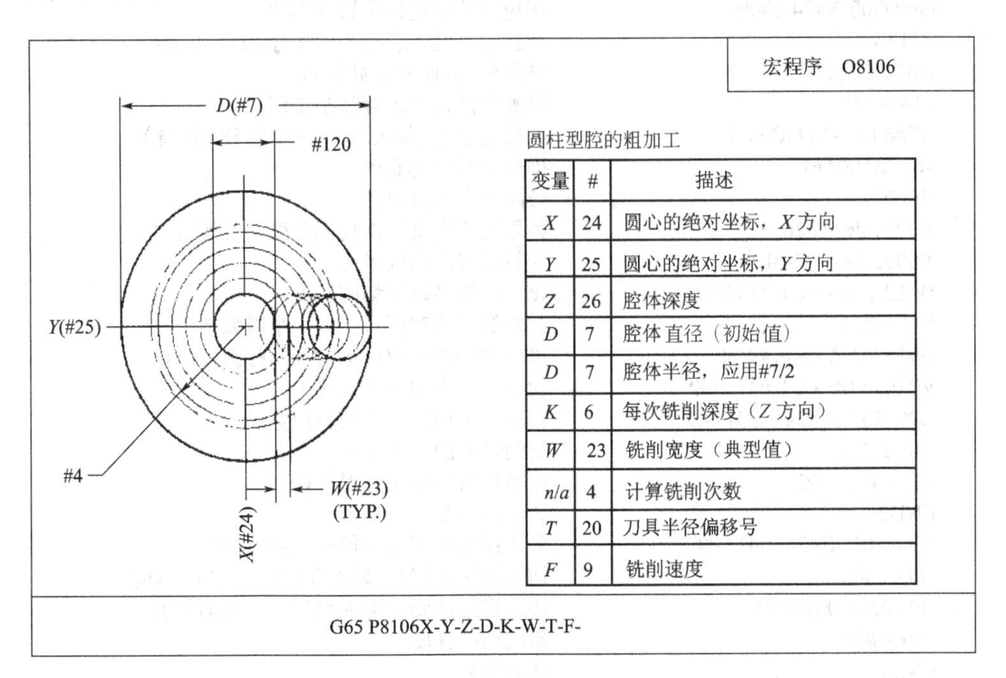


| 变量 | # | 描述 |
|---|---|---|
| *X* | 24 | 圆心的绝对坐标，*X* 方向 |
| *Y* | 25 | 圆心的绝对坐标，*Y* 方向 |
| *Z* | 26 | 腔体深度 |
| *D* | 7 | 腔体直径（初始值） |
| *D* | 7 | 腔体半径，应用#7/2 |
| *K* | 6 | 每次铣削深度（*Z* 方向） |
| *W* | 23 | 铣削宽度（典型值） |
| *n/a* | 4 | 计算铣削次数 |
| *T* | 20 | 刀具半径偏移号 |
| *F* | 9 | 铣削速度 |

图 20.12 典型的圆柱型腔粗加工的变量赋值——宏程序 O8106

```
O0026 (主程序)
N1 G21                                    公制模式
N2 G90 G00 G54 X0 Y0 S1200 M03            带主轴转速的任何第一个运动位置
N3 G43 Z25.0 H05 M08                      零件上方留有间隙的刀具长度偏置
N4 G65 P8106 X50.0 Y3.75 Z7.5 D49.0 K2.5 W4.0 T5 F500.0 宏程序调用
N5 G80 Z25.0 M09                          退回到初始位置
N6 G28 Z25.0 M05                          返回机床零点
N7 M01                                    当前刀具停止加工
……
%

O8106 (粗加工圆柱型腔的宏程序)             宏程序号及其描述
IF[#7 EQ #0] GOTO9101                     必须定义圆柱型腔的直径
IF[#20 EQ #0] GOTO9102                    必须定义刀具偏置号
IF[#23 EQ #0] GOTO9103                    必须定义切削宽度
IF[#26 EQ #0] GOTO9104                    必须定义圆柱型腔的深度
IF[#9 EQ #0] GOTO9105                     必须定义切削进给速度
#10 = #4003                               存储当前设置为 G90 或 G91
#7 = ABS[#7/2]                            将定义的圆柱型腔的直径改为半径
#120 = [ABS[#[2400+#20]+#[2600+#20]]]取出变量中存储的刀具偏置的绝对值
```

```
IF[#120 GE #7] GOTO9106             偏置值小于圆柱型腔半径
#26 = ABS[#26]                      确保 Z 深度为正值
#126 = #4006                        检查当前单位模式（英制 G20 或公制 G21）
IF[#126 EQ 20.0] THEN #126 = 0.1    对 G20 工件上方的间隙为 0.1in
IF[#126 EQ 21.0] THEN #126 = 2.0    对 G21 工件上方的间隙为 2 mm
G90 G00 X#24 Y#25                   快速定位到起始位置 X 和 Y
Z#126                               快速定位到起始位置 Z（圆柱型腔的中心上方）
G01 Z0 F[#9/2]                      进给到 Z0 绝对起始位置
#16 = #26                           以独立的寄存器存储整个深度
IF[#6 EQ #0] GOTO1                  如果没有定义加工深度，分支转移到缺省值
#6 = ABS[#6]                        确保 Z 深度为正值
GOTO2                               旁路整个深度设置
N0001 #6 = #26                      如果没有定义每次切削深度，就使用整个深度
N0002 #4 = #7-#120                  计算最终的切削半径
WHILE [#16 GE #6] DO1               该循环控制每次切削深度
#33 = #23                           起始的切削宽度（＝第一个圆弧半径）
G91 G01 Z-#6 F[#9/2]                以一半的进给速度运动到当前深度位置
WHILE [#33 LT #4] DO2               切削半径必须小于最终半径
G90 G01 X[#24+#33] F#9              到下一个切削半径的步距宽度
G03 I-#33                           切削目前的圆弧半径
#33 = #33+#23                       根据每次切削宽度增加切削半径
END2                                结束循环 2
G90 G01 X[#24+#4] F#9               到达最终的切削半径——当前深度
G03 I-#4                            切削最终的半径（最终直径）——当前深度
G01 X#24 F[#9*3]                    快速进给回到 X 起始位置——当前深度
#16 = #16-#6                        新的切削深度
END1                                结束循环 1
IF[#16 LE 0] GOTO9000               如果圆柱型腔的深度是 0 或是负值则分支转移到退刀
G91 G01 Z-#16 F[#9/2]               以一半的进给速度运动到当前深度位置
#33 = #23                           初始切削宽度（=第一个圆的半径）
WHILE[#33 LT #4] DO1                切削半径必须小于最终半径
G90 G01 X[#24+#33] F#9              到下一个切削半径的步距宽度
G03 I-#33                           切削目前的圆弧半径
#33 = #33+#23                       根据每次切削宽度增加切削半径
END1                                结束循环 1
G90 G01 X[#24+#4] F#9               到达最终的切削半径——最后深度
G03 I-#4                            切削最终半径（最终直径）——最后深度
G01 X#24 F[#9*3]                    快速进给回到 X 的起始位置——最后深度
N9000 G00 Z#126                     退回到型腔上方的中心位置
GOTO9999                            旁路报警信息
N9101 #3000=101 (没有型腔直径)      报警号 101 或 3101
N9102 #3000=102 (没有 T 偏置)       报警号 103 或 3102
N9103 #3000=103 (没有切削宽度)      报警号 103 或 3103
N9104 #3000=104 (没有型腔深度)      报警号 104 或 3104
N9105 #3000=105 (没有进给速度)      报警号 105 或 3105
N9106 #3000=106 (刀具半径太大)      报警号 106 或 3106
N9999 G#10                          恢复模态 G 代码
M99                                 结束宏程序
%
```

中心切削的立铣刀或其他类似刀具必须与程序要求相匹配，除非圆柱型腔的中心是开口（而不是实体）。还要注意宏程序内部进给速度要根据给定因子增加或减少来进行修改。这种方法也可用于其他宏程序特征，而不只是用于进给速度。

（2）需要保留的加工余量　在宏程序中没有指明后续加工中留有的余量值。为对机床有更大程度的控制，该加工余量应该留给 CNC 操作员设定。怎样处理加工余量呢？事实上，这是使用两个系统变量的第一个宏程序。理解系统变量取决于控制系统和刀具偏置存储类型，这点很重要。对存储类型 C 和少于 200 个偏置的控制器，对几何偏置 D 使用 2401 系列系统变量，对磨损偏置 D 使用 2601 系列系统变量（详见第 11 章）。在例子中，变量赋值为 T = #20 = 5，因此偏置 5 将存储刀具几何偏置和磨损偏置。例如，如果刀具是$\phi$12mm 的立铣刀，则存储的几何偏置将设为刀具半径 6mm，磨损偏置将存储精加工余量值，如为 0.5mm。变量#120 仅仅控制最后一次切削的圆弧半径，以保证最终的圆柱型腔的尺寸。控制系统将把程序段译为

#120 = [ABS[#[2400+#20]+#[2600+#20]]]

#120 = [ABS[#[2400+5]+#[2600+5]]]

=[#2405+#2605] = [6.0+0.5] = 6.5

因为实际的刀具半径是 6mm，但磨损偏置设置为 0.5mm，所以加工后的圆柱孔的直径就会比实际小 1mm，应该测量为$\phi$48mm。如果控制器中的磨损偏置 5 设为 0，则该圆柱孔加工完成后就得到图纸中要求的尺寸。

## 20.7 圆柱型腔的精加工

应用于圆柱型腔的精加工（或相似的加工操作）是基于前面的粗加工，也是宏程序的加工对象。宏程序可单独使用，也可以跟随在前面章节里所描述的圆柱型腔粗加工宏程序之后使用。图 20.13 中的图例与上一个例子中的图形相似。

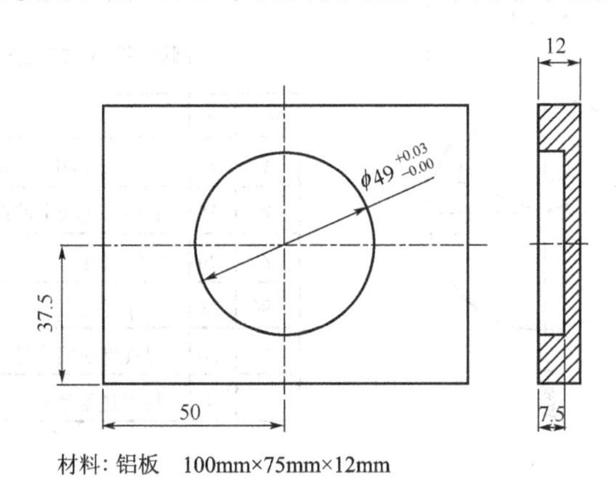


图 20.13　典型的圆柱型腔精加工的图例

典型的内圆刀具路径通常是从腔体的中心开始编程，通过轮廓运动并在中心位置结束。下面是典型的加工过程。

① 在工件上方，刀具运动到腔体中心。

② 刀具向 *Z* 深度方向进给。

③ 从中心沿着直线 *XY* 移动时，应用刀具半径偏置。

④ 刀具沿着逼近腔体直径的导入作圆弧运动。

⑤ 整个圆弧在一个程序段内加工。

⑥ 刀具沿着远离腔体直径的导出作圆弧运动。

⑦ 向中心沿着直线 *XY* 移动时取消刀具半径偏置。

⑧ 刀具退回到工件上方。

该宏程序使用了自动计算导入导出切线圆弧（弯曲半径）。特别是为了达到较高的表面质量,相同的切线刀具路径也可以应用于其它的精加工。

注意：一些控制系统在加工圆柱型腔时支持 G 代码，典型为 G12（顺时针）与 G13（逆时针）。FANUC 控制系统没有内嵌这种特征，但提供了使用宏程序开发 G 代码的工具。这个新命令的完整开发将在第 21 章中描述(第 21 章——用户定制循环)。

圆柱型腔精加工的变量数据。圆柱型腔精加工宏程序的特征定义如下：

□ 圆柱型腔的直径　　　　…用字母 W 表示（变量#23）

□ 中心点的 *X* 绝对坐标　　…用字母 X 表示（变量#24）

□ 中心点的 *Y* 绝对坐标　　…用字母 Y 表示（变量#25）

□ 型腔的 *Z* 深度　　　　　…用字母 Z 表示（变量#26）

□ 刀具半径偏置号　　　　…用字母 T 表示（变量#20）

□ 轮廓加工的切削进给速度　…用字母 F 表示（变量#9）

图 20.14 中的例子，给出了变量赋值的图示。

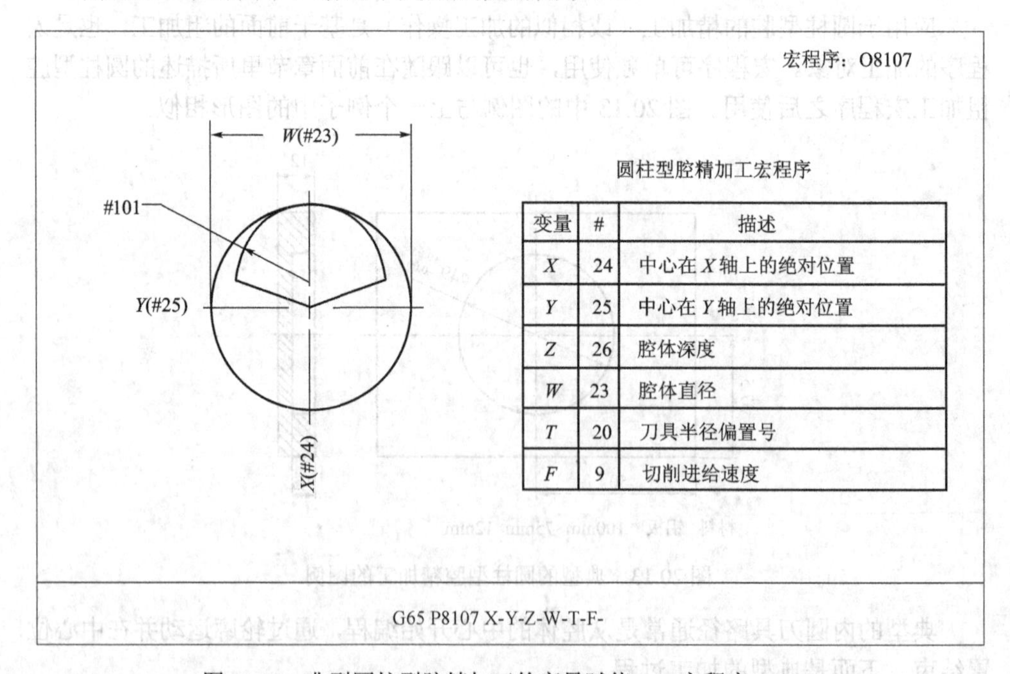


| 变量 | # | 描述 |
|---|---|---|
| *X* | 24 | 中心在 *X* 轴上的绝对位置 |
| *Y* | 25 | 中心在 *Y* 轴上的绝对位置 |
| *Z* | 26 | 腔体深度 |
| *W* | 23 | 腔体直径 |
| *T* | 20 | 刀具半径偏置号 |
| *F* | 9 | 切削进给速度 |



图 20.14　典型圆柱型腔精加工的变量赋值——宏程序 O8107

在宏程序中使用的变量都是基于加工步骤和其它一些因素仔细选择的。圆周型腔精加工中选择的加工步骤将在宏程序体内应用。如同其它的宏程序，这里也有许多条件、限制与其它要求，这次应用在圆柱型腔精加工的刀具路径上：

- 圆柱型腔直径可以为任何正值；
- 型腔的中心坐标必须为已知（X0Y0）；
- *Z* 向深度可以为正值或负值但不能为 0；
- 轮廓的起始位置设置在 90°（12 点钟位置）；
- 工件上方的 *Z* 向间隙为 2mm 或 0.1in（自动选择）；
- *Z* 轴方向进给速度是编程进给速度的一半；
- 加工方向是从中心按顺铣模式（G41 D…）M03；
- 刀具偏置号必须在 1～33 范围内；
- 对偏置存储类型 C 使用的刀具偏置为少于 200 个偏置——根据每个 FANUC 控制器设计；
- 刀具直径必须大于 0 且小于腔体直径；
- 导入导出圆弧相同并且由宏程序按（腔体直径–刀具直径）/2 计算。

附加条件仅仅在更加先进的方法中才能使用。

- 如果在精加工中需要对底部进行加工，那么刀具直径必须不小于腔体直径的 $\frac{1}{3}$；
- 如果需要的话，单步 *Z* 向深度可以添加到宏程序中。

```
O0027 (主程序)
N1 G21                                          公制模式
N2 G90 G00 G54 X0 Y0 S800 M03                   第一次以主轴转速运动的位置
N3 G43 Z25.0 H04 M08                            在零件上方留有间隙的刀具长度偏置
N4 G65 P8107 X50.0 Y37.5 Z7.5 W49.0 T4 F150.0   带赋值的宏程序调用
N5 Z25.0 M09                                    返回到工件上方
N6 G28 Z25.0 M05                                返回到机床零点
N7 M01                                          当前刀具停止加工
%

O8107 (圆柱型腔精加工宏程序)
IF[#26 EQ 0] GOTO9101                           腔体深度必须不为0
IF[#23 LE 0] GOTO9102                           腔体直径必须为正值
IF[#20 LE 0] GOTO9103                           刀具半径偏置要求的偏置号
IF[#20 GT 33] GOTO9104                          最大偏置号为33
IF[#9 EQ #0] GOTO9105                           切削进给速度必须定义
#120 = #[2400+#20]+#[2600+#20]                  重新调用已存储的刀具偏置值
IF[#120 LE 0] GOTO9106                          半径偏置值必须为正值
```

```
#23 = #23/2                              把腔体直径改为半径
IF[#23 LE #120] GOTO9107                 腔体半径必须大于刀偏半径
#101 = [#23+#120]/2                      计算导入/导出圆弧半径
#10 = #4003                              存储当前设置为 G90 或 G91
#26 = ABS[#26]                           确保 Z 向深度为正值
#126 = #4006                             检查当前单位（英制 G20 或公制 G21）
IF[#126 EQ 20.0] THEN #126 = 0.1         对 G20 工件上方间隙为 0.1in
IF[#126 EQ 21.0] THEN #126 = 2.0         对 G21 工件上方间隙为 2mm
G90 G00 X#24 Y#25                        快速定位到起始位置 X 和 Y
Z#126                                    快速定位到起始位置 Z（圆柱型腔的中心上方）
G01 Z-#26 F[#9/2]                        以一半的进给速度切削到深度
G91 G41 X#101 Y[#23-#101] D#20 F#9       从中心开始运动+刀具半径偏置
G03 X-#101 Y#101 I-#101                  刀具按导入圆弧运动
J-#23                                    刀具沿整圆运动
X-#101 Y-#101 J-#101                     刀具沿导出圆弧运动
G01 G40 X#101 Y-[#23-#101]               返回到腔体中心+取消刀具半径偏置
G90 G00 Z#126                            退回至加工后的腔体上方
GOTO9999                                 旁路报警信息
N9101 #3000=101 (Z 向深度为 0)            产生报警号 101 或 3101
N9102 #3000=102 (型腔直径错误)            产生报警号 102 或 3102
N9103 #3000=103 (偏置号错误)              产生报警号 103 或 3103
N9104 #3000=104 (偏置号太大)              产生报警号 104 或 3104
N9105 #3000=105 (进给速度未定义)          产生报警号 105 或 3105
N9106 #3000=106 (偏置值不为正)            产生报警号 106 或 3106
N9107 #3000=107 (刀具偏置太大)            产生报警号 107 或 3107
N9999 G#10                               恢复模态 G 代码
M99                                      宏程序结束
%
```

在宏程序中，两个系统变量用于定义局部变量#120。将该变量的当前定义与前一个例子（O8106）中的相似定义相比较，这里没有使用 ABS 函数。相反，变量定义是通过 IF 条件测试完成的。如果偏置量为负，系统就会产生错误条件（报警）。这不是较好的解决方法，这里仅仅是作为一种解决办法出现，ABS 函数是较好的选择，因为它不需要错误检测。

在本书包含的宏程序中，如果需要的话，也可以检测进给速度丢失或进给速度为 0 的情况。要确保编写的每一个语句是正确的，即使输入十分相似，但结果却大不相同（以赋值 F＝#9 为例）：

```
IF[#9 EQ #0] GOTO……                      切削进给速度必须被定义
IF[#9 EQ 0] GOTO……                        切削进给速度必须不为 0
```

图 20.15 可以用来测试圆柱型腔加工宏程序的正确性。

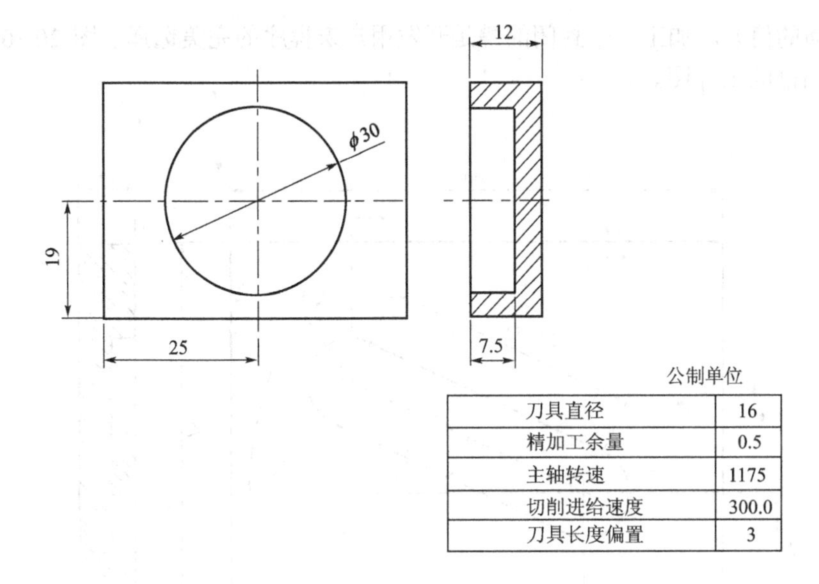


| 刀具直径 | 16 |
| --- | --- |
| 精加工余量 | 0.5 |
| 主轴转速 | 1175 |
| 切削进给速度 | 300.0 |
| 刀具长度偏置 | 3 |

（a）公制单位下的工件图

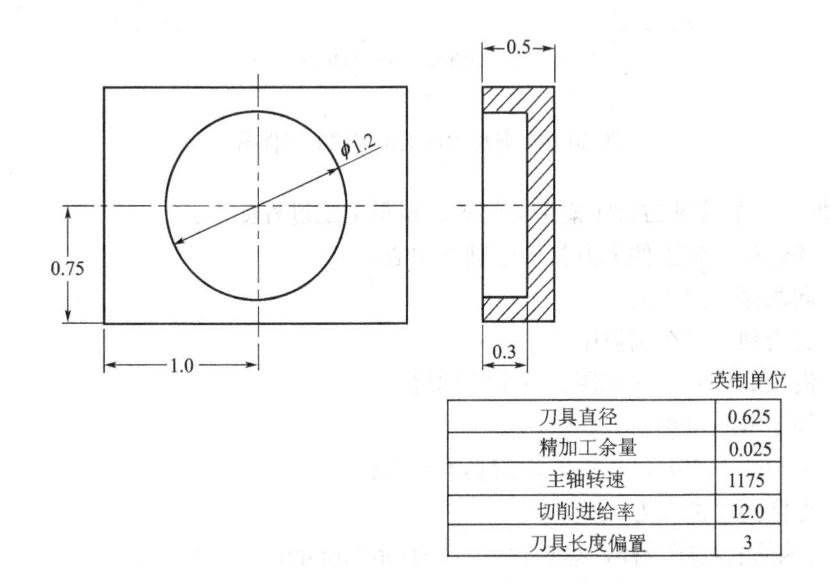


| 刀具直径 | 0.625 |
| --- | --- |
| 精加工余量 | 0.025 |
| 主轴转速 | 1175 |
| 切削进给率 | 12.0 |
| 刀具长度偏置 | 3 |

（b）英制单位下的工件图

图 20.15　用来测试圆柱型腔加工宏程序在公制与英制单位下的工件图

## 20.8 槽加工宏程序

加工一个封闭的槽是常见的铣削操作，这个步骤需要很多相似计算。槽的形状基本上都相同，但是它的位置、长度、半径、角度与深度是各不相同的（除了一些非几何的值）。加工一个封闭的槽是开发用户宏程序的完美选择。图 20.16 是典型的封闭槽的工件图。

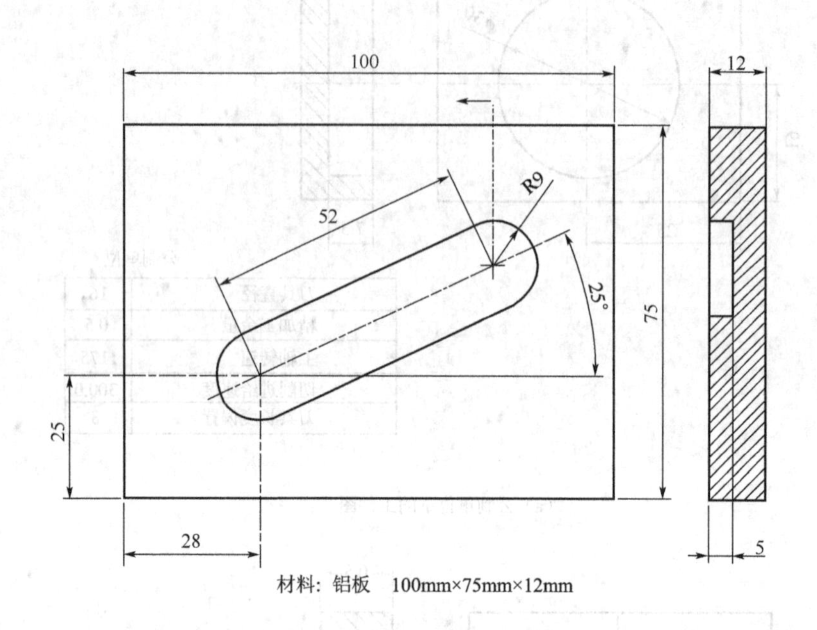


图 20.16　典型槽加工宏程序的工件图

要加工一个常见的封闭槽十分简单，典型加工过程如下。

① 快速移动到工件上方第一个圆弧中心。

② 向槽深方向进给。

③ 进给到第二个圆弧中心。

④ 沿轮廓导入——应用刀具半径偏置。

⑤ 加工槽的轮廓。

⑥ 沿圆弧中心导出——取消刀具半径偏置。

⑦ 退回到工件上方。

和其他的宏程序一样，这里也有一些特定的标准：

- 槽端圆心的绝对位置必须为已知；
- 槽的深度必须为已知；
- 槽中心线定义的夹角必须为已知；
- 槽两圆弧中心距离必须为已知；
- 槽的宽度必须等于槽端半圆半径的两倍；
- 刀具半径偏置号必须定义；
- 切削进给速度必须指定；
- 导入与导出圆弧能够自动计算。

正的或负的切削方向由宏程序利用定义的角度方向来计算。这是更结构化的方法，并且在程序中强加有负号。

**槽加工的变量数据**

一旦定义了初始条件，宏程序变量就可以赋值如下：

- ☐ 槽端圆心的 *X* 绝对位置　…赋给字母 X（变量#24）
- ☐ 槽端圆心的 *Y* 绝对位置　…赋给字母 Y（变量#25）
- ☐ 槽的 *Z* 向深度　…赋给字母 Z（变量#26）
- ☐ 槽的角度方向　…赋给字母 A（变量#1）
- ☐ 槽端圆心间距　…赋给字母 D（变量#7）
- ☐ 槽端圆弧半径（两个相等半径中的一个）　…赋给字母 R（变量#18）
- ☐ 刀具半径偏置号　…赋给字母 T（变量#20）
- ☐ 槽轮廓的切削进给速度　…赋给字母 F（变量#9）

图 20.17 给出了在宏程序中调用 G65 的变量赋值的图示。

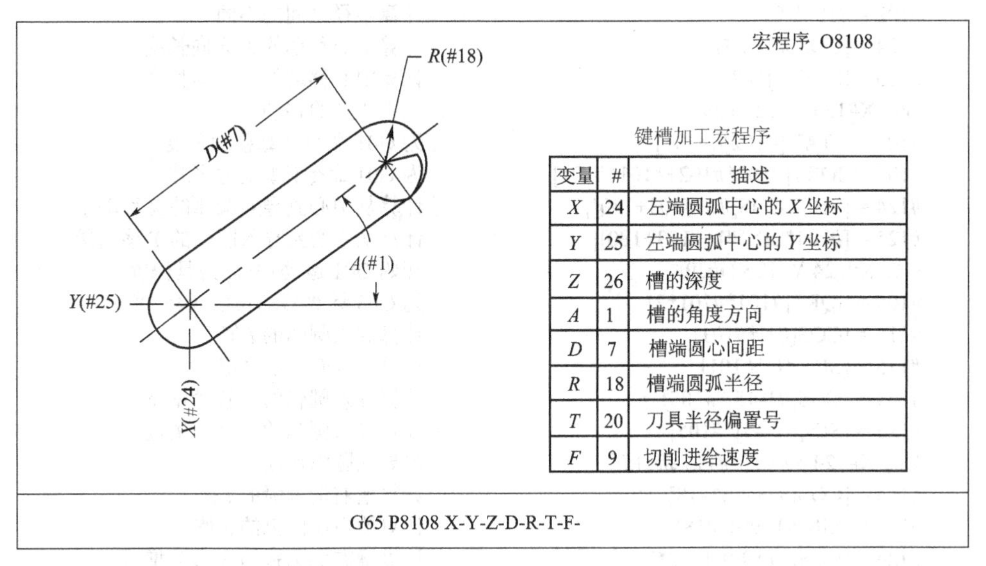


| 变量 | # | 描述 |
|---|---|---|
| *X* | 24 | 左端圆弧中心的 *X* 坐标 |
| *Y* | 25 | 左端圆弧中心的 *Y* 坐标 |
| *Z* | 26 | 槽的深度 |
| *A* | 1 | 槽的角度方向 |
| *D* | 7 | 槽端圆心间距 |
| *R* | 18 | 槽端圆弧半径 |
| *T* | 20 | 刀具半径偏置号 |
| *F* | 9 | 切削进给速度 |

图 20.17　典型的封闭槽加工宏程序的变量赋值——宏程序 O8108

在下面的程序实例中，为便于学习，这里省略了一些初始化输入检测程序段和相应的报警定义程序段，使得宏程序更加清晰。但是，前面的几个例子已经给出了上述程序段的工作原理，一旦使用这些宏程序，这些程序段应当添加进去。这个程序是编写三角函数（角度尺寸）的一个很好的例子。也要注意一旦使用最初定义的几个全局变量，就要对其进行重定义。

```
O0028 (主程序)
N1 G21
N2 G90 G00 G54 X0 Y0 S800 M03
N3 G43 Z25.0 H05 M08
N4 G65 P8108 X28.0 Y25.0 Z5.0 R9.0 D52.0 A25.0 T5 F300.0
```

```
N5 G00 Z25.0 M09
N6 G28 Z25.0 M05
N7 M30
%

O8108 (槽加工宏程序)                        宏程序号及其描述
#10 = #4003                                 存储当前设置为 G90 或 G91
<在这里添加错误定义信息>
#126 = #4006                                检查当前单位（英制 G20 或公制 G21）
IF[#126 EQ 20.0] THEN #126 = 0.1            对 G20 工件上方的间隙为 0.1in
IF[#126 EQ 21.0] THEN #126 = 2.0            对 G21 工件上方的间隙为 2mm
G90 G00 X#24 Y#25                           在 XY 方向上快速移动到第一个槽端圆心位置
Z#126                                       在 Z 方向上移到工件上方
G01 Z-[ABS[#26]] F[#9/2]                    以一半的进给速度向深度方向进给
#120 = [ABS[#[2400+#20]+#[2600+#20]]]       重新调用存储的刀具偏置值
#101 = [#18+#120]/2                         计算导入/导出圆弧半径
#102 = #18-#101                             计算半径之间的不同
#124 = [COS[#1]*#7]                         计算中心移动的 X 方向长度
#125 = [SIN[#1]*#7]                         计算中心移动的 Y 方向长度
G91 X#124 Y#125 F#9                         从中心开始移动
#103 = ATAN[#102]/[#101]                    为 G01 命令计算移动角度
#104 = SQRT[#102*#102+#101*#101]            为 G01 命令计算移动长度
#124 = [#104*COS[#1+#103+180]]              计算从中心到导入圆弧的 X 移动量
#125 = [#104*SIN[#1+#103+180]]              计算从中心到导入圆弧的 Y 移动量
G41 X#124 Y#125 D#20                        开始 G01 运动+开启刀具偏置
#105 = SQRT[#101*#101*2]                    为 G03 计算移动长度（45°角）
#114 = [COS[#1]*#101]                       计算导入圆弧的 I 值
#115 = [SIN[#1]*#101]                       计算导入圆弧的 J 值
#124 = [COS[#1-45]*#105]                    计算导入圆弧的 X 移动增量
#125 = [SIN[#1-45]*#105]                    计算导入圆弧的 Y 移动增量
G03 X#124 Y#125 I#114 J#115                 沿导入圆弧运动
#114 = [COS[#1+90]*#18]                     计算槽右侧圆弧的 I 值
#115 = [SIN[#1+90]*#18]                     计算槽右侧圆弧的 J 值
#124 = [COS[#1+90]*[#18*2]]                 计算槽右侧圆弧的 X 移动增量
#125 = [SIN[#1+90]*[#18*2]]                 计算槽右侧圆弧的 Y 移动增量
X#124 Y#125 I#114 J#115                     右侧槽圆弧为 180°
#124 = [COS[#1+180]*#7]                     计算直线运动 1 的 X 方向长度
#125 = [SIN[#1+180]*#7]                     计算直线运动 1 的 Y 方向长度
G01 X#124 Y#125                             作直线运动 1
#114 = [COS[#1-90]*#18]                     计算槽左侧圆弧的 I 值
#115 = [SIN[#1-90]*#18]                     计算槽左侧圆弧的 J 值
#124 = [COS[#1-90]*[#18*2]]                 计算槽左侧圆弧的 X 移动增量
#125 = [SIN[#1-90]*[#18*2]]                 计算槽左侧圆弧的 Y 移动增量
G03 X#124 Y#125 I#114 J#115                 左侧槽圆弧为 180°
#124 = [COS[#1]*#7]                         计算直线运动 2 的 X 方向长度
#125 = [SIN[#1]*#7]                         计算直线运动 2 的 Y 方向长度
G01 X#124 Y#125                             作直线运动 2
```

```
#114 = [COS[#1+90]*#101]          计算导出圆弧的 I 值
#115 = [SIN[#1+90]*#101]          计算导出圆弧的 J 值
#124 = [COS[#1+45]*#105]          计算导出圆弧的 X 增量
#125 = [SIN[#1+45]*#105]          计算导出圆弧的 Y 增量
G03 X#124 Y#125 I#114 J#115       导出圆弧运动
#124 = [SIN[#103-#1-90]*#104]     计算导出圆弧向中心的 X 移动增量
#125 = [COS[#103-#1-90]*#104]     计算导出圆弧向中心的 Y 移动增量
G01 G40 X#124 Y#125               返回到起始点+取消刀具偏置
G90 G00 Z#126                     退回到已加工槽的上方
GOTO9999                          旁路报警信息
<这里添加错误报警信息>
N9999 G#10                        恢复模态 G 代码
M99                               宏程序结束
%
```

宏程序的设计方法在槽加工程序里十分重要。注意在该宏程序中许多变量反复使用，但每次的值不相同。这个方法的好处是只使用最少的变量，也使得宏程序易于解释。没有必要给每个值都赋予独立的变量。

## 20.9　不同深度的环形槽加工

这一节描述的宏程序十分简单，在许多加工应用中也十分常见，可以作为学习用户宏程序设计的一个很好的例子。其目的是加工一个环形凹槽，凹槽是一个十分有用的类型，对公差要求不高，但是有多层切削深度。这种加工方法适合硬质材料的粗加工。在编写宏程序之前，先要编写子程序。对宏程序来说子程序是很好的选择，我们在这个例子里给出比较。

从图 20.18 所给的信息，我们可以分别建立子程序与宏程序。

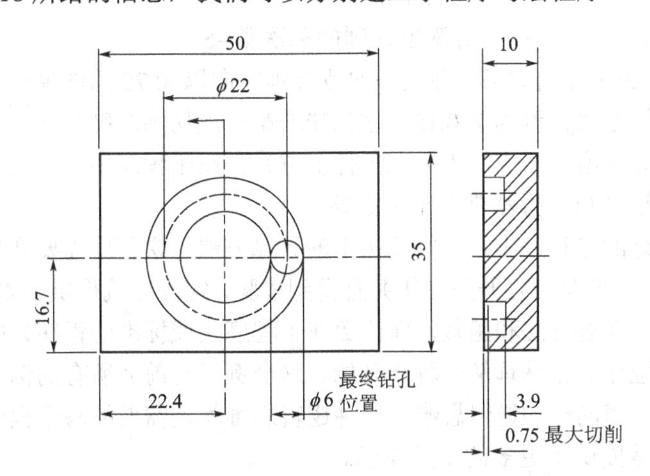


图 20.18　多重深度的环形槽加工工件图

（1）从子程序到宏程序　开发子程序而不是宏程序对单一加工类型而且在以后

不大可能重复的工作来讲比较合适。当宏程序不适用于现有的控制系统时，子程序也是唯一的“自动”工具。为了编写图 20.18 所示的环形槽粗加工的程序，主程序将调用子程序 O8022。

```
（主程序）
（X0Y0 左下角——Z0 零件顶面）
N1 G21                                  公制单位模式
N2 G90 G00 G54 X22.4 Y16.7 S750 M03     从 0° 开始的 XY 位置
N3 G43 Z5.0 H01 M08                     起始点上方的间隙
N4 G01 Z0.6 F100.0                      子程序必须在 Z0.6 开始
N5 M98 P8022 L6                         子程序调用——循环 6 次（或 K6）
N6 G90 G00 Z5.0 M09                     快速运动到零件上方的间隙位置
N7 G91 G28 Z0 M05                       对 Z 轴返回机床零点
N8 G28 X0 Y0                            对 XY 轴返回机床零点
N9 M30                                  主程序结束
%

O8022（子程序）
G01 G91 Z-0.75 F100.0                   按深度增量在 Z 轴方向上进给
G03 I-11.0                              切削整个圆周
M99                                     子程序结束
%
```

这看起来是一个简单的子程序，也确实如此。然而，必须完成一些关键计算。第一个要计算的是 Z 的起始点位置——为什么在 Z0.6？理由是什么呢？必须不能超出要求的绝对深度 Z-3.9。行程距离（要移动的距离）从起始点到整个深度必须能够被加工深度整除，而不能有余数。当编程定义的切削深度为 0.75mm 时，这需要 6 次等深度切削才能完成最终的深度 Z-3.9：

0.6+3.9=4.5　　　　刀具整个行程=4.5

4.5/0.75=6　　　　等深度切削的总次数=6

当刀具在 Z0.6 开始加工，并且每次按 Z 轴方向以–0.75 的增量向下运动，第一次切削时刀具的绝对位置为 Z-0.15。这意味着第一次切削深度与其它几次切削深度不同，因为部分深度在“空”中（在工件上方）。在子程序中，与其它的特殊的计算方法一样，这种折中方法常常十分必要。

在设计较好的宏程序中，不需要折中的计算方法。宏程序需要许多计算（如前面的例子所示），但是一旦开发完毕并且得到校验，宏程序就提供了更大的灵活性，以及有效的解决问题方法和函数，而函数在子程序（或标准的程序）中不能使用。

要理解宏程序通常从理解子程序开始。这个例子与前面所有的例子都表明好的宏程序设计是跟随同样的逻辑思维，这种逻辑思维就是需要编写子程序。宏程序对于加工来说只是提供了更多的工具而已。

（2）宏程序模板设计　通常用户宏程序先要从草图进行开发，没有必要先创建子程序然后再‘修改’。基于图 20.18（或相似的图形）所示提供的信息，一个通常的所有需要的变量的主模板如图 20.19 所示。

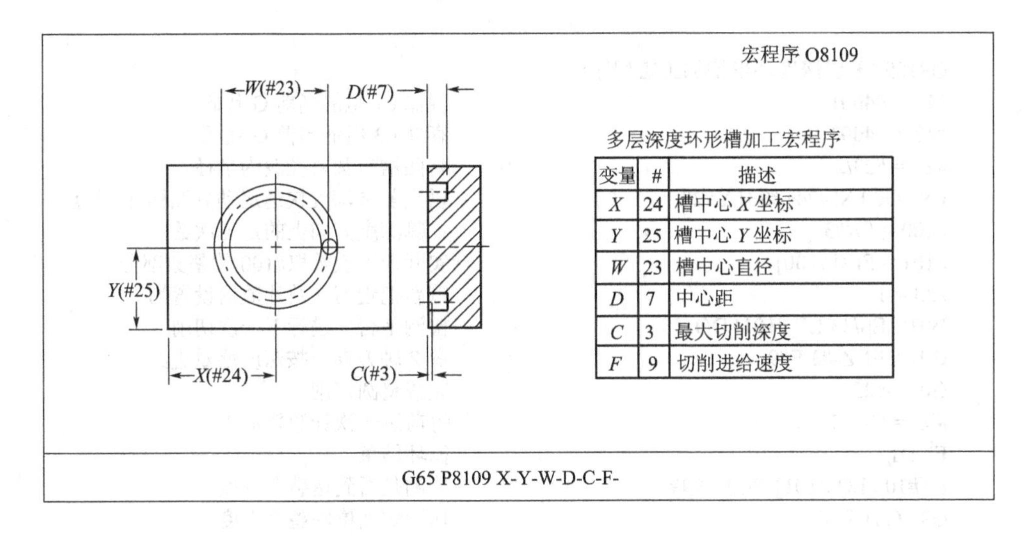


| 变量 | # | 描述 |
|---|---|---|
| X | 24 | 槽中心 X 坐标 |
| Y | 25 | 槽中心 Y 坐标 |
| W | 23 | 槽中心直径 |
| D | 7 | 中心距 |
| C | 3 | 最大切削深度 |
| F | 9 | 切削进给速度 |

图 20.19 典型的环形槽加工宏程序的变量赋值——O8109

基于图纸上的说明，宏程序按如下格式调用：

G65 P8109 X- Y- W- D- C- F-

其中

X =（#24）环形槽在 X 轴方向上的中心位置；

Y =（#25）环形槽在 Y 轴方向上的中心位置；

W =（#23）中心线上的凹槽直径（凹槽节圆直径）；

D =（#7） 凹槽的总深度；

C =（#3） 凹槽的切削深度（每次切削的最大深度）；

F =（#9）圆弧切削的进给速度。

尽管这个宏程序仅仅包含控制凹槽深度的最重要的基本概念，一旦达到最终深度（精加工），编写另外一个用来加工凹槽所有面的宏程序并不很困难。不考虑宏程序的复杂性（简单或困难），有计划地进行每一步十分重要。良好的计划可以节省很多宝贵的工作时间，并能产生良好的结果。

在完整的应用中，图 20.18 中的尺寸，将会传递到宏程序调用中：

```
O0029 (主程序)
(X0Y0 左下角——Z0 零件上方)
N1 G21                                          公制单位模式
N2 G90 G00 G54 X22.4 Y16.7 S750 M03             任何合理的 XY 位置都可以
N3 G43 Z5.0 H01 M08                             起始点上方的间隙
N4 G01 Z0 F100.0                                宏程序必须在 Z0 点开始运行
N5 G65 P8109 X22.4 Y16.7 W22.0 D3.9 C0.75 F100.0 宏程序调用与变量赋值
N6 G90 G00 Z5.0 M09                             快速运动到零件上方的间隙位置
N7 G91 G28 Z0 M05                               对 Z 轴返回机床零点
N8 G28 X0 Y0                                    对 XY 轴返回机床零点
N9 M30                                          主程序结束
%
```

```
O8109 (多层深度环形槽加工宏程序)
#11 = #4001                         存储 01 组的当前 G 代码
#13 = #4003                         存储 03 组的当前 G 代码
#23 = #23/2                         将凹槽节圆直径改为半径
G90 G00 X[#24+#23] Y#25             以当前 Z 深度快速运动到凹槽 XY 起点
#100 = #7/#3                        计算深度方向上的走刀次数
#101 = FIX[#100]                    实际走刀次数取#100 的整数部分
#33 = 1                             重新把走刀次数计数器设置为 1
WHILE[#33 LE #101] DO1              检测是否要进行下一次切削
G01 G91 Z-#3 F#9                    在 Z 轴方向上按深度增量进给
G03 I-#23                           完成整圆切削
#33 = #33+1                         每前进一次计数器加 1
END1                                循环结束
IF[#100 EQ #101] GOTO999            检测是否到达整个深度
G90 G01 Z-#7                        切削到凹槽的整个深度
G03 I-#23                           切削整圆
N999 G90 G00 Z0                     快速返回到零件上方
G#11 G#13                           恢复组 01 和组 03 的 G 代码
M99                                 宏程序结束
%
```

这里对 WHILE 循环也有一个简短的叙述，如果变量#100（要切削的准确次数）为整数，这个数也是深度方向上的前进次数。另外，在整个凹槽深度上还要进行一次切削，可以按选择的尺寸单位作为最小的增量（0.001mm 或 0.0001in），但要小于在变量赋值 D(#7)中的整个凹槽深度。

这一章的宏程序使用了参数化编程。与带有子程序的例子相比较，两者都是合法的，但却有显著的不同。

## 20.10 矩形型腔的精加工

加工矩形型腔与加工圆柱型腔十分相似。在这一章中，包含对圆柱型腔的粗加工与精加工。就像一般的编程方法所涉及的，在宏程序中为矩形型腔设计粗加工刀具路径并没有很大差别，但在对矩形型腔进行精加工时就有些困难了。这种类型加工的另外一种叫法为框架加工或框架宏程序，因为需加工框架的四壁与拐角。

图 20.20 给出了矩形框架加工的典型图示。

如本书中的所有宏程序的例子一样，开发宏程序的目的都是为了学习，并不是所有的宏程序都需要报警与警告。在编写宏程序前，取决于加工方法，例如：

① 开始位置在腔体中心（例子中的工件零点）；

② 以一半的编程进给速度向深度方向切入；

③ 使用刀具半径偏置 G41 D——命令沿导入方向作直线运动；

④ 以导入圆弧逼近轮廓；

⑤ 返回起点加工轮廓；

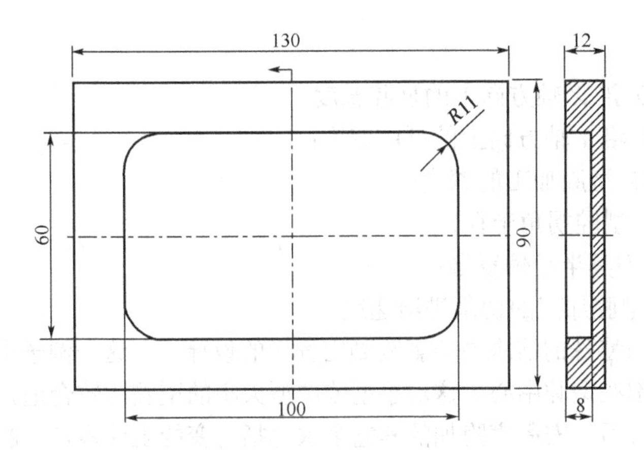


图 20.20 典型矩形型腔（框架）精加工的例图

⑥ 沿导出圆弧离开轮廓；

⑦ 取消刀具半径偏置——G40——沿导出方向作直线运动；

⑧ 退回到工件上方。

第①项与第⑧项会包括在主程序中，第②项至第⑦项，以及各种检测与计算值，将会是宏程序中的一部分。图 20.21 给出了变量赋值。

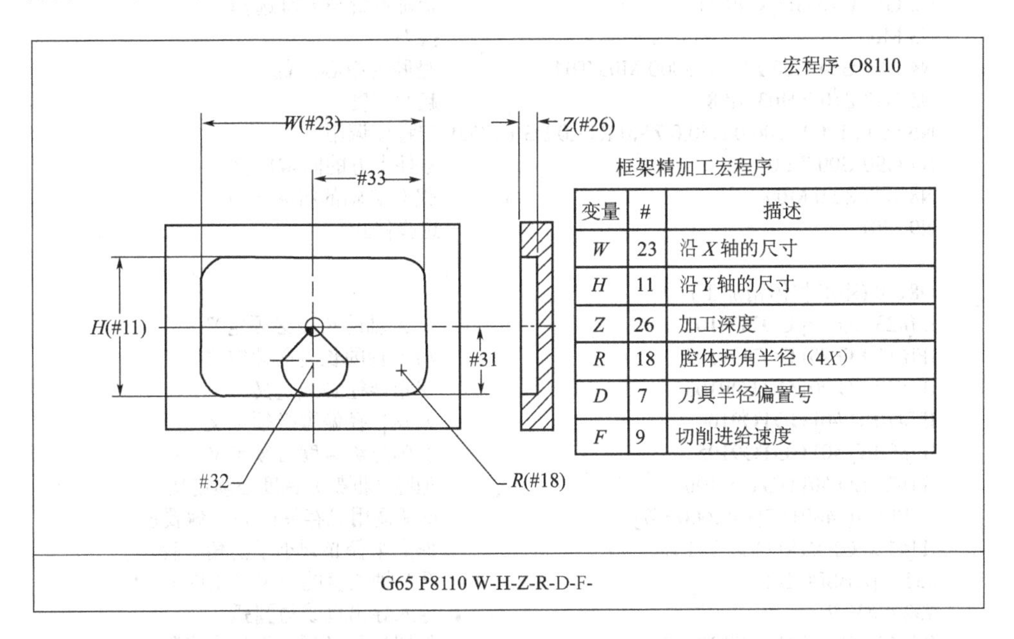


| 变量 | # | 描述 |
|---|---|---|
| W | 23 | 沿 X 轴的尺寸 |
| H | 11 | 沿 Y 轴的尺寸 |
| Z | 26 | 加工深度 |
| R | 18 | 腔体拐角半径（4X） |
| D | 7 | 刀具半径偏置号 |
| F | 9 | 切削进给速度 |

图 20.21 典型的矩形型腔（框架）精加工宏程序的变量赋值——宏程序 O8110

提供的四个尺寸作为变量赋值，型腔的中心定位在 X0Y0。宏程序可修改为其它的 XY 坐标。基于图纸提供的工程说明，框架精加工宏程序调用就可以建立如下：

G65 P8110 W- H- Z- R- D- F-

其中

W=（#24）沿 $X$ 轴方向上的型腔长度；

H=（#25）沿 $Y$ 轴方向上的型腔宽度；

Z==（#23）型腔加工的深度；

R=（#18）型腔拐角半径；

D=（#7）刀具半径偏置号；

F=（#9）型腔加工的切削进给速度。

加工条件与特殊的需求也会影响到宏程序的设计。在这个例子中，刀具起始位置和终止位置都在型腔中心。这对小型或中型大小的型腔比较合适，但对于较大型腔来说却并不合适。宏程序附加的其它需求包括可变的工件零点、腔体角度定位、底部表面的精加工、在拐角处进给速度的改变、零件上方的间隙等。如前所述，宏程序包括检测变量赋值的丢失，但是无法检测错误的输入。它还可以检测存储的刀具半径偏置值是否足够小，以便加工导向圆弧和拐角半径。正是由于这些特殊的目的，这一章的宏程序在功能上得到了强化。

```
O0030 (主程序)
(调用宏程序 O8110)
N1 G21                                         公制单位
N2 G17 G40 G80 G49 TO3                         状态设置与刀具选择
N3 M06                                         换刀
N4 G90 G54 G00 X0 Y0 S800 M03 T04              型腔的中心位置
N5 G43 Z10.0 H03 M08                           起始高度
N6 65 P8110 W100.0 H60.0 Z8.0 R11.0 D3 F175.0  宏程序调用
N7 G90 G00 Z2.0                                零件上方的间隙位置
N8 G28 Z2.0 M09                                仅对 Z 轴的机床零点
N9 M01                                         选择停止

O8110 (矩形腔体精加工)
IF[#23 EQ #0] GOTO9101                         沿 X 轴的长度必须定义
IF[#11 EQ #0] GOTO9102                         沿 Y 轴的长度必须定义
IF[#18 EQ #0] GOTO9103                         拐角半径必须定义
IF[#7 EQ #0] GOTO9104                          刀具半径偏置必须定义
IF[#9 EQ #0] GOTO9105                          切削进给速度必须定义
IF[#26 EQ #0] GOTO9106                         型腔（框架）深度必须定义
#120 = #[2400+#7]+#[2600+#7]                   重新调用已存储的刀具偏置值
IF[#120 GE #18] GOTO9107                       偏置半径必须小于拐角半径
#31 = [ABS[#11/2]]                             沿 Y 轴长度的一半（正向）
#32 = #31/2                                    导入导出直线与圆弧
IF[#120 GE #32] GOTO9107                       偏置半径必须小于导向半径
#33 = [ABS[#23/2]]                             沿 X 轴长度的一半
G90 G00 Z2.0                                   任意的 Z 轴间隙
G01 Z-[ABS[#26]] F[#9/2]                       以一半的进给速度切入
G91 G01 G41 X-#32 Y-#32 D#7 F[#9*2]            刀具半径偏置开，直线导入
G03 X#32 Y-#32 I#32 J0 F#9                     圆弧导入
G01 X[#33-#18]                                 下方的侧壁
```

```
G03 X#18 Y#18 I0 J#18                      右下方的拐角
G01 Y[2*[#31-#18]]                         右侧壁
G03 X-#18 Y#18 I-#18 J0                    右上拐角
G01 X-[2*[#33-#18]]                        上方侧壁
G03 X-#18 Y-#18 I0 J-#18                   左上拐角
G01 Y-[2*[#31-#18]]                        左侧壁
G03 X#18 Y-#18 I#18 J0                     左下拐角
G01 X[#33-#18]                             下方的侧壁
G03 X#32 Y#32 I0 J#32                      圆弧导出
G01 G40 X-#32 Y#32 F[#9*2] M09             直线导出，刀具半径偏置关
GOTO9999                                   旁路报警信息
N9101 #3000 = 101 (纵向长度未定义)          产生错误
N9102 #3000 = 102 (横向长度未定义)          ……
N9103 #3000 = 103 (拐角半径未定义)          ……
N9104 #3000 = 104 (半径偏置号未定义)        ……
N9105 #3000 = 105 (进给速度必须定义)        ……
N9106 #3000 = 106 (型腔深度必须定义)        ……
N9107 #3000 = 107 (偏置值太大)              ……
N9999 M99                                  宏程序结束
%
```

注意 ABS 函数的应用，不管用户输入何值，宏程序都会控制输出期望的符号。ABS（绝对值）函数可以保证为正，能将输入的负数转换成正数。例如，下面的深度输入可以为正也可以为负：

G65 P8110 ……Z8.0……　正数输入

G65 P8110 ……Z-8.0……　负数输入

在宏程序中，变量#26（Z）的输入要求为正并且需要的输出在宏程序内建立，以保证 *Z* 值为负，而不管输入如何：

G01 Z-[ABS[#26]]　F [#9/2]　*Z* 的深度保证为负

这是一个十分强大的编程技巧，它能预计用户的输入类型并提供一种方法来产生期望的输出。

实际上，本章节可以包含更多的例子，一本书只能处理一些特别的例子，这恰恰是一般用户宏程序尤其是参数化程序所具有的优点。这一章的例子仅包含几种类型，而且只有很少的可能情况。

# 第21章 定制循环

大多数 CNC 机床制造商都为生产设备提供了一系列复杂的选项，这些选项大部分是由专门的软件代码支持的硬件，并被应用在 CNC 程序中。比较常见的选项包括：特殊的冷却功能、换刀功能、刀具损坏检测器、托盘的操作、各种接口等，当然还有很多，在此就不再一一列举了。每一台 CNC 机床附带的参考手册中，大多数选项均可通过在 CNC 零件程序中（也可输入到控制系统中）调用特殊的（也是非标准的）G 代码或 M 代码来控制。

FANUC 宏程序提供了很多可能性，有经验的编程员能够创建和使用专用的 G 代码或 M 代码（以及其他的代码）。CNC 编程员为机床的某些硬件特征编写 G 代码或 M 代码宏程序是不太可能的，但是宏程序可生成一些特殊用途的软件，如单一的重复加工。这一类型中典型的实例为固定循环或封装循环，固定循环通过减少重复的代码缩短了程序。事实上，它们是 FANUC 提供的作为标准编程特征（内嵌）的专门用途的宏程序。通过 G 代码可以调用宏程序，例如，通过 G81 命令可以实现标准的钻孔循环。

## 21.1 特殊循环

和标准的固定循环一样，有时我们需要一个不同于现有循环的全新循环，尽管看起来和通常的“传统”固定循环是一样的。例如，要实现切削过程中的进给速度不同于退刀过程中的进给速度，用标准的固定循环是不能想象的，然而通过特殊的宏程序却很容易实现。

通常，FANUC 控制器允许使用 O 地址将宏程序存储为带变量数据的特殊类型子程序，这种宏程序称为 G65 宏调用命令，后跟宏程序号 P-和要求的变量赋值。要把新的宏程序定义为 G 代码循环或特殊的 M 功能。只需要考虑下面三点注意事项：

| | |
|---|---|
| □ 选择使用的 G 代码或 M 代码 | 不能和现有代码重复 |
| □ 从给定范围内选择宏程序号 | 取决于控制系统 |
| □ 设置机床控制系统的系统参数 | 取决于控制系统 |

重要的是我们要认识到新的 G 代码或 M 代码在控制器中并不是总是可用的。换句话讲，我们必须对控制系统使用的所有的 G 代码、M 代码有很深的认识，毕竟，任何新的循环选择都是唯一的。我们对寄存器选择的系统参数的了解也是很重要的。同样的参数号在不同控制器中意义是不同的，因此确保正确的数据输入也是很

迫切的。

**可用选项**

尽管，用于特殊循环的最常见的编程代码是 G 代码，而 M 功能由 CNC 宏编程员（常处于制造商的角度）选取，常通过特殊的 M 代码实现某种硬件功能。

下面是宏程序或子程序调用时常用到的地址：

- ☐ G 代码宏程序调用 ……常用
- ☐ M 代码宏程序调用 ……常用
- ☐ M 代码子程序调用 ……不常用
- ☐ S 代码子程序调用 ……不常用
- ☐ T 代码子程序调用 ……不常用
- ☐ B 代码子程序调用 ……不常用

## 21.2 G 代码宏程序调用

在众多的 G 代码中，有 10 个可以定义为特殊的用户宏程序，这种宏程序可以由 G 代码调用。除了 G65、G66 和 G67 代码外，我们可以从 G01～G255 中任意选择。正值选择 G65，负值选择 G66（或 G66.1）。

根据控制系统的不同，和 G 代码宏程序调用相关的系统参数列于表 21.1 中。

## 21.3 M 功能宏程序调用

M 功能中有 10 个可用于用户宏程序，这种宏程序可以由 M 功能调用。我们可以在 M01～M97 中进行选择，M 功能不能传递到 PMC（programmable machine control，可编程机床控制器）中，除非在宏程序体内进行编程。

根据控制系统的不同，和 M 功能宏程序调用相关的系统参数列于表 21.2 中。

机床制造商常在硬件中加入计时程序，并创建新的 M 功能来激活这种程序，这与普通的 M 功能的使用相一致。为了不与任何现有的功能相冲突，具有 3 位数字的 M 功能（如 M123）是很常见的，或属于具有某个特征的组（如 M201～M220）。

专用作子程序调用的功能代码很少使用，并在很多方面和前面描述的宏程序调用相似。关于控制模式特征的细节请查阅 FANUC 参考手册。

## 21.4 G13 圆弧切削

在前面章节，讲述了圆弧切削的粗加工和精加工宏程序。编写加工圆柱型腔的 CNC 程序是很常见的。无论对于加工小公差的圆柱型腔（例如很多沉头孔加工），还是加工直径和深度有较高精度要求的型腔，通过定义宏程序或特定的循环都可实现。宏程序开发完毕后，应该很容易使用，使错误输入的可能性达到最小。有些控

**表21.1 和G代码宏程序调用相关的系统参数**

| FANUC 系统 0 | |
|---|---|
| G代码宏程序调用——10个可用选项——G65、G66和G67除外 | |
| 参数号 | 描述<有效数据为1～255> |
| 220 | G代码调用存储在程序O9010中的用户宏程序 |
| 221 | G代码调用存储在程序O9011中的用户宏程序 |
| 222 | G代码调用存储在程序O9012中的用户宏程序 |
| 223 | G代码调用存储在程序O9013中的用户宏程序 |
| 224 | G代码调用存储在程序O9014中的用户宏程序 |
| 225 | G代码调用存储在程序O9015中的用户宏程序 |
| 226 | G代码调用存储在程序O9016中的用户宏程序 |
| 227 | G代码调用存储在程序O9017中的用户宏程序 |
| 228 | G代码调用存储在程序O9018中的用户宏程序 |
| 229 | G代码调用存储在程序O9019中的用户宏程序 |
| FANUC 系统10/11/15 | |
| G代码宏程序调用——10个可用选项——G65、G66和G67除外 | |
| 参数号 | 描述<有效数据为1～255> |
| 7050 | G代码调用存储在程序O9010中的用户宏程序 |
| 7051 | G代码调用存储在程序O9011中的用户宏程序 |
| 7052 | G代码调用存储在程序O9012中的用户宏程序 |
| 7053 | G代码调用存储在程序O9013中的用户宏程序 |
| 7054 | G代码调用存储在程序O9014中的用户宏程序 |
| 7055 | G代码调用存储在程序O9015中的用户宏程序 |
| 7056 | G代码调用存储在程序O9016中的用户宏程序 |
| 7057 | G代码调用存储在程序O9017中的用户宏程序 |
| 7058 | G代码调用存储在程序O9018中的用户宏程序 |
| 7059 | G代码调用存储在程序O9019中的用户宏程序 |
| FANUC 系统16/18/21 | |
| G代码宏程序调用——10个可用选项——G65、G66和G67除外 | |
| 参数号 | 描述<有效数据为1～255> |
| 6050 | G代码调用存储在程序O9010中的用户宏程序 |
| 6051 | G代码调用存储在程序O9011中的用户宏程序 |
| 6052 | G代码调用存储在程序O9012中的用户宏程序 |
| 6053 | G代码调用存储在程序O9013中的用户宏程序 |
| 6054 | G代码调用存储在程序O9014中的用户宏程序 |
| 6055 | G代码调用存储在程序O9015中的用户宏程序 |
| 6056 | G代码调用存储在程序O9016中的用户宏程序 |
| 6057 | G代码调用存储在程序O9017中的用户宏程序 |
| 6058 | G代码调用存储在程序O9018中的用户宏程序 |
| 6059 | G代码调用存储在程序O9019中的用户宏程序 |

**表 21.2 和 M 功能宏程序调用相关的系统参数**

| FANUC 系统 0 | |
|---|---|
| M 代码宏程序调用——10 个可用选项 | |
| 参 数 号 | 描述<有效数据为 1～97> |
| 230 | M 代码调用存储在程序 O9020 中的用户宏程序 |
| 231 | M 代码调用存储在程序 O9021 中的用户宏程序 |
| 232 | M 代码调用存储在程序 O9022 中的用户宏程序 |
| 233 | M 代码调用存储在程序 O9023 中的用户宏程序 |
| 234 | M 代码调用存储在程序 O9024 中的用户宏程序 |
| 235 | M 代码调用存储在程序 O9025 中的用户宏程序 |
| 236 | M 代码调用存储在程序 O9026 中的用户宏程序 |
| 237 | M 代码调用存储在程序 O9027 中的用户宏程序 |
| 238 | M 代码调用存储在程序 O9028 中的用户宏程序 |
| 239 | M 代码调用存储在程序 O9029 中的用户宏程序 |
| FANUC 系统 10/11/15 | |
| M 代码宏程序调用——10 个可用选项 | |
| 参 数 号 | 描述<有效数据为 1～97> |
| 7080 | M 代码调用存储在程序 O9020 中的用户宏程序 |
| 7081 | M 代码调用存储在程序 O9021 中的用户宏程序 |
| 7082 | M 代码调用存储在程序 O9022 中的用户宏程序 |
| 7083 | M 代码调用存储在程序 O9023 中的用户宏程序 |
| 7084 | M 代码调用存储在程序 O9024 中的用户宏程序 |
| 7085 | M 代码调用存储在程序 O9025 中的用户宏程序 |
| 7086 | M 代码调用存储在程序 O9026 中的用户宏程序 |
| 7087 | M 代码调用存储在程序 O9027 中的用户宏程序 |
| 7088 | M 代码调用存储在程序 O9028 中的用户宏程序 |
| 7089 | M 代码调用存储在程序 O9029 中的用户宏程序 |
| FANUC 系统 16/18/21 | |
| M 代码宏程序调用——10 个可用选项 | |
| 参 数 | 描述<有效数据为 1～97> |
| 6080 | M 代码调用存储在程序 O9020 中的用户宏程序 |
| 6081 | M 代码调用存储在程序 O9021 中的用户宏程序 |
| 6082 | M 代码调用存储在程序 O9022 中的用户宏程序 |
| 6083 | M 代码调用存储在程序 O9023 中的用户宏程序 |
| 6084 | M 代码调用存储在程序 O9024 中的用户宏程序 |
| 6085 | M 代码调用存储在程序 O9025 中的用户宏程序 |
| 6086 | M 代码调用存储在程序 O9026 中的用户宏程序 |
| 6087 | M 代码调用存储在程序 O9027 中的用户宏程序 |
| 6088 | M 代码调用存储在程序 O9028 中的用户宏程序 |
| 6089 | M 代码调用存储在程序 O9029 中的用户宏程序 |

制器具有 G13 宏程序命令，例如，在 Yasnac 控制器中。开发的 FANUC 宏程序能够完全兼容 Yasnac 输入，如果设计良好，这种程序可在不同的控制器间有多个端口。

Yasnac 的 G12 循环和 G13 类似，只不过它是用于逆铣而不是顺铣。

为了更好地理解，我们来看一下加工圆柱型腔的两种最常见的方法，如图 21.1 所示。

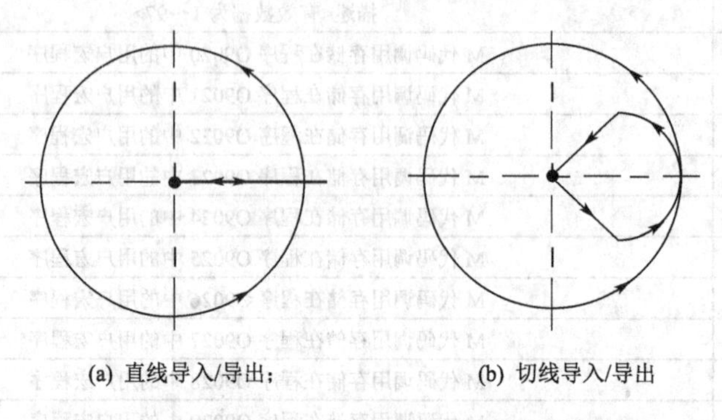


图 21.1　圆弧（圆柱型腔）切削的典型刀具路径

在图 21.1（a）中，切削路径如粗实线所示，是很简单的。但是加工表面上会出现加工痕迹，因此这种方法仅适用于表面粗糙度和所有尺寸要求不是太精确的情况。图 21.1（b）所示的第二种方法较为精确。但是，由于其需要额外的计算从而降低了编程速度。这两种情况下，刀具从圆柱型腔的圆心处开始切入，而后在加工圆弧轮廓前进行直线运动，最后又回到圆心处。这种刀具路径对保证尺寸精度和公差是非常重要的，而且刀具半径偏置必须有效，也必须仅用于直线运动。CNC 操作员把刀具半径存储在适当的偏置寄存器中，宏程序将完成其余的部分，即不包含 G41 刀具半径偏置命令的所有部分。

用作循环的宏程序没有必要进行直线导入和导出，将仅仅使用三种主要的运动（见图 21.2）。

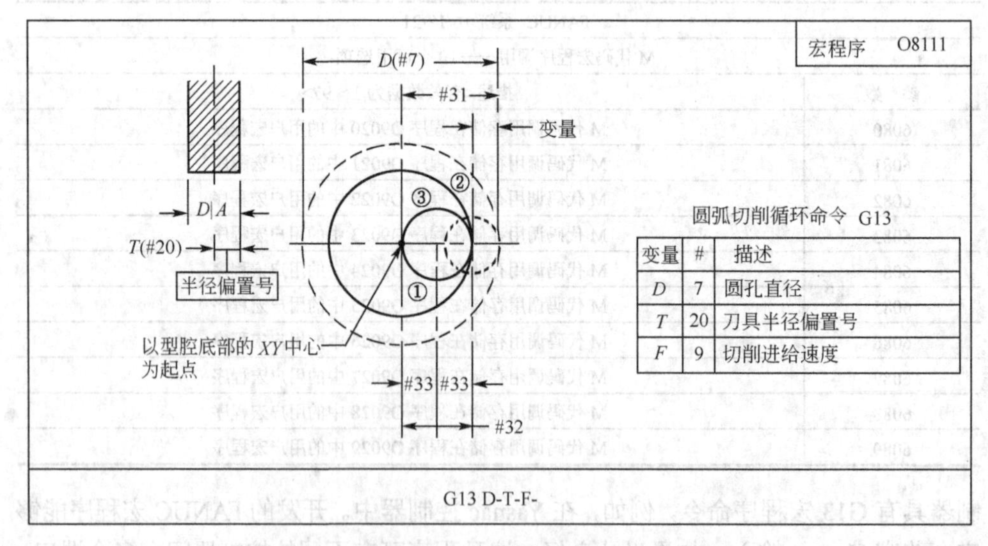


| 变量 | # | 描述 |
|---|---|---|
| D | 7 | 圆孔直径 |
| T | 20 | 刀具半径偏置号 |
| F | 9 | 切削进给速度 |

图 21.2　G13 圆弧切削宏程序循环（顺铣模式）

- □ 从圆柱型腔中心导入圆弧　　图 21.2 中第①步
- □ 整圆加工　　图 21.2 中第②步
- □ 到圆柱型腔中心导出圆弧　　图 21.2 中第③步

既然宏程序可以从控制寄存器中直接读取半径偏置值，那么我们就不必把 G41 命令用于刀具半径偏置。实际上，G41 程序经常会出现错误。不使用 G41 命令，仅能对圆弧进行编程，而没有直线导入和导出刀具运动。图 21.2 中也给出宏程序中所用的 3 个变量赋值。

在宏程序中只要求 3 个变量赋值：

- □ 型腔大小——通常在图纸中以直径给出　　变量 D（#7）
- □ 存储刀具半径的偏置号　　变量 T（#20）
- □ 切削进给速度　　变量 F（#9）

尽管有些宏程序需要我们提供半径输入而不是直径，但是我们最好还是选用直径输入，由于圆弧或孔都是采用直径标注。当我们需要半径值时，只需取给定直径的一半即可。

对多数加工应用来讲，宏程序（G13 循环）中嵌入的顺铣模式是金属切削常用的方式。然而，宏程序并不适用于逆铣模式的加工，还需要改进。此外，其他的宏程序（G12 循环）也存在同样的问题。除将顺铣模式的加工顺序 1-2-3 改为逆铣模式下的 3-2-1 外（同时，G03 改为 G02），两个宏程序（循环）是一样的。在本章我们将一一介绍。

（1）普通的宏程序调用　从前面的宏程序中，可以发现在编号中是有一定顺序的，包括第 20 章的程序，这是第 11 个宏程序实例，因此顺序号为 O8111。如果存储的宏程序以普通方式调用，那么任何其他宏程序也是以这种方式调用，必须首先指定程序号。例如，如果宏程序的程序号为 O8111，那么宏程序将以简单的 G65 语句调用：

**G65 P8111 D60.0 T56 F200.0**

其中

D=（#7）　圆柱型腔直径
T=（#20）　刀具半径偏置号，不要用 T 输入实际的刀具半径值
F=（#7）　圆弧加工的切削进给速度

这是普通的宏程序，程序号为多少并不重要，只要它符合标准的习惯就可以了。

（2）特殊循环宏程序调用　这类加工具有固定循环所具备的所有特征，毕竟，这是真正意义上的固定循环。为了使 CNC 编程员和操作员对循环形式一目了然，必须要求循环所见即所得，这意味着需要采用 G 代码。到目前为止，用 G65 宏程序调用语句还不能实现其功能，为使宏程序转换为真正的固定循环，我们需要在两方面进行设置：

- □ 从控制系统规定的固定范围内指定宏程序号；
- □ 把选择的G代码（或M代码）存储为参数设置。

在本章前面所列的几个表中，无论是什么控制系统，使用G代码作为循环调用的宏程序号仅有10个，并且，宏程序必须存储在O9010—O9019的程序号范围内，这个范围对所有的控制系统都是常见的（相似的范围也适用于M功能）。为逻辑联系和实际方便，新的宏程序将命名为O9013。当然这种改变将影响G65宏程序调用，除此之外没有别的影响：

**G65　P9013　D60.0　T56　F200.0**

到目前为止，这种改变仅是表面的，更重要和关键的一步是将选定的G代码注册到控制系统参数中。如在循环命令中选定了G13，那么数字13必须存储到和调用程序相关的参数中，即O 9013。

下面我们给出了三个不同控制系统中的参数设置，并以前面提到的例子（G13存储为O9013）来作说明（见表21.3）。

**表21.3　三个不同控制系统中的参数设置**

| FANUC 控制系统 | 参数号 |
|---|---|
| FANUC 0 | 0223 |
| FANUC10/11/15 | 7053 |
| FANUC16/18/21 | 6053 |

只有在所有设置完成后，我们才可以调用新的宏程序来实现真正的循环。下面是G13循环的例子，看起来和其他的FANUC循环十分相似：

**G13 D60.0 T56 F200.0**

变量赋值没有发生变化，只是调用方式不同。除了G65、G66和G67外，G代码可以在1~255范围内选取。另外，M代码同样可以按照表21.3中的数据进行设置。

通过旁边的注释，我们可以很容易地理解圆柱型腔加工宏程序命令循环，然而，变量#32的定义却有些不同寻常，我们要解释一下。通过对宏程序的研究，我们就可以揭开#32神秘的面纱。

```
O9013 （G13 圆孔铣削循环——顺铣）
#31 = ABS [#7] / 2             圆弧半径（保证为正值）
#11 = #4001                    存储01组中的当前G代码（运动命令）
#13 = #4003                    存储03组中的当前G代码（绝对/增量）
#32 = #31- # [2000+#20]        实际切削的圆弧半径——参见解释
IF [#32 LE 0]  GOTO998         如果半径偏置过大，发出错误信息
#33 = #32/2                    计算导入/导出半径
G91 G03 X#32 I#33 J0 F#9       导入圆弧刀具路径——步骤1 或R#33代替I/J
I- #32                         整圆刀具路径——步骤2   R不能用于360°
X - #32 I-#33 J0               导出圆弧刀具路径——步骤3 或R#33代替I/J
G # 11 G#13                    恢复组1和组3 的原始G代码
GOTO999                        旁路错误信息
```

```
N998 #3000 = 13 （偏置过大）  报警条件——指实际偏置值设置
N999 M99                       宏程序结束
%
```

对逆铣，可通过做些小的改动来开发 G12 循环：

```
O9012 （G12 圆孔铣削循环——逆铣）
#31 = ABS [#7] / 2              圆弧半径（保证为正值）
#11 = #4001                     存储 01 组中的当前 G 代码（运动命令）
#13 = #4003                     存储 03 组中的当前 G 代码（绝对/增量）
#32 = #31- # [2000+#20]         实际切削的圆弧半径——参见解释
IF [#32 LE 0]  GOTO998          如果半径偏置过大，发出错误信息
#33 = #32/2                     计算导入/导出半径
G91 G02 X#32 I#33 J0 F#9        导入圆弧刀具路径——步骤 3  或 R#33 代替 I/J
I- #32                          整圆刀具路径——步骤 2      R 不能用于 360°
X - #32 I-#33 J0                导出圆弧刀具路径——步骤 1  或 R#33 代替 I/J
G # 11 G#13                     恢复组 1 和组 3 的原始 G 代码
GOTO999                         旁路错误信息
N998  #3000=12（偏置过多）      报警条件，指实际偏置值设置
N999  M99                       宏程序结束
%
```

（3）偏置的详细介绍　某些编程员可能会发现不使用刀具半径偏置 G41，我们就不能高精度地加工圆孔直径。结果当然不是。在机床上，CNC 操作员可以像在其他程序中一样设置精确的偏置。下面介绍一下做法，在不使用 G41 命令时，要通过两方面来设置偏置。

- G13 调用中的 T（#20）变量是指存储刀具半径的偏置号；
- 变量#32 在宏程序中的定义是为了取出实际存储的偏置量。

在例子中，变量#20（T）赋值 56（刀具长度和半径存储在一个寄存器中）。加工直径为 60mm 的圆孔，刀具应该大于 60/3（以方便清根），比如我们选用$\phi$22。如果圆孔和刀具半径差得太多，孔底面可能会清理不干净。在安装过程中的理想条件下，CNC 操作员输入刀具半径（11mm），存储到偏置号为 56 的单元中（假定系统参数设为半径输入），作为半径偏置量。到目前为止，还没有新的内容。

问题是 FANUC 处理这类信息的方式和不同的控制模式有关，幸运的是，至少在这种情况下，由于 FANUC 10/11/15/16/18/21 控制器（由于 FANUC 0 的应用有限，除外）都应用同样的方式，所以控制器模式号不太重要。问题的解决办法基于下面的两个重要特征。

- 刀具偏置存储类型　　有三组——A、B 和 C
- 可用的偏置号　　分两组——200 和 200 以下的，200 以上的

在第 11 章中已经讲述过两组刀具偏置变量，在这一章，将重点集中在半径偏

置量的设定，具体见表 21.4 和表 21.5。

表 21.4 200 和 200 以下的偏置

| 偏置号 | 存储器 A | 存储器 B | | 存储器 C | |
|---|---|---|---|---|---|
| | 几何/磨损 | 几何 | 磨损 | 几何-D | 磨损-D |
| 1 | #2001 | #2001 | #2201 | #2401 | #2601 |
| 2 | #2002 | #2002 | #2202 | #2402 | #2602 |
| 3 | #2003 | #2003 | #2203 | #2403 | #2603 |
| 4 | #2004 | #2004 | #2204 | #2404 | #2604 |
| 5 | #2005 | #2005 | #2205 | #2405 | #2605 |
| 6 | #2006 | #2006 | #2206 | #2406 | #2606 |
| …… | …… | …… | …… | …… | …… |
| …… | …… | …… | …… | …… | …… |
| 200 | #2200 | #2200 | #2400 | #2600 | #2800 |

表 21.5 200 以上的偏置

| 偏置号 | 存储器 A | 存储器 B | | 存储器 C | |
|---|---|---|---|---|---|
| | 几何/磨损 | 几何 | 磨损 | 几何-D | 磨损-D |
| 1 | #10001 | #10001 | #11001 | #12001 | #13001 |
| 2 | #10002 | #10002 | #11002 | #12002 | #13002 |
| 3 | #10003 | #10003 | #11003 | #12003 | #13003 |
| 4 | #10004 | #10004 | #11004 | #12004 | #13004 |
| 5 | #10005 | #10005 | #11005 | #12005 | #13005 |
| 6 | #10006 | #10006 | #11006 | #12006 | #13006 |
| …… | …… | …… | …… | …… | …… |
| …… | …… | …… | …… | …… | …… |
| 999 | #10999 | #10999 | #11999 | #12999 | #13999 |

在表 21.4 和表 21.5 中，我们可以清楚地看到变量#32 的定义随着偏置存储类型和偏置号的变化而变化。实际上，变量#32 的输入仅仅对存储类型 A 和 200 以下的偏置量有效：

**#32 = #31-# [2000+#20]** 共用一个偏置寄存器

例如，#32 的返回值可以这样计算：

**#32=30.0-#[2000+3]=30.0-#2003=30.0-11.0=19.0**

通过理解 FANUC 系统计算过程，我们可以触类旁通，即使较为烦琐的宏程序结构也可以很快地掌握。像上面一样，我们可以对类似的例子采用同样的设置方法，但它只能用于 C 类偏移存储器和 200 以上的偏置量情况，注意必须考虑几何偏置和磨损偏置：

**#32 = #31-[# [12000+#20]+#[13000+#20]]**

由于 C 类偏移存储器在现代高端控制系统中是很常见的，但典型可用的偏置号在 200 以下。我们再来看看实际偏移量在 200 及以下的 C 类偏置存储器的例子，注意要考虑几何偏置和磨损偏置，但采用不同的变量号。

**#32 = #31-[# [2400+#20]+#[2600+#20]]**

在上面的例子中我们分析了几个典型的宏程序应用的例子，每一个都有不同的侧重点。尽管现在采用了特殊的编程技术，但是我们介绍的方法对许多类似的应用还是有效的，特别是对那些用不同的方法来作刀具偏置的情况。

（4）沉头孔加工应用　对预先钻过的孔使用立铣刀加工沉头孔时，使用 G13 循环是比较理想的。图 21.3 下面的程序使用了前面存储的圆弧切削宏程序 G13。

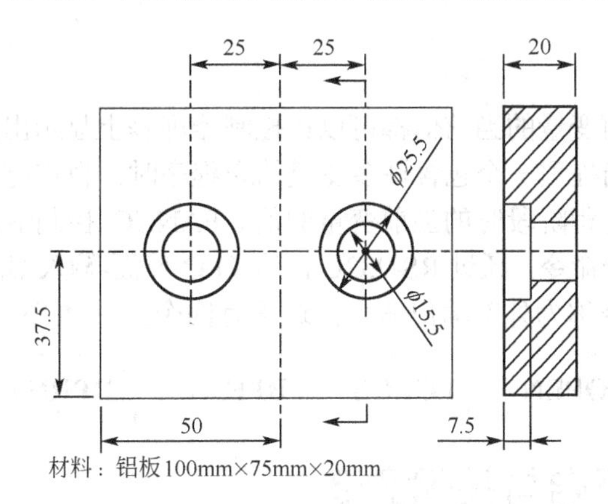


图 21.3　圆弧切削宏程序命令（特殊循环 G13）的图例

```
O0031
N1   G21
(零件原点 =零件顶面的左下角)
<点钻和钻孔加工 >
N31   T03                                   T03=10mm 立铣刀
N32   M06                                   换刀
N33   G90 G54 G00 X25.0 Y37.5 S750 M03      左面沉头孔位置
N34   G43 Z2.0 H03 M08                      零件上方的间隙
N35   G01 Z-7.5   F250.0                    进给到沉头孔的深度
N36   G13 D25.5 T53 F180.0                  作为循环的宏程序调用
N37   G00 Z2.0                              零件上方的间隙
N38   X75.0                                 右面沉头孔位置
N39   G01 Z-7.5 F250.0                      进给到沉头孔的深度
N40   G13 D25.5 T53 F180.0                  作为循环的宏程序调用
N41   G28 Z2.0 M09                          返回机床零点
N42 M30                                     程序结束
%
```

既然偏置存储类型 A 的选择是宏程序的一部分，那么存储的半径偏置必须有别于刀具长度偏置。50 的差别在例子中为 H01+50=>D51。

# 第22章 外部输出

一般来讲，任何变量的当前值都可以在控制器屏幕上显示出来。通常来说，这是不够的。例如，当处理一个包含许多变量的宏程序时，也许有必要查看在宏程序中不同位置，不同进程阶段时的当前变量的值。FANUC 控制器提供了可输出变量值和各种字符的几个命令，通过 RS-232C 接口（I/O 界面-输入/输出）输出到不同的外部设备。这些命令称为外部输出命令，这里有四个：

**POPEN　　PCLOS　　BPRNT　　DPRNT**

## 22.1 端口开启与关闭命令

为了在两台基于通信设备的计算机之间传输数据，这些设备必须被设置成某一匹配的模式来允许数据的传输。当从一个 FANUC 控制系统传输数据时，输出端口必须进行初始化，这意味着这个端口必须被设置成开启模式。一旦数据传输完毕，控制端口必须关闭——设置成关闭状态。在接收端，设备必须设置成接收数据状态。在设备间使用的通信术语是读与写，读卡机与打孔机，上传与下载，输入与输出，开与关等。

POPEN 命令（端口开）提供了与外部 I/O 设备（I/O 单元）之间建立连接。在这类设备中两个典型的单元是指纸带穿孔机/读卡机单元与个人计算机。变量数据可以存储在穿孔纸带上（比较老的方法）或者以文本文件存储在计算机硬盘上（现在的方法）。在用户宏程序中，POPEN 命令必须总在开始时设定，在数据传输之前设定好，FANUC 控制器输出 DC2 控制代码。可以把 POPEN 看作“连接”命令。

PCLOS 命令（端口关）提供了与外部 I/O 设备（I/O 单元）之间取消连接。当所有的数据传输完毕，数据传输通道必须用 PCLOS 命令来关闭。FANUC 控制器输出 DC4 控制代码。可以把 PCLOS 看作“取消连接”命令，如果没有有效的 POPEN 命令，PCLOS 命令不会被编译。

*在宏程序开头含有 POPEN 命令必然在结尾含有 PCLOS 命令*

## 22.2 数据输出功能

*BPRNT 与 DPRNT 功能必须在 POPEN 与 PCLOS 功能之间使用*

BPRNT 与 DPRNT 功能常以两种不同的形式来执行实际的数据传输：

□ BPRNT ……以位为单位输出，仅对数据有效

□ DPRNT ……以纯文本格式输出，数据或文本（ISO 或 ASCII 文本）

在实际中，绝大多数对外部设备的输出都是以 DPRNT 文本格式，部分是输出小数位。文本格式输出容易阅读与翻译。既可以作为拷贝打印又可以在计算机显示器上显示出来。

每种格式都有一些特点，其描述如下：

□ 输出一个或多个字符，通常是标题和相似的符号；

□ 要打印的变量号；

□ 小数位控制。

在每个命令格式中有很少却很重要的区别。

（1）BPRNT 功能描述 BPRNT 的功能是输出二进制格式，其编程格式如图 22.1 所示。

在 BPRNT 功能中，字符可以是大写的英文字母（A～Z），0～9 的所有数字，以及一些特殊的字符（+–*/……）。*以空格输出。程序段结束字符（EOB）根据设定的 ISO 代码输出。在老式 FANUC 6 系统模式中空变量不能被输出（在这种情况下将会产生#114 报警），但是在 FANUC 10/11/15/16/18/21 控制器中会输出 0。所有的变量以小数格式存储，并且小数点后的位数必须在变量号后面的方括号中给出（参见图 22.1 中的条目 c）。

（2）DPRNT 功能描述 DPRNT 的功能是输出纯文本格式，编程格式如图 22.2 所示。

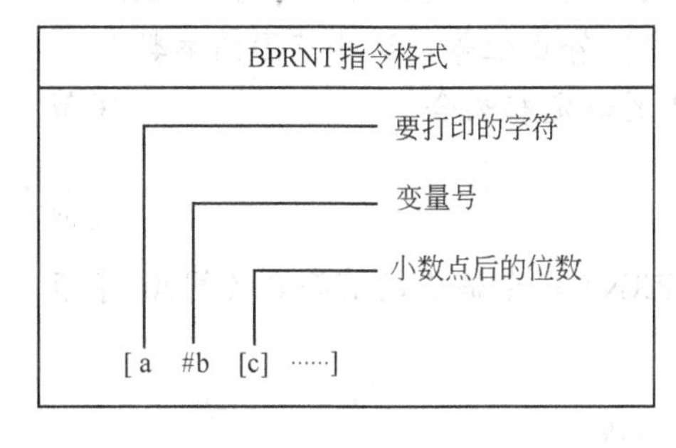


图 22.1 BPRNT 命令格式

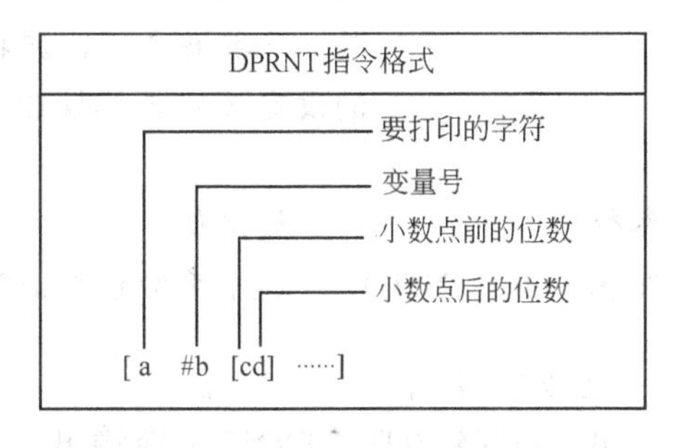


图 22.2 DPRNT 命令格式

在 DPRNT 功能中，字符可以是大写的英文字母（A～Z），0～9 的所有数字，以及一些特殊的字符（+–*/……）。*以空格输出。程序段结束字符（EOB）根据设定的 ISO 代码输出。在老式 FANUC 6 系列中空变量不能被输出（将会产生#114 报警），但是在 FANUC10/11/15/16/18/21 系列中会输出 0。既然输出格式取决于一些系统参数的设置，那么我们就可以查看相关参数的设定。在不同的控制系统中有一些差异。

## 22.3 参数设置——FANUC 10/11/12/15

为了使数据传输正确工作，一些相关的系统参数必须按要求进行设置，下面的参数是为FANUC10/11/12/15控制系统设定的：

| 参数号 | 设定值 | 类型 |
|---|---|---|
| 0021 | 为显示输出外部设备的接口号 | 字节 |

这里设定值可以是：

1：穿孔机与BASE0的CD4A相连接（RS-232C接口1）

2：穿孔机与BASE0的CD4B相连接（RS-232C接口2）

3：穿孔机与串口的CD4相连接（RS-232C接口3）

4：DNC1

13：穿孔机与串口的CD3相连接（RS-222接口）

15：MMC DNC操作界面

16：MMC上传/下载界面

**注意穿孔机可以是任何外部的RS-232设备。**

在控制操作中，当需要设置参数时要按下RESET键。通常，选择合适的“穿孔机与……相连”设定取决于通信设备的配置。实际信息可能不同。

| 参数号 | 设定值 | 类型 |
|---|---|---|
| 5001－5162 | 这一系列参数控制外部接口的不同设置，例如：I/O设备号（一共6个），波特率，停止位等，这些范围内参数的设定必须与参数0021的设定相吻合 | 字节 |

| 参数号 | 设定值 | 类型 |
|---|---|---|
| 7000-位#7（PRT） | 这个参数控制由DPRNT命令输出的前导0的间隔 | 字节 |

这里位#7为

0：当读到0时DPRNT命令输出一个空格

1：当读到0时DPRNT命令不输出

DPRNT功能常常需要说明数字的两个位数（图22.2中的条目c与条目d）——小数点前（变量的整数部分位数）与小数点后（变量的小数部分位数）。

**公制与英制格式**

在典型的CNC应用中，公制格式（G21）取小数点前面5位，小数点后面3位（总共8位）。因为小数点在这个格式里是固定的，常常以5.3或[53]格式表示。当使用英制测量单位时（G20），英制格式是取小数点前4位与小数点后4位（也是总共 8 位），小数点在这个格式里也是固定的，常常以 4.4 或[44] 格式表示。这两个命令适用于所有的控制器。例如，如果在宏程序中局部变量#100 的值为 123.45678 单位（公制或英制），并且 DPRNT 命令表示为：

DPRNT[X 值***#100[53]]　　　……每个*输出一个空格

……输出值取决于参数设定值（对不同的控制器有所不同），如下例：

X 值　123457　　　……如果参数#7000 设置为 0

X 值　123.457　　　……如果参数#7000 设置为 1

| 变量必须是不超过 8 位的数值 |
|---|

有必要对输出格式进行试验，与自己的喜好相匹配。

## 22.4 参数设置——FANUC 16/18/21

为了使数据传输正确工作，一些相关的系统参数必须按要求进行设置，下面的参数是为 FANUC16/18/21 设定的：

| 参数号 | 设定值 | 类型 |
|---|---|---|
| 0020 | I/O 通道：选择输入/输出设备 | 字节 |

这里设定值可以是

0：选择与通道 1 相连的设备（JD5A 连接在主板上）

1：选择与通道 1 相连的设备（JD5A 连接在主板上）

2：选择与通道 2 相连的设备（JD5B 连接在主板上）

3：选择与通道 3 相连的设备（主板连接选项 1）

选择合适的设备设定，取决于特定通信设备的配置，I/O 通道的设定在下列参数范围内：

| 参数号 | 设定值 | 类型 |
|---|---|---|
| 0100—0149 | 这 150 个参数控制着外部接口的不同设置，例如：I/O 设备号（一共 3 个），波特率，停止位等，这些范围内参数的设定必须与参数 0020 的设定相吻合 | 位与字节 |

读卡机/穿孔机接口由下面的参数设定：

| I/O 通道 | 使用的参数 | 类　型 |
|---|---|---|
| 0 | #101，#102,#103 | 位与字节 |
| 1 | #111，#112,#113 | |
| 2 | #112，#122,#123 | |

**注意：**FANUC 磁带或软盘不能作为穿孔机的输出。

最后一个参数设定用来控制前导 0：

| 参数号 | 设定值 | 类型 |
| --- | --- | --- |
| 6001-位#1（PRT） | 这个参数控制 DPRNT 命令输出的前导 0 的间隔 | 位 |

这里位#1 为

0：当读到 0 时 DPRNT 命令输出一个空格

1：当读到 0 时 DPRNT 命令不输出

如前所述，DPRNT 命令常常需要指定数字的两个位数（例子中的条目 c 与 d）——小数点前(变量的整数位数)与小数点后（小数位个数）。例如，如果变量#100 里的值为 123.45678，并且 DPRNT 命令是：

DPRNT[X 值***#100[53]]

输出值取决于参数设定值（对不同的控制器有所变动），如下例：

X 值　123457　　　　……如果参数#6001 设置为 0

X 值　123.457　　　　……如果参数#6001 设置为 1

| 变量必须是不超过 8 位的数值 |
| --- |

## 22.5 外部输出函数结构

尽管在使用 BPRNT 与 DPRNT 前需要 POPEN 函数，但却没有必要在数据传输完毕后就立即关上接收设备。如果需要进行另外一个数据传送，就只需调用另外一个 BPRNT 或 DPRNT 命令。PCLOS 函数只需在所有的数据传输完毕后加上即可。以下两个宏程序结构都是允许的，但第二个方法应作为首选：

| 宏程序结构——版本 1 |
| --- |

```
POPEN
……
BPRNTor DPRNT          ……附加变量描述
……
PCLOS
……
POPEN
……
BPRNTor DPRNT          ……附加变量描述
……
PCLOS
……
```

宏程序结构——版本 2

```
POPEN
……
BPRNTor DPRNT          ……附加变量描述
……
BPRNTor DPRNT          ……附加变量描述
……
PCLOS
……
```

（1）输出实例　下面这个宏程序例子从 100～149 单元下载变量的当前值到外部设备，例如计算机磁盘文件（以文本格式）：

◆ 宏程序调用：

```
G65 P8200 I100 J149                    宏程序调用例子——声明变量范围
```

◆ 宏程序定义：

```
O8200（设置变量输出）
POPEN                                  初始化当前通信端口
#1 = 0                                 复位变量计数器
WHILE [#1 LE [#5-#4]] DO1              限制循环在选定的变量范围内
#2 = #[#4+[#1]]                        当前变量号——作为一个变量
#3 = #4+#1                             当前变量号——作为一个变量号（没有#号）
DPRNT [VAR #3[5] ***DATA #2[57]]       输出格式包括文本，变量 ID 与数值
#1 =#1+1                               变量计数器加 1
END1                                   循环结束
PCLOS                                  关闭当前通信端口
M99                                    结束——如果作为主程序应用可以是 M30
%
```

事实上，所有存储在控制系统里的数据都可以拷贝输出或在显示器上显示。使用 DPRNT 函数的宏程序在保存记录、创建程序流程日志、调试有问题的宏程序等许多其他的应用上都很有用。一些常见的例子在下面的章节中将会给出。

（2）空行输出　DPRNT 函数的主要功能是提供一种输出格式。如果有必要用 DPRNT 函数输出一些空行，宏程序就会调用 DPRNT 函数但不带任何自变量，这就意味着 DPRNT 函数后面将使用空的方括号：

```
DPRNT[]          输出空行
```

多个连续的空行可在下面的程序段中重复调用 DPRNT[]实现，或者使用单个空行输出的宏程序段的循环实现。

（3）列格式　如果输出的数据排成一列，例如，一系列数据，打印成列会容易

读取。宏程序没有输出特殊字体的特点，但是在组成文本段落时可以选择合适的字体。适合输出列的为等宽字体，如 Courier™、Lucida™ 和一些其他的字体。

## 22.6 DPRNT 实例

在下一个例子中，将用 DPRNT 函数来输出常用的三种格式：

日期：

**DPRNT[输出*日期：**#3011[80]]**　　将输出　输出 日期：　**20051207**

时间：

**DPRNT[输出*时间：**#3011[80]]**　　将输出　输出 时间：　**162344**

工件偏置：

**DPRNT[G54***X**#5221[33] ***Y**#5222[33] ***Z**#5223[33]]**

这条命令将会输出 G54 XYZ 的设定值，数值格式为小数点前三位与小数点后三位。注意加入空格是为了提高可读性（推荐使用等宽字体）：

G54　X　–564.381　　Y　–412.758　　Z　000.000

许多其他的应用可以加入到这些例子中来，例如，循环时间的计算、要加工的工件数、总的加工时间等。

# 第23章 测量中宏程序的使用

当今的 CNC 技术，许多加工特征已经由零件程序或专门的宏程序来控制。在典型的CNC编程中除了自动生成刀具路径外，还使用自动换刀装置(ATC)、自动托盘交换装置（APC）、冷却功能、主轴转速功能等，这些是十分常见的。利用宏程序，机床和相应的控制特征就有可能前进一大步并且实现整个制造过程的自动化，特别是对于不同的尺寸测量。在这样的制造过程中，重要工件特征的公差是十分重要的。各种深度、宽度、直径、厚度、距离和其他各种各样的工程要求肯定是越简单越精确越好。利用宏程序，这些过程能够自动实现并可以得到高质量的加工结果，而在零件生产过程中却很少需要或不需要人的参与。

这个方法最重要的一点就是直接在 CNC 机床上进行多种测量与检测。利用所谓的“检测”装置在加工前、加工过程中、加工后的操作才有可能进行，这种检测装置（常常是）由球形的精确测量仪组成，与控制系统电气相连并受宏程序控制。

检测技术的概念需要很扎实的检测技术背景知识，而检测技术不是编程过程中的内容，而是作为它的基础。在介绍检测宏程序之前，理解究竟什么是检测技术十分重要，并且要熟悉基本概念。在实际编写检测宏程序时，这些基本概念会使它变得容易些。

| 检测技术变化迅速——要常常核查最新的发展 |
| --- |

检测技术的概念最重要的部分是宏程序与检测装置之间的相互作用（以及它的许多行为）。CNC 系统，利用用户定制的宏程序，可以完全支持程序进程与加工过程之间的数据读写。外部 CMM 机床与这个主题联系很少。

## 23.1 什么是检测技术

在机床车间环境中，在测量三维物体（要加工的零件）的某种特征时，与同一对象相关的有两个重要的词，这两个词分别是检测（probing）与测量（gauging，也拼写为 gaging）。这两个词经常互换使用，而且都用于相似的加工活动。

典型的说，检测（probing）这个词用来描述带球形探头的测量装置在程序的控制下从物体的一端移动到另一端。另外一个词——测量（gauging）——用来描述所有其他类型的测量。

既然经常需要一些特殊的程序，这一章的重点就集中在检测领域。在加工车间的许多操作员对检测的概念比较熟悉，它是在加工过程之前或之后的一个组成部分。这种类型的检测常称为坐标测量，用来执行这个过程而专门设计的精确仪器称为坐标测量仪，也称为 CMM。CMM 方法仅测量存在的尺寸，并能记录和存储测量值，但却不能改变测量尺度。这类方法常常称为前处理或后处理方法。这里有一个程序用来运行 CMM 的状态，但与 CNC 和宏程序无关。

在 CNC 加工过程中应用检测方法有许多优点。在这个方法中，测量装置以刀具的形式安装在机床刀库中，占用一个特殊的刀具号。实际的测量过程由专门编写的宏程序来控制。这种方法的好处是当测量完成后，宏程序会对测量结果进行评估，当工件还在机床的加工范围之内就可以做出相应的改变。这是通过可用于各种 CNC 机床的三组偏置来实现的（参见第 11 章）。对工件偏置、长度偏置与半径偏置的彻底掌握对了解检测宏程序是如何执行测量并改变个别的偏置设置具有十分重要的意义。由于这种检测方法是在 CNC 机床加工过程中进行的，所以也称为“在线方法”或“在线测量”。不管使用哪一种叫法，这种测量方法是基于接触测量仪的应用，称为接触测量。理解测量原理与功能是十分有用的。

（1）接触测量　1973 年前后，研制出了第一个现代的测量仪，称为运动接触测量仪，这种测量仪是根据多向开关的原理来设计的。量仪的主要部分称为探头，这是一个精密的球形末端，球的直径经过修正并定位在臂的顶端。这种设计（连同其他的测量仪设计）的主要组件是弹簧式旋转探头，当它接触到测量点时产生偏转，偏转后返回到原来的起始位置。弹簧式旋转探头分别固定在三个支撑点上，这三个支撑点也是电子接触点。

在与被测量物体表面（或特征表面）接触的过程中，探头的中心偏离一个或两个支撑点，于是就建立电气连接，结果是触发信号被测量系统计录下来。测量技术最近几十年来得到了发展，也更加先进。和其他技术一样，也在不断的进步，对任何宏编程员来讲多了解新的进展是十分重要的。

（2）当今测量技术　运动接触测量原理今天仍在使用，最初的技术是基于在支撑点上的压力产生的触发效果。这种方法尽管十分精确，但是也有缺点，最大的缺点就是测量仪（杆）长度必须很短，因此很难测量到被测工件中难以接触的和比较深的区域。

新的技术称为活性硅变形测量技术，它不是在压力下产生触发效应，而是通过检测在高敏感探头与测量点之间的接触压力。因为用这种方法可以检测到很小的压力，所以在测量杆较长的时候也可以保证其精确度。此外的改进包括测量较为复杂的三维表面时的高精度，较高的可重复性以及测量仪的使用寿命。

（3）测量仪的校准　为了从测量仪上得到期望的高精度的读数，测量装置必须进行校准。当测量仪接触到被测表面的接触点时，就会产生一定的压力，引起弯曲变形，常常是很小的变形。这点轻微的移动是由弯曲（或探头变形）引起的，称为前向移动。对测量装置进行校准意味着对带有前向移动的最终测量读数进行补偿。

在某些方面，这个现象与 CNC 机床的反冲十分相似。在本章的后续部分，将会介绍基本的测量装置的校准例子。

这里有许多方法用来校准测量装置，最常见的一种是接触位于 CNC 机床上的特殊的精确标尺（有时称为人工尺）。在校准时，探头的有效尺寸就会确定下来（与它的实际大小相比较）。同样在校准的过程中，在所有的要测量的方向上进行探头的校准也是十分重要的。注意前向移动的方向对最终测量结果的精度是至关重要的。

校准不仅对新的探头是必要的，对于其他的例子也是如此。下面的列表会给出一些有用的帮助，在以下时候需要对探头进行校准：

- 当安装新的探头或测量仪时；
- 使用探头开始新的加工任务时；
- 当探头或测量仪被替换或维修后时；
- 当环境温度改变剧烈时；
- 当测量进给速度改变时；
- 当测量值偏离期望值产生重复偏差时。

其他方面的因素也可能会对测量产生影响。

（4）进给速度与测量精度　注意上面涉及进给速度方面的有关内容。所有测量应该在所有的方向上以相同的进给速度完成。一些编程员在宏程序中更喜欢使用“硬命令”来控制进给速度，另外一些编程员则使用变量来达到相同的目的。不管使用哪一种方法，如果进给速度改变了，校准过程就要重新进行一次。

在 CNC 控制面板上同样有一个十分常用的方法可使得进给速度倍率失效，这样进给速度就会百分之百保证在程序给定值。为使进给速度倍率在宏程序中失效，可使用系统变量#3004=2（进给速度倍率失效）或#3004=3（进给保持与进给速度倍率失效）。其他的变量也可以实现。确保在宏程序末尾加上语句#3004=0，作用是在不需要的时候来取消限制。

## 23.2 CNC 机床上的测量装置

任何机床车间在加工循环中可通过测量零件获益。测量元件安装在刀具库中，与其他刀具一样，拥有自己的编号与设定的偏置量。与刀具主要的不同是使用时测量仪在主轴上不需旋转。在线测量与控制加工的宏程序紧密相关，在控制系统中测量并调整偏置量。分支、条件检测、循环、不同变量的使用以及控制特性等宏程序特征，在对各种测量仪编程时都十分重要。

在加工循环中测量各种零件特征有许多优点，它们都是与提高生产率和整体精度相关的。最重要的优点可总结如下几条：

- 零件位置，长度，使用的刀具直径可以自动测量；
- 所有的三个偏置组可以在加工过程中单独或集中进行自动计算并且可在需要时进行校正；

□ 减少机床空闲时间——零件安装大大简化——没有必要在精确安装工件上花费时间，零件相对于机床轴或夹具基准的实际位置和排列可通过数学方式校正，而不是靠物理方式定位；

□ 减少废料的产生率——因为实际加工尺寸是由宏程序和测量循环来控制的，所以任何需要的偏置校正都是自动完成的；

□ 对第一次加工后的零件检查无须从工作区移走；

□ 可以检测出破损刀具，由宏程序做出适当的后续反应；

□ 前期在技术上的投入（设备与技术）比其他方法更为快捷；

□ CNC 操作员信心增加，可实现无人化加工。

## 23.3 探针的类型

不同的制造厂家提供了许多不同型号的探针。在选择探针的时候，最主要的问题当然是它的精确度。但是，探针精确度通常不是问题，这就意味着用户在选择探针时还要考虑其他附加特征。在本章里，理解探针本身是不可测量的，这一点十分重要，因此探针精确度问题是纯学术问题。

探针可以由重复试验来评估，这会影响到测量系统的精确度。根据精确度来说，最重要的方面是整个系统的精确度，是对所有零件而不是单个组件而言。如今在选择测量装置时，最重要的特征就是探针的用途——是现在使用还是以后使用。

在接触式测量方法中，探针的型号通常由工件特征决定。很显然，探针必须适合测量范围。这就意味着一个小直径的探针将能检测到工件的许多表面，例如裂缝与一些小的开口。大型号的探针常常是构造笨重装置的一部分，且系统精确度较低。

## 23.4 探针选择标准

并不是所有的探针都是相同的——为 CNC 在线加工选择测量探针时，这里有几点需要注意。与探针选择相关的注意事项列出如下几组：

□ 待加工工件　　　　……它的大小与形状

□ 控制系统的能力　　……标准与可选特征

□ 期望公差　　　　　……工程数据——是否可行？

□ 附加与可选特征　　……长期看来可能有益

□ 相关费用　　　　　……初始花费与过程消耗

（1）待加工工件　毫无疑问，工件性质决定使用什么样的探针，毫无疑问工作性质将决定使用什么样的探针。工件特性对不同的加工可能需要不同的探针。尽管大多数探针替换起来相对简单，但检测系统必须适用所有的类型。这意味着要考虑下一步的工件设计，并能根据现在和未来的检测系统的需要来建立。

重点考虑的范围还应该包括工件的实际大小，几何复杂度（大体形状），要测量的工件特征（关键特征），实际的探针尺寸（小或大）以及它的精度。如果需要长杆，还要考虑与被测表面垂直的定位能力。

还有一些和工件相关的其他因素，比如材料，被测表面的厚度。一些软的材料，比如塑料，可能由测量装置引起偏移或变形，因此必须使用其他的技术。在这种类型中绝大多数使用的是非接触式探针，可由多数探针生产厂商提供。常常安装双探针（一个测量头有两个探针，有时称为扩音器式探针），一个是接触式探针，另外一个是非接触式探针。一些测量头可以配备两种型号，可以手动或自动更换。自动更换探针尤其对大批量生产很有吸引力（例如在汽车制造业中）。

（2）控制系统的能力　当测量装置在 CNC 机床上应用时，整个系统的能力是一个重要的条件。典型的，最常见的错误是在购买时不能设置未来的需求。许多探针制造厂家提供更新的产品，但是数年后这种兼容性有可能消失。也许很难——甚至不可能——在一段时间后将简单的装置升级至更复杂的装置。

同样重要考虑的是 CNC 机床的特殊性。如今小型零件的加工也许没什么问题，但将来的大型零件未必适合今天的想法。

（3）期望公差　设计工程师将公差放在至关重要的尺寸位置。简单提示一下，尺寸公差就是偏离工程图指定的标准尺寸的许可范围。在测量中，特别是在选择探针的过程中，意识到严格的公差（指在一个很小的允许偏离范围内）会使加工过程在所有方面花费更加大的代价是十分重要的。但是如果工程对公差要求严格，这些花费就会得到认可与执行。对要求严格的公差，探针要按照最初的想法来进行选择。严格的公差也同样需要更长的检测时间，因为需要接触更多的点来保证这个精确度。例如，在孔的直径公差要求比较严格时就需要测量多于标准的三点来测量直径。

（4）附加与可选特征　对不同的 CNC 测量装置来说，许多附加的特征都是可以使用的。一些最重要的特征就是探针的固定方位与在不同的方向上测量的能力。如果价格可以接受的话，附加灵活性也是受欢迎的。

（5）相关花费　这里有多种类型的探针可以使用，通常更高的价格意味着更复杂、更高级的测量装置——更好的装置。通常还要查看单元特征和可从制造商或卖主那里得到的售后服务。

## 23.5　CNC 机床测量技术

每一个安装在 CNC 机床上的探针必须能够与机床的控制系统相互通信。在 CNC 加工中心上，探针安装在与标准的刀具夹持器相似的夹持器中，也同样存储在刀具库中，当需要的时候，与其他刀具一样装配在主轴上。在 CNC 车床上，探针安装在刀具转塔内，同样占据一个位置。在两种情况下，探针的作用是接触要测量的工件的特征表面，进行检测并且将结果传递给控制系统。对于信号的传输，这里有三种方法可以使用：

◆ 光学信号传输；

◆ 感应信号传输；

◆ 无线信号传输。

在后来的发展中，尽管光学与感应测量方法如今应用得较多，但一种红外线信号传输的方法开始被多家制造商使用。

我们不考虑信号传输使用的是哪一种方法，传输系统主要有三个重要组件。

① 组件1　测量仪与测量模块，安装在一个杆上。光学与无线传输技术的工作原理相同，模块接收来自控制系统的信号，并传输从测量仪得到的信号，以及提供所需电压的内部电源的状态。测量仪与测量模块可以用于备用模式，也可以用于连续工作模式。如果设置成备用模式，单元作为一个接收器等待信号的输入。一旦接收到信号，备用模式将会自动转换成连续工作模式。一旦操作模式接收，从测量仪和电池来的信号会被传输到机床通信模块。

② 组件2　机床通信模块，与测量仪模块相连。电缆与其特殊的接线方式通过信号传输，将机床通信模块与机床接口单元相连。

③ 组件3　机床接口单元将把从测量仪接收到的信号转化为控制系统能够识别的信号。利用接口单元，一些指示灯还可以显示测量仪和电池的状态。

（1）光学信号传输　在光学信号传输中，红外线束用于传输接触时从测量仪收集到的信号到 CNC 系统。安装在测量仪上的发光二极管（LED）向调谐接收器发射信号。接收器可以在 10in（3m）外接收信号。传输光信号数据的电源是安装在测量装置里的一个小电池。光学信号传输系统的不足之处是需要在测量仪与 CNC 的控制系统之间有一个透明的光通道。如今大多数 CNC 加工中心都使用光学方法来传输数据。

（2）感应信号传输　在感应信号数据传输的领域里，被传输的信号使用的是在小的气隙中传播的电磁感应。气隙在两个感应模块之间，一个固定在测量装置上，而另外一个在 CNC 机床主轴上，两者都与 CNC 系统相连接。这种感应信号数据传输在 CNC 加工中心与 CNC 车床上也十分常见。感应信号数据传输最大的优点是维护方便，不需要电池。测量模块从机床模块获取能量并反馈不同的检测信号。

（3）无线信号传输　在无线信号传输中，测量装置产生一定频率的无线信号。无线信号数据传输使用的电源是一块安装在测量装置中的小电池。这种传输方法常常用于大型 CNC 机床。使用无线信号数据传输对外形较大的 CNC 机床十分实用，这是因为如果距离超出 10in（3m），光学系统就不会有效的工作。

使用无线传输系统的检测装置的工作原理是利用高频无线信号来传输数据。信号在测量装置与机床 CNC 系统之间传递。它的优点是不像其他的检测方法一样需要一个直接与透明的信号路径。

## 23.6 在线测量

本章已经好几次间接地提到了在线测量。以下的章节我们将重点并详细讨论这个话题。

对许多无人加工车间，例如：在 FMS（flexible manufacturing system，柔性制造系统）单元或者相似的制造单元，在程序中必须允许对安装在零件上的关键尺寸进行直接检查与调整，安装在夹具上更合适。当切削刀具磨损，或者其他原因，期望的尺寸可能会落入“公差带外”。使用检测装置和合适的宏程序，在线检测能够提供比较满意的解决方法。在线测量的 CNC 程序包含许多独一无二的特点——以参数的形式编写，十分依赖宏程序的使用，常常进行多级嵌套。

如果 CNC 加工车间使用在线测量，CNC 编程员可以安装并使用其他的控制选项。一些最典型的选项是测量软件、刀具寿命管理、宏程序、各种探头、刀具长度与刀具半径测量等。有些技术超出了标准的 CNC 编程，尽管两者之间关系密切。许多公司已经成功地应用 CNC 技术，并将会慎重研究这些选项，从而保证在各自领域中的竞争力。

按照要求精确加工第一个零件的想法，促进了在线检测技术的应用。在某些场合中，这种检测方法可以完全取代离线检测技术（CMM），或至少是它们的补充。在机床上完全使用在线检测技术，CMM 系统就会渐渐取消（至少在某种应用中），并且花费和离线检测的停工时间也可以减少。为使它在技术上更成功，这里有几点技术要求。

- 检测系统必须和其他的刀具一样用在刀具夹持器中；
- 检测系统是固定的（不是旋转的）并且常常锁定在某个方位上；
- 在控制系统中宏程序选项必须可以使用；
- 在检测装置与控制系统之间必须建立合适的接口；
- 必须编写特殊的宏程序来保持测量。

在经济方面，在线检测技术确实延长了整个循环时间，这常常引人瞩目。尽管不是一批零件中的每个零件都得到检测，但必须考虑平均循环时间。当刀具用作测量装置时，装置在不同的测量阶段必须经过鉴定与校准。对测量装置的校准是利用宏程序在校准标尺上完成的。校准的原理已经在前面讲述了。

许多 CNC 机床刀具按统一的设计是考虑到要在机床的加工空间内包括人工校准。工作空间定义为由 *X* 轴 *Y* 轴 *Z* 轴的最大行程组成的空间。如果只考虑两个轴，“工作空间”就会变成工作区域或工作面。

## 23.7 要测量的特征

在 CNC 机床上能够测量工件的哪些特征，这很大程度上取决于使用的测量仪的类型。在基本应用中，实际上每个测量仪能够测量一些工件或特殊工件内部的下列特征：

- 中心测量；
- 外部直径；

- 内部直径；
- 外部长度——宽度；
- 内部长度——宽度；
- 特征深度；
- 特征角度。

还可以测量工件的一些其他特征，有些特征要比另外一些更加常见。这组中最典型的一项包括了工件特征的位置，比如孔的中心位置、两点间的距离、直径等。因为典型工件特征通常由 *X* 轴和 *Y* 轴表示，这就意味着编写宏程序需要使用不同结果的组合并对这些结果进行数学计算。这些都在宏程序体中进行。在许多情况下，并不是直接返回测量值，而是对两个不同数值进行计算。如何计算取决于不同的应用。通常情况下，计算值可用来调整特殊的偏置设置。

这里有许多检测宏程序中可用的简单与复杂的检测方法，不管使用哪一种方法，其基本的原理总是一样的。在后面的几个例子中，利用不同的方法来检测相同的特征，并对这些典型的方法进行评估。被测量的物体以图形表示并给出被测物体的接触点。比如 P1，P2，P3，P4 等来表示探针在选择的轴线上与物体接触的位置。由 Cn 表示中心位置编号，字母 W 表示宽度或长度（任何一个都可以作为深度），字母 D 表示测量深度等。在许多检测的例子中，探针直径（常称为探头直径）必须为已知，但是在一些计算中，探针直径并不重要（任何合理的直径都可以使用）。许多计算经常要使用 ABS 宏程序函数，来保证返回值为正。在宏程序中，计算值的正负十分重要，必须正确使用。

（1）中心位置测量　测量平面和圆柱形物体的中心点的位置，例如平面侧壁、边、孔、杆、轴、槽，甚至圆锥与锥形等工件特征。如果需要的话，测量还包括圆柱校准装置。根据执行情况来看，中心位置测量也许是宏程序中最常见的测量操作。图 23.1 与图 23.2 给出了一些十分基本的测量多种中心位置的重要数学原理，特别适用于那些包含工件侧壁（外部或内部）的工件特征。

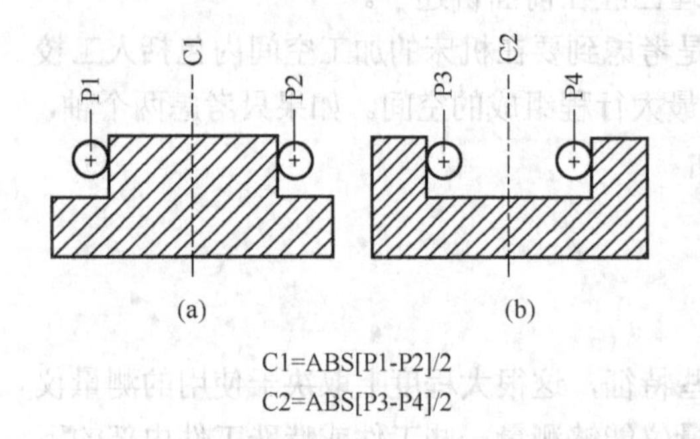


图 23.1　测量中心 C1 与 C2 在两个加工特征之间比如两个侧壁：C1 外壁，C2 内壁探针直径要求不严格，…图示为单轴测量

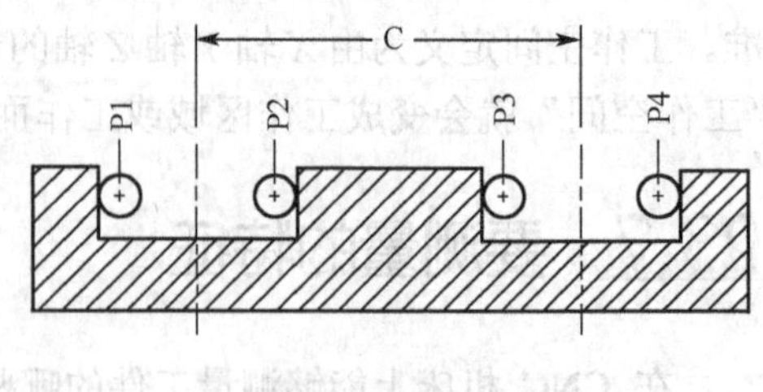


图 23.2　测量中心 C 在两个加工特征之间比如槽探针直径要求不严格，…图示为单轴测量

如图 23.1 所示，两个目标都与宏程序开发相关，一个目标是测量两个外部侧壁之间的宽度，如上例中图 23.1（a）中 C1 所示，另一个目标是测量两个内部侧壁之间的宽度，如上例中图 23.1（b）中 C2 所示，图 23.1 的例子给出了两个相互独立的工件并给出了两者的计算方法。注意，探针直径（探头直径）对测量结果并没有影响。

在寻找圆形物体的中心（半径或直径）时，相似方法也同样合理，而不管是测量外径还是内径。比如一个例子来寻找外径（比如杆、棒、栓等），另一个是内径（比如孔的直径），它们在宏程序里有着相同的数学公式来计算圆形物体的中心，而不管是测量外径还是内径。这个公式适用于任何单轴的情况。

图 23.3 与图 23.4 所示为与工件外径或内径相关的特征在测量中心位置时的数学原理。

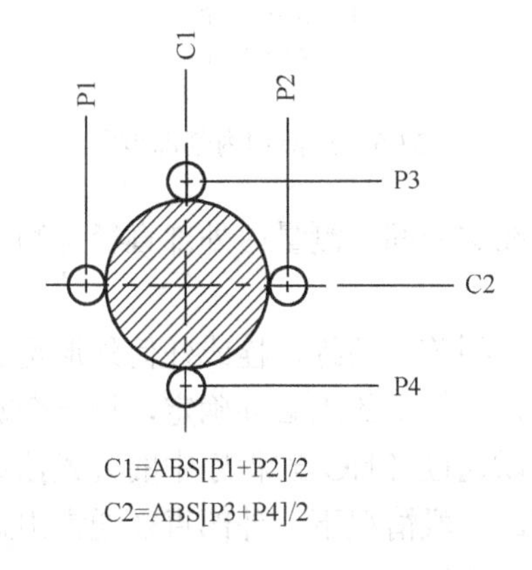


图 23.3 测量中心 C1 和 C2 是外圆直径
探针直径要求不严格，……图示为两轴

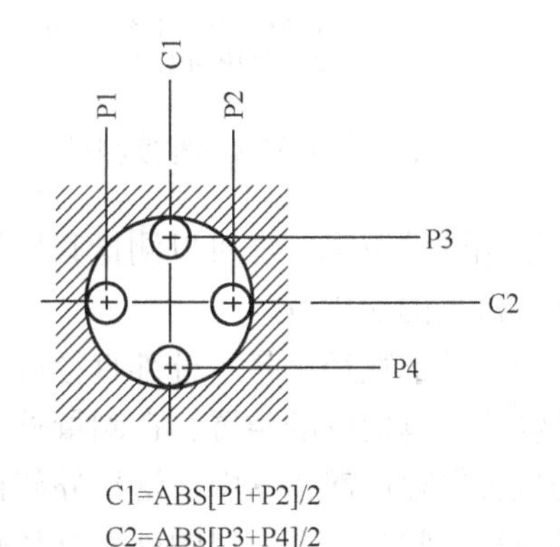


图 23.4 测量中心 C1 和 C2 是内圆直径
探针直径要求不严格，……图示为两轴

在前面的两个适用于线性特征寻找中心的应用中，任何一个轴都可以应用在公式中，而且仅有一个轴要求测量。在这个例子中，最重要的因素就是沿一个轴仅要求有两个测量值，而在两个圆柱的例子中，需要一个实际的点，因此在计算圆形物体的中心时两个轴都需要考虑而且每个直径需要四个测量值。

就像两个例子所示，计算公式都是相同的，不同之处在于测量方向，必须加入到宏程序中。

（2）外部或内部宽度测量　两个特征之间外部或内部的长度或宽度是通过拾取并存储特定两点位置来确定的，每个点在被测物体一端。为实现测量仅仅使用一个轴，而另外一个轴空闲。两个位置的存储值（轴 $X$ 或轴 $Y$）是最基本的需求。实际宽度由一个测量值减去另外一个测量值，要考虑探头半径。

图 23.5（a）为测量外部宽度，图 23.5（b）为测量内部宽度，探头直径 B 在两种类型测量中都十分重要。

（3）深度测量　另一个常见的工件特性的测量是深度测量。深度通常与 $Z$ 轴有关，但是测量方法也可用于沿 $X$ 轴和 $Y$ 轴的测量，例如，测量肩部深度或阶梯深度。

深度测量是通过轴上的两个测量位置相减得到的。理所当然，深度公式的建立与外部或内部长度（宽度）一样。

图23.6给出了进行深度计算的数学原理。

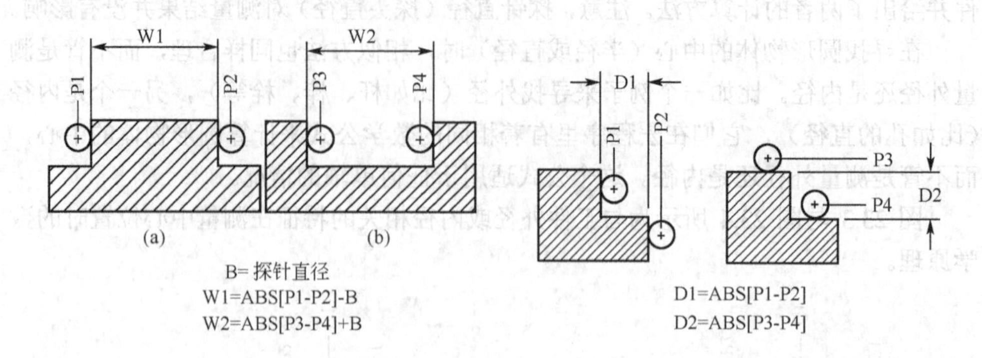


图23.5 外部和内部宽度测量　　图23.6 外部和内部深度测量

以相同的逻辑方法可以测量其他的特征，在这中间，测量内外部直径与测量角度是最常见的应用。

（4）外部直径测量　外部直径可以是螺栓、型芯、凸缘、栓或任何外形是圆柱形的物体，包括校准装置。在测量外部直径时，直径上的点必须确定，每一个被测量的位置保存在寄存器中，这样外部直径就可以通过CNC宏程序中的公式按数学计算求得。常常一个近似的外部直径必须已知。一般情况下，外部直径通常由直径上的三个点来确定。

（5）内部直径测量　内部直径可以是任何圆孔，例如沉头孔、圆柱型腔或任何其他内部为圆形的物体，包括校准装置。在测量内部直径时，直径上的点必须确定，每一个被测量的位置保存在寄存器里，这样内部直径就可以通过CNC宏程序中的公式按数学计算求得。常常一个近似的内部直径必须已知。一般情况下，内部直径通常由直径上的三个点来确定。

（6）角度测量　角度测量有许多有用的用途，其中之一就是通过旋转角度来调整机床的坐标系统。为了说明这个想法，应先思考一下编写所有四条边都平行于坐标轴的矩形的程序，然后再编写在加工区域内成一定角度的相同的矩形的程序。旋转坐标系会使编写直线矩形的程序变得容易，但是在安装过程中需成一定角度放置。通过旋转坐标系来与工件位置相匹配，安装过程就会十分有效。FANUC提供了称为坐标系旋转（G68—G69）的可选特征。如果选项不适用，宏程序就是最好的选择。

（7）改变设定值　既然测量过程是由CNC宏程序控制的，宏程序必定包含基于测量结果的判别。例如，公差可在宏程序体内输入，测量结果的寄存，与存储值进行判断和比较。决定是否需要调整偏置，对工件再加工或者不用加工，这些都可以自动完成。这是十分复杂的编程方法，需要大量的练习。

## 23.8 校准装置

校准装置，有时也称为人工尺或标准规，安装在 CNC 机床上，最简单的定义为其他参考的参考标准。更为专业的解释为，这类装置是在精确的条件下，比如在一定的控制温度和湿度下，事先固定在工作区内的待加工的实际零件的物理替代。听起来也许有点复杂，但确实指明了校准装置的主要用途。

通常校准装置有两种类型。

（1）校准装置——类型 1　事先确定实际被加工零件的物理替代。这种类型装置的优点在于它可以在 CNC 机床上直接校准，并且它的结果对于整个的加工测量环境来说十分精确。

（2）校准装置——类型 2　通常用途的参考类型，例如高精度的校准范围或校准程序段。任何一种设计都通过测量来使用，这种测量，又依靠于已知校准装置的相对尺寸和位置，例如立方体的侧面或球体的顶面。

校准装置的主要作用就是在切削刀具用于加工前，评估 CNC 机床刀具的几何完整性。另外，这类装置还可以用来补偿测量系统由热或冷引起的微小的膨胀或收缩。

（3）检测校准装置　在加工循环中，零件的关键尺寸（特征）是通过把期望尺寸同先前的校准特征进行比较来确定的。典型的校准装置是在开始进行实际加工与确定偏离误差之前进行测量。这种误差是由多种因素引起的，主要和极端热和极端冷有关。

一旦校准装置的准确性确定下来，就可以测量加工工件了。将测量过程中的误差与校准装置的尺寸相比较，如果超出指定界限范围，这样零件的测量结果就认为是错误的。这是需要重点考虑的，因为它表明零件的测量精度是由设定的校准装置的精度决定的，而不是由整个机床系统决定的。

## 23.9 定心宏程序实例

作为使用测量装置的一个实例，下面的定心宏程序是测量中最常用的宏程序之一。这个程序的目的就是找出圆形物体的中心，典型的是校准圆环或者在零件中要测量的孔。圆形物体的中心可以用 G54 工件偏置的新设定值来表示（宏程序可针对任何工件偏置号进行修改）。

```
O0032 (主程序)
N1 G21                      公制输入
N2 G17 G40 G80              启动程序段
N3 G90 G00 G54 X0 Y0        沿 XY 运动到圆孔中心（圆心附近必须已知）
N4 G43 Z25.0 H19            工件上方的间隙位置
```

```
N5 G01 Z-5.0 F250.0                    进给到测量深度（*）
N6 G65 P8112 D175.0 F80.0              带赋值的宏程序调用，D=测量直径，F=进给速度
N7 G00 Z25.0                           退回到工件上方
N8 G28 Z25.0                           返回机床零点
N9 M30                                 主程序结束
%

O8112 (定心宏程序——公制)
(使用直径6mm球头刀)
IF[#7 EQ #0] GOTO996                   检查被测量的直径值是否丢失
IF[#9 EQ #0] GOTO997                   检查测量进给速度是否丢失
IF[#9 GT 100.0] GOTO998                推荐最大测量进给速度为F100.0mm/min
#3004 = 2                              禁止使用进给速度倍率
#10 = #4003                            存储当前设置为G90或G91
#7 = #7/2                              将输入直径改为半径
#101 = #5041                           存储当前的X轴坐标
#102 = #5042                           存储当前的Y轴坐标
M51                                    开启喷气取消测量——M代码可能更改
G04 X2.0                               为气喷净法延迟2s
M52                                    关闭喷气——M代码可能更改
G91 G01 X[#7-5.0] F[#9*4]              从目标右侧移开5mm（X+方向）（*）
G31 X[#7+5.0] F#9                      在接触的时候跳出其余的X运动（X+）
#103 = #5061                           有跳出信号时存储X的位置信息（X+）
G90 G01 X#101 F[#9*4]                  在X方向上返回到起始点
G91 X-[#7-5.0]                         从目标左侧移开5mm（X–方向）（*）
G31 X-[#7+5.0] F#9                     在接触的时候跳出其余的X运动（X–）
#104 = #5061                           有跳出信号时存储X的位置信息
G90 G01 X#101 F[#9*4]                  在X方向上返回到起始点
#105 = [#103+#104]/2                   对X+，X–的值取平均值
#106 = #101-#105                       对沿X轴方向的G54计算移动量
G91 G01 Y[#7-5.0]                      从目标顶端移开5mm（Y+方向）（*）
G31 Y[#7+5.0] F#9                      在接触的时候跳出其余的Y运动（Y+）
#107 = #5062                           有跳出信号时存储Y的位置信息
G90 G01 Y#102 F[#9*4]                  在Y方向上返回到起始点
G91 Y-[#7-5.0]                         从目标底端移开5mm（Y–方向）（*）
G31 Y-[#7+5.0] F#9                     在接触的时候跳出其余的Y运动（Y–）
#108 = #5062                           有跳出信号时存储Y的位置信息
```

```
G90 G01 Y#102 F[#9*4]             在 Y 方向上返回到起始点
#109 = [#107+#108]/2              对 Y+，Y–的值取平均值
#110 = #102-#109                  对沿 Y 轴方向的 G54 计算移动量
(----------------)
#2501 = #2501-#106                对 G54 工件坐标系更新 X 坐标
#2601 = #2601-#110                对 G54 工件坐标系更新 Y 坐标
(----------------)
#3004 = 0                         允许使用进给速度倍率
G#10                              恢复最初的 G90 或 G91
GOTO999                           旁路错误信息
N996 #3000 = 106 (直径丢失)        被测直径值丢失产生报警信息
N997 #3000 = 107 (进给速度丢失)    进给速度丢失产生报警信息
N998 #3000 = 108 (进给速度太高)    进给速度太高产生报警信息
N999 M99                          宏程序结束
%
```

| 带*标志的间隙量必须大于探头半径 |
| --- |

注意：指定的进给速度为用于测量的进给速度，而不是定位进给速度。定位进给速度可以是测量进给速度的四倍，但不会超过 500.0mm/min，在这个领域中为了更精确控制，可以使宏程序设计带有灵活性。上面这个加工宏程序满足早先的设定目标。对宏程序可能做的修改与改进包括控制探头直径（半径）、进给速度、到达目标位置前的间隙量等。

利用这个测量宏程序样本，实际上可以开发任何其他的测量宏程序。从一类测量宏程序到另一类中，样本测量宏程序中的许多特征并没有改变。最大的改变在于所包含的与处理的格式不同。

宏程序中的独特命令就是 G31 命令——跳转命令，将在本章的最后解释。

## 23.10 探针长度校准

探针不仅仅只在 *XY* 平面进行测量，也可以沿着 *Z* 轴来测量深度。与定心宏程序（中心位置校准）一样，被设计为更新工件坐标系统，这个宏程序为 *Z* 轴设定刀具长度偏置。有几种方法可以使用，但它们的基本功能相同。图 23.7 给出了对立式 CNC 加工中心的设定。

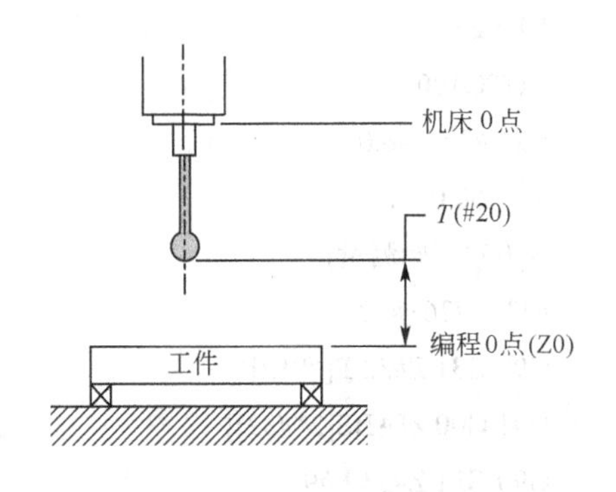


图 23.7　探针长度偏置设定

变量赋值也许很简单。严格来说，只需要一个单一的变量——刀具长度偏置号——存储测量长度的单元。为了更加灵活，可以包括 Z 轴位置测量，尽管经常为 0。跳转命令 G31 需要进给速度与较小的超出行程。宏程序带有进给速度设定，所以对所有的测量都可以保持一致。超出行程量（称为超程）也会包含在宏程序中，这样一来无论是用公制单位还是英制单位进行测量，都会使编写宏程序变得更容易。

```
O0033 (主程序)
N1 G21                                  选择测量单位
N2 G17 G40 G80                          启动程序段
N3 90 G00 G54 X300.0 Y250.0 T99         要测量的 XY 位置——也调用刀具 99
N4 M06                                  刀具 99 至主轴
N5 G65 P8113 Z0.0 T99                   对 Z0 调用宏程序和刀具长度偏置 99
N6 M30                                  主程序结束
%

O8113 (探针长度偏置)
(*** 不要修改顺序号 ***)
IF[#20 EQ #0] GOTO99                    如果未指定偏置号，产生报警
G40 G80 G49                             再一次启动程序段
IF[#26 NE #0] GOTO98                    检查是否指定 Z 坐标位置
#26 = 0                                 如果未指定 Z 位置，默认值为 Z0.0
N98 #3004 = 2                           禁止使用进给速度倍率
#11 = #4001                             存储 01 组的当前 G 代码
#13 = #4003                             存储 03 组的当前 G 代码
#16 = #4006                             存储 06 组的当前 G 代码
IF[#16=20.0] GOTO20                     检查主程序是否以 in 为单位
IF[#16=21.0] GOTO21                     检查主程序是否以 mm 为单位
N20 #32 = -0.25                         以 in 设置超出行程
#9 = 2.0                                以 in/min 设置测量进给速度
GOTO100                                 如果选用英制单位则跳过公制值
N21 #32 = -6.0                          以 mm 设置超出行程
#9 = 50.0                               以 mm/min 设置测量进给速度
N100 (开始测量)                         开始测量循环
#33 = #26+#32                           计算最终的 Z 位置
G90 G31 Z#33 F[#9*2]                    以较快的进给速度进行第一次测量
G91 G00 Z[ABS[2*#32]]                   存储的超出行程返回两次
G90 G31 Z#33 F#9                        以较低的进给速度进行最后一次测量
#100 = #5063                            在跳跃信号处存储 Z 位置值
```

```
#[2000+#20] = #100                    将新值转换为选择的偏置
GOTO999                               如果程序正常旁路报警信息
N99 #3000=99 (偏置号丢失)              如果未指定偏置，则产生报警信息
N999 G91 G00 G28 Z0                   返回 Z 轴机床零点
#3004 = 0                             允许使用进给速度倍率
G#11 G#13 G#16                        恢复先前 01，03，06 组的 G 代码
M99                                   宏程序结束
%
```

注意在宏程序中使用的几点编程技巧。在编写相似的用户宏程序时，这些编程技巧会十分便利。只需做小小的改动，例如如果控制系统需要的话，改变存储偏置的变量号。下面介绍使用的技巧：

| 技巧 1 |
|---|

*Z* 轴值——这种技巧也许有些争议。如果在 G65 调用中没有 *Z* 的值，宏程序就会自动定义变量#26 为 0。一些编程员对这种方法表示怀疑，并不赞同。在特定的条件下，这种技巧并没有什么错误。

| 技巧 2 |
|---|

避免使用 IF-THEN 结构，这样宏程序在不同的控制模式下更灵活（并非所有的模式都支持 IF-THEN 功能）。将使用更多的 GOTOn 语句。

| 技巧 3 |
|---|

对公制测量或英制测量宏程序都应当能正常工作。

| 技巧 4 |
|---|

对测量值选用公制或英制单位要固定。一旦确定合适的单位，对于沿着 *Z* 轴需要测量的每个探针将是相同的。这是需要完成的一个调整来满足特定的测量装置。

| 技巧 5 |
|---|

控制进给速度也要固定（公制或英制）。原因是为得到一致的测量结果，一致的进给速度是强制性的。一旦优化为最好的性能，将会对任何的测量保持一致。

| 技巧 6 |
|---|

探针接触零件两次——一旦将它在杆上的位置复位（如果必要的话），第二次的实际测量值存储为偏置。

其他技巧也用在本书的全部实例中。这里主要目的是介绍一些测量宏程序并解释他们的编写。并没试图描述不同的生产厂家测量装置的实际工作情况。许多制造商提供自己的宏程序来与他们的装置相匹配。

## 23.11 跳转命令 G31

通过测量宏程序，这里使用了一个特殊的 G 命令，它既不属于其他标准程序的一部分，也不属于为加工设计的宏程序。这个命令就是 G31。在手册中，常常描述为跳转命令或跳转功能。在许多方面，这个命令的功能与直线运动 G01 一样，但是为什么不使用 G01 呢？原因很简单，在 G01 的运动中，目标的位置由 *XYZ* 坐标确定并且以编程进给速度运动。在 G31 的运动中（也以编程进给速度运动），*XYZ* 坐标也要确定。不同之处在于结果。G01 命令通常完成运动到目标位置。这是测量过程不能接受的，因为目标位置常常在被加工材料内部，这样一来就会使探针损坏。有些测量的目标位置必须在工件内部，否则就不能保证测量的进行。

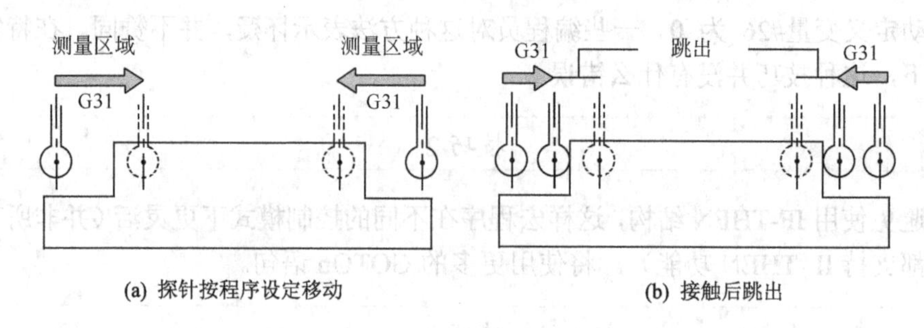


(a) 探针按程序设定移动　　(b) 接触后跳出

图 23.8　G31 跳转命令

图 23.8（a）指明了编程的运动及其方向。注意移动的端点是在工件内部，图 23.8（b）展示了当探针接触到材料时的情况。如前面的宏程序所示，剩下的运动产生跳转并存储位置。

进入材料的运动量不宜过大，但是必须大于期望的最大尺寸偏差。

# 第24章 附加资源

在这本书中已经提供了许多有用的资源。没有一个出版物能够单独涵盖当前主题中的所有细节，特别是像 FANUC 用户宏程序这样复杂的内容。最后我们适当地添加一些附加的资源。它涉及宏程序在 CNC 机床加工过程中的限制与约束。其他的作为附加了解。

## 24.1 宏程序执行期间的限制

本书十分详细地阐述了宏程序的编写，这就意味着要受到各种编程方法与特殊技巧的限制。整天与宏程序打交道的有经验的 CNC 操作员，知道在宏程序执行（处理）过程中有许多显著的不同。

（1）单段设置　在许多情况下，宏程序对控制面板上的单段开关设置（ON/OFF 开关）的处理过程与标准程序相应的处理过程一样。这里有几点例外，下面是最显著的：

- **宏程序调用命令 G65—G67**　　**在单段模式下不会停止**
- **数学（算术）表达式**　　**由参数设置控制**
- **控制命令**　　**由参数设置控制**

和其他例子中一样，这是一种控制用的特殊设置，查看由制造商提供的控制说明书十分重要。

（2）查找程序段号　当控制系统在宏程序执行模式（宏程序处理模式）时，查找程序段号（查找顺序号）不能够执行。

（3）程序段跳出功能　程序段跳出功能在 CNC 程序中用斜杠“/”符号定义。相同的斜杠符号也用在宏程序表达式中表示两个值相除的数学运算符号。通常的程序段跳出命令在程序段开头使用，但是一些控制器支持在程序段中间使用“/”符号。当宏程序包含由控制系统处理的表示除法的斜线时，同样可以支持程序段中间的跳出功能，控制系统将会首先对表达式进行判别。

如果斜线是方括号中数学表达式的一部分，将表示除法运算符，而不是程序段中间跳出功能：

#31 = 10.0　　初始值设定

#32 = [#31/2]　　除法运算——#32 = 10.0/2 = 5.0

#33 = #31/2　　程序段跳出——如果程序段跳出功能状态为 ON，则#33 = 10.0

简单的例子说明了如果对控制系统不了解的话将会产生严重的错误。许多控制器不支持程序段中间跳出功能，仅用在程序段开头。

（4）MDI操作　常常有必要在MDI（manual data input，手动数据输入）模式下对许多程序段中的一个进行检测，而不是从控制器内存中进行检测。如果在MDI模式下程序段是通过使用G65 P-命令的宏程序调用来执行，如同期望的，控制系统将会正常的处理这个请求，并且通过它的号码与赋值来调用指定的宏程序。但是，当自动操作有效时，就不能选择MDI模式来调用宏程序。

（5）编辑模式　控制子程序或宏程序编辑的参数在O8000—O8999与O9000—O9999范围内，在这些范围内参数可设置成允许或禁止编辑删除程序。如果宏程序（或子程序）证明是正确的并且使用频繁，应该通过参数设置来进行保护以防意外修改或删除。

（6）控制复位　当按下控制面板上的RESET键时，在#1—#33范围内的所有局部变量与#100—#149范围内的全局变量都会自动被清除。当变量被清除时，会被设置成空值，这意味着与#0相等（而不是0）。如果有必要保存这些变量以防在复位时被清除，必须通过修改参数来实现。在此可以查看控制系统参数手册以获取更详细的信息。

按下RESET键时也会使宏程序进程返回到主程序（程序顶端）。在实际中，所有激活的子程序、宏程序、条件、循环（如DO语句）等都会被清除（取消）。

（7）进给保持键　进给保持键（或按钮）的功能就是在中间位置——起始位置与目标位置之间——停止轴运动。当进给保持键在宏程序执行过程中有效（拨到ON上），在宏程序语句执行完毕后轴运动就会停止。当操作员按下RESET键或者产生错误条件（报警）时，这时就与进给保持设置无关，轴运动也会停止。

## 24.2 宏编程知识

任何提供CNC宏程序编写的出版物常常都会考虑一本书应当包括许多高级的编程主题。在理想情况下，只有经验丰富的CNC编程员才参考本书并从中学到东西。但是，往往不是这种情况，许多初学者与经验不太丰富的编程员发现他们也处在编写宏程序的位置上。

所有高级主题都是基于某种“基础核心”知识，了解基本原理对从一个层次提高到下一个层次是十分必要的，这本书也不例外。作为出版物，它保持了自己的一贯设计——与其他的出版物没有关联或者涉及其他的技术文本（只是建议参考）。

本书提到了许多不同的主题，包括手工编程中的不同主题，甚至还有CAM编程。这一类的主题都是一些新的主题，本书的目的就是详细地解释它们。正如宏程序被认为是高级编程，它也是很依靠各种低级的编程实践。这本特殊的手册并没有讲述这些实践。对于那些想详细复习或者学习CNC编程基础的用户来说，畅销书《CNC编程手册》（CNC Programming Handbook），同样由纽约工业出版社出版，

NY（www.industrialpress.com）可以提供所有的解答。

在特殊的情况下，甚至为了编写最低级的宏程序，对下面一些作为核心知识的条目的完全了解是至关重要的。

- □ 一般技巧；
- □ 手工编程经验；
- □ 数学应用；
- □ 设置练习；
- □ 加工实践；
- □ 控制与加工操作。

上面这几条可以扩展很多，但是这里只列出了必要的几点，下面分别对这几点进行阐述。有些在前面已经提到过，有些在这一章里还将作为新的内容出现。

（1）一般技巧　即使在进入宏程序编写领域之前，任何编程员都应当拥有一些能够在编程时始终可以使用的技巧。应该明白宏程序的编写通常不会交给一个有少量经验的人，或者一个没有任何基础 CNC 加工与相关机床经验的人，包括手工编程经验。同时解释工程图的能力也是重要和基本的，但是对宏程序来说，拥有能够看懂两张或多张图纸的能力，对作为可能的编程候选人也是十分重要的。宏程序编写的许多特征与能够完全操作的高级科学计算器息息相关。将复杂的计算器与控制 CNC 机床的宏程序相比较，在数学建模、使用变量、编制循环等方面都基本相同。

（2）手工编程经验　手工编程需要 G 代码，M 代码和上百个其他控制器支持的特征的相关知识，这些构成了任何零件程序的结构。宏编程方法是手工编程的一部分，这个过程中涉及到的唯一计算机就是处理宏程序的 CNC 系统，CNC 系统没有设计成能创建宏程序。在这本书中，许多宏程序实例与特殊应用已经处理了如程序格式，模态与非模态命令和功能，子程序，偏置，固定循环，数据设置，自动拐角中断等许多其他方面的主题。实质上，这些主题都是标准手工编程的一部分。如果对这些主题没有很好的了解就不可能创建任何重要的宏程序。

（3）数学应用　CAM 编程事实上不需要数学知识，但是手工编程却十分依赖数学。宏程序不需要附加数学知识，只是使用不同的方法。在 CNC 编程中，基础的算术、代数、三角等占数学应用的 99%还多。宏程序涉及的数学计算与在袖珍式计算器上的操作类似。和书中的许多例子一样，数学应用是宏程序编写的很重要的一部分。

（4）设置练习　对任何 CNC 程序编写，包括宏程序编写来说如何将零件加工成产品是一个十分重要的技巧。还需要机床的安装、夹具、刀具等知识。尽管宏程序不需要任何实体安装，但许多宏程序的行动是和控制水平相关的，例如指定工件偏置、刀具长度偏置、刀具半径偏置等。

（5）加工实践　加工实践包括所有的加工车间的项目，像基础的速度与进给量、工件夹持、夹具、刀具、材料、冷却液等概念。在这些技巧中含有其他的技巧，这些其他的技巧更加核心，也更加特殊化，例如，不同的加工车间，特殊的加工技术与操作，特殊的材料等，所有这些都有助于编写更好的宏程序。

（6）控制与加工操作　对 CNC 机床的操作不仅仅是对 CNC 系统的操作。了解特定机床的控制系统对每一位零件编程员或机床操作员来说是十分重要的，对相同的控制系统的了解与更深层次的理解对宏程序编程员来说也是绝对至关重要的。甚至控制单元中最微不足道的特征可能也对宏程序的编写有着显著的影响，尤其是在缺省值、偏置、参数、系统变量以及所有其他标准或特征领域里。对宏程序的开发，熟悉控制器和相关的机床是十分重要的。

## 24.3 补充资源

上面的章节主要与宏程序编写的主题知识有关，甚至许多相似的话题已经在这本手册的第 1 章中提及。最后的章节同样也提到了许多新的主题，一些主要的内容也包含在这本书内。

（1）工业出版社　对那些想要提高或从基础学起的用户来说，工业出版社，是一个可以提供许多技术资料的出版社。为了在 CNC 编程领域中学习宏程序编程前的一些内容，畅销书《CNC 编程手册》会给你提供所有的详细解答。这个十分流行的出版物事实上已经被每日编程课题接受为一个十分优秀，内容详实的资源。

| 《CNC 编程手册》所有的章节目录都在随书所附的 CD 上列出 |
|---|

（2）Internet　Internet 与万维网 www 是寻找许多 CNC 方向课程的理想来源。网络上有许多资源，有些很好，但也有些很普通甚至完全错误。属于这一类的宏程序，大多数是有意粘贴在 Internet 上的，有的是结合特定的机床/控制器才能工作，还有许多根本不能工作——缺乏重要的文本。换句话说，是那种惯用的老方法。Internet 既是藏宝地也遍布陷阱。

## 24.4 实用编程方法

没有一本出版物阐述定制宏程序（用户宏程序）这样的主题，只是提供一些实例。幸运的是，这本书提供了一些有益的资源，像信息、技巧、捷径以及和 FANUC 用户宏程序 B 控制选项相关的完整的实例文件。尽管零件 CNC 编程已经有 20 多年的历史，但严格地说用户宏程序没有得到充分的使用。尽管宏程序是控制系统的选项，而且在 CNC 加工车间占据着重要地位，也是很有吸引力的编程方法，它们增强了当前的手工编程方法，但是还不能替代 CAD/CAM 系统或会话型系统。事实上，宏程序提供了其他编程方法不能比拟的特点。无论是对宏程序十分陌生，还是只是拿起这本书作为参考，你会发现一旦开始编写宏程序，就很难回头。这并不意味着宏程序适用于所有应用，但是针对适合的应用，宏程序确实带来了不少好处。

以一个小的总结作为结尾，这里是从这本书中总结的一些技巧，这些小技巧在以后的宏程序编写中值得借鉴。

## 24.5 宏编程技巧

- 总是要有一个目标——针对主要的原因对新的宏程序进行项目决定；
- 宏程序不宜处理所有的事情，较短的宏程序比大的要好；
- 提前计划并要详细计划——进行组织；
- 不要依靠各种缺省值和设置；
- 在编写实际代码前建立流程图或者至少编写伪代码；
- 绘制草图、视图等其他的图形——对宏程序的每个阶段都要进行可视化；
- 如果可能的话，指定有一定含义的地址作为变量；
- 仅在对宏程序有益的情况下使用全局变量；
- 首先编写宏程序的核心，在调试的时候再添加报警或警告；
- 在宏程序中不要对每个程序段排序，仅对参考程序段排序；
- 在宏程序中不要修改顺序号——包括报警信息；
- 尽量编写简便的宏程序——尽量与多种控制器兼容；
- 编写的宏程序要适合公制或英制输入；
- 对死循环进行检测；
- 对错误或丢失的输入产生报警；
- 在修改前要保存所有的当前设置——在宏程序退出时要进行恢复；
- 在宏程序内部附加文档；
- 最后一次修改时要记录编程员的姓名与日期；
- 对特殊用途的宏程序进行保护，防止被编辑或删除；
- 永远不做任何假设，就像他们说的“不要假设”。

# 第25章　宏程序课程概要

上面的标题实际上应为“建议的宏程序课程概要”。许多公司、教育界、各种培训机构都提供了不同的内部培训课程，这些课程由许多有经验的专家设立引导。基于这本书，最后一章为广泛的FANUC用户宏程序培训课程提供了一些基础课程，其目的是提供许多重要的话题，这些话题对编写成功的用户训练宏程序很重要。这些概要只是一些建议，并且可以进行适当的修改来满足实际训练的需求。这本书开头的目录表在这些方面也许有用。

可自由的调整课程概要来满足你的需求，以适合你的培训计划。为了方便起见，概要的文本也包括在后面所附的CD里面。

## 25.1　宏程序课程概要

课程题目：FANUC用户宏程序介绍。

时间安排：　36~42h。

必备条件：　CNC手工编程，以及CNC加工与安装的基础知识。

比较典型的学生都是拥有牢固的CNC编程的基本知识，尤其是零件程序的结构，G代码，M代码，以及子程序方面的知识，这些知识都很有用。拥有高级编程语言知识是有帮助的但并不是必要的。参与培训的学生最好能够熟悉基础的CNC控制面板的操作与基本的加工练习。在智力方面，学生应该思维比较敏捷，能够找出不同问题的解决办法。学生还应该具备很强的数学应用背景。

（1）课程描述与目的：　这个课程是最高水平的CNC编程培训。学生应当从头开始学起，然后逐渐增加与编写定制CNC程序（宏程序）相关的先进课程。程序训练的主要目的是让学生熟悉FANUC宏程序的概念、格式、结构以及在加工车间的典型应用。

首先简单地回顾标准CNC概念，主要的G代码，M代码，子程序，学生将学会如何理解FANUC宏程序结构并练习开发实用的宏程序。课程主要强调编程的正确格式与编写有效、功能强大的宏程序。

这个培训最主要的特点就是在培训结束，学生能编写实际的常规宏程序。在不同的练习中可安排一些培训讨论，而且学生可以做实际项目。

带宏程序选项的控制系统入门课程可任选。

（2）培训方法：　只有经验丰富的CNC专家才可以讲授这门课程。这个课程内的所有讨论是基于引导学生去解决问题，而不是单纯的对问题求解。给每位学员一本《FANUC 用户宏程序手册》的复印本，以便将来参考。

◆ **宏程序介绍：**
- □ 一般介绍；
- □ CNC 编程工具；
- □ 什么是宏程序；
- □ 宏程序的用途；
- □ 相似零件组；
- □ 偏置控制；
- □ 定制固定循环；
- □ 特殊的 G 代码和 M 代码；
- □ 报警与信息生成；
- □ 检测与测量；
- □ 捷径与应用。

◆ **编程工具简单回顾：**
- □ G 代码和 M 代码；
- □ 准备命令；
- □ 辅助功能；
- □ 默认设置；
- □ 模态值；
- □ 编程格式；
- □ 子程序规则；
- □ 子程序嵌套。

◆ **系统参数：**
- □ 什么是参数；
- □ 二进制数；
- □ 参数分类；
- □ 参数数据类型；
- □ 设置与修改参数；
- □ 参数保护；
- □ 参数修改；
- □ 系统缺省值。

◆ **数据设置：**
- □ 数据设置命令；
- □ 坐标模式；
- □ 工件偏置；
- □ 存储类型——铣削和车削；
- □ 几何偏置；
- □ 磨损偏置；
- □ 偏置调整；
- □ 绝对模式；
- □ 增量模式；
- □ 刀具偏置输入；
- □ MDI 数据设置；
- □ 可编程参数输入；
- □ 模态 G10 命令；
- □ 程序段号的作用。

◆ **宏程序结构：**
- □ 基本工具；
- □ 变量；
- □ 函数与常量；
- □ 逻辑运算符；
- □ 宏程序定义与调用；
- □ 宏程序定义；
- □ 宏程序调用；
- □ 自变量；
- □ 宏程序号。

◆ **变量的概念：**
- □ 宏程序变量类型；
- □ 变量定义；
- □ 变量声明；
- □ 变量表达式；
- □ 变量用途；
- □ 限制；
- □ 定制加工特征。

◆ **变量赋值：**
- □ 局部变量；
- □ 赋值列表；
- □ 简单宏程序调用；
- □ 模式宏程序调用；
- □ 主程序与变量；
- □ 局部变量与嵌套级；
- □ 全局变量；
- □ 可变组与不变组；
- □ 输入范围；
- □ 保护变量。

◆ **宏程序函数：**
- □ 函数组；
- □ 变量定义；
- □ 参考变量；

- □ 空变量；
- □ 算术函数；
- □ 被0除；
- □ 三角函数；
- □ 舍入函数；
- □ 辅助函数；
- □ 逻辑函数；
- □ 二进制数；
- □ 函数变换；
- □ 函数判断。

◆ **系统变量**：
- □ 识别系统变量；
- □ 系统变量组；
- □ 只读变量；
- □ 可读写变量；
- □ 显示系统变量；
- □ 对不同控制器的系统变量；
- □ 系统变量的组织；
- □ 重置程序零点。

◆ **刀具偏置变量**：
- □ 系统变量和刀具偏置；
- □ 刀具偏置存储组；
- □ 刀具偏置和偏置号；
- □ 刀具偏置和控制器类型；
- □ 刀具设置。

◆ **模态数据**：
- □ 用于模态命令的系统变量；
- □ 先前与正在执行的程序段；
- □ 模态G代码；
- □ 数据保存与恢复；
- □ 其他模态代码。

◆ **分支和循环**：
- □ 宏程序编写中的决策；
- □ IF函数；
- □ 条件分支；
- □ 无条件分支；
- □ IF-THEN选项；
- □ 单一条件表达式；
- □ 组合条件表达式；
- □ 循环的概念；
- □ WHILE循环结构；
- □ 单级嵌套循环；
- □ 双级嵌套循环；
- □ 三级嵌套循环；
- □ 其他条件；
- □ WHILE循环的限制；
- □ 条件表达式和空变量；
- □ 清除500以上系列变量。

◆ **报警与定时器**：
- □ 宏程序中的报警；
- □ 报警号；
- □ 报警信息；
- □ 报警格式；
- □ 宏程序中的嵌入报警；
- □ 报警复位；
- □ 信息变量；
- □ 宏程序中的定时器；
- □ 时间信息；
- □ 为一个事件定时。

◆ **轴位置数据**：
- □ 轴位置术语；
- □ 位置信息。

◆ **自动操作**：
- □ 自动操作控制；
- □ 单段控制；
- □ M-S-T功能控制；
- □ 进给保持，进给速度与准确检查控制；
- □ 系统设置；
- □ 控制已加工的零件数。

◆ **参数化编程**：
- □ 变量数据；
- □ 参数化编程的优点；
- □ 相似零件类；
- □ 用于加工的宏程序；
- □ 用于定制循环的宏程序。

◆ **用宏程序进行检测**：
- □ 检测基础；
- □ 在线检测；
- □ 零件特征测量；
- □ 校准设备；
- □ 样本程序评估。

## 25.2 结束语

介绍的编程概要中提供的课程也绝对不是当前最好的。在某些程度上，这些概要跟随着本书的内容，但是也有些偏离。要牢记这本书当初设计时主要是作为参考资源，而不是作为实际课程材料。但是，列出的主题可以作为定制 FANUC 宏程序教程的极好的教材。